行走的纺织

陈积芳　主编
冯　宪　编著

上海科学技术文献出版社
Shanghai Scientific and Technological Literature Press

图书在版编目（CIP）数据

行走的纺织 / 冯宪编著．—上海：上海科学技术文献出版社，2020（2022.1 重印）

（领先科技丛书）

ISBN 978-7-5439-7999-4

Ⅰ．①行…　Ⅱ．①冯…　Ⅲ．①纺织工业—普及读物　Ⅳ．① TS1-49

中国版本图书馆 CIP 数据核字 (2020) 第 020212 号

策划编辑：张　树
责任编辑：王　珺　詹顺婉
封面设计：留白文化

行走的纺织
XINGZOU DE FANGZHI
陈积芳　主编　冯　宪　编著
出版发行：上海科学技术文献出版社
地　　址：上海市长乐路 746 号
邮政编码：200040
经　　销：全国新华书店
印　　刷：常熟市文化印刷有限公司
开　　本：720×1000　1/16
印　　张：14.5
字　　数：222 000
版　　次：2020 年 6 月第 1 版　2022 年 1 月第 2 次印刷
书　　号：ISBN 978-7-5439-7999-4
定　　价：48.00 元
http://www.sstlp.com

前言

汉语名词“纺织”其实是由“纺”和“织”两个汉语动词组合而来，所谓“纺”是指纺纱缫丝，而“织”则包含结网、织布的意思。因此，将“纺”与“织”分开来读，可以理解为是一种专业生产方式的前后两道工序，即“纺纱”与“织布”，而合并后作为名词使用，则成为一种行业的称谓，如纺织行业或纺织工业、纺织技术等。现在人们一般认为，是先有“纺”，后有“织”。可是在远古时代，事实并非如此。据史料记载，在远古狩猎时代，人们“结网而渔”“张网捕鸟”的时间要远早于“纺纱织布”，那时所用材料是一些天然形态的细柔藤蔓或树枝枝条等自然物质，故“编织”这一劳作方法，要先于“纺纱”出现，它是纺织技术的萌芽和源头。

纺织是人类社会发展与进步的伴生物，它最初是人类适应自然环境，改善自身生存条件的产物，是人类有别于其他动物的发明创造和有意识劳动的成果。后来随着时代的进步，纺织不仅以一种特殊的行业形态固定下来，而且逐步发展成为一项能持续满足人类生存和社会需求不可缺少的产业。现如今，随着工业化的发展和科学技术的融入，纺织已渗透于人类生活和环境的方方面面，在适应人们生活需求、改变人们生活质量、提高生活品位，以及辅助一些行业实现现代化发展等方面起到了积极作用。而且，随着时代的不断发展，纺织行业的这种适应、改变、提高和辅助作用还会更加凸显，纺织的重要性不言而喻。

1949 年以来，纺织，这项关乎到国计民生的产业，与其他行业一样，有了显而易见的发展。特别是在工业化、科学技术和相关产业的支持下，纺织的技术不断进步，纺织的产品日益丰富，纺织的应用领域也在不断扩大，在不同阶段和不同领域均有“闪光点”出现。这里仅以日常服装面料为例做些分析，介绍一下纺织技术在人们实现从“穿得暖”到“穿得好”“穿得美”的变化历程中所发挥的积极作用。建国初期，由于生产规模和生产水平的局限性，当时纺织的目标是确保“人人有衣穿”，面料以加工手段相对简便的粗棉纱毛蓝布为主，外观粗糙，手感偏硬，使用牢度较差；此后登场的便是全棉卡其布，它选用的棉纱线支数相比毛蓝布要高不少（支数越高，纱线越细），面料外观自然细腻了很多，手感也比较柔软，质地则明显挺括起来，但染色强度和使用牢度还不够，往往穿着时间不长就褪色明显，且领口、袖肘、膝盖及臀部等部位容易磨损；20 世纪 60 年代，随着石油化工工业的兴起和纺织精细化加工能力的提高，一种名为“的确良”的面料出现于市面上，它其实是由涤纶纤维成纱后织成的轻薄型面料，多用于制作衬衫、连衣裙等贴身穿着的外衣，虽然透气性不及纯棉面料，但具有耐穿牢度好、定型持久、易洗涤维护等优点，为提高人们穿衣质量起到了明显推动作用，社会生活领域也实现了由“有衣穿”到“穿得好”的变化。此后，70 年代的“涤卡”（即用涤纶和棉纤维纱混纺或涤纶纯纺纱线织成的卡其布）、80 年代的“中长纤维”（一种介于人造棉和人造毛之间的化学短纤维，纺纱织布后外观近似毛织物，牢度好，有一定厚度，多用于制作外衣外裤）、90 年代的“涤盖棉”（一种涤纶纤维纱线和棉纱线交织而成的双罗纹复合织物，表面为涤纶成分，内里是棉纱成分，且有一定厚度，特点是吸湿排汗不错，同时弹性好、悬垂性好、不容易起皱，多用于运动型休闲外衣）等面料也先后成为提高人们穿着水平和质量的“点睛”之物……进入 21 世纪之后，各类改性纤维和功能性面料不断研发问世，人们穿着水平和质量进一步得到提高，在讲究“美观”的同时，更加注重“穿得舒适”“穿得健康”和“穿得更有个性”。随着纺织科技进步，生产能力的提高，现在人们已经彻底告别了原来固有的“新三年，旧三年，缝缝补补又三年”“老大新，老二旧，改改补补归老三”的传统穿衣观念，向着“穿得好”“穿得美”的目标不断进发。这些，从一个侧面反映出了我国纺织工业的进步和与时俱进的发展态势。此外，服装款式的变化、特殊功能性产品的出现，也能证明我国纺织业突飞猛进的发展。比如国内自20世纪80年代逐步兴起与应用的羽绒服装，就以保暖性强、面料质地牢固、色彩艳丽和轻盈舒适等特点受到消费者的青睐，市场份额逐年扩大，早已替代原先的“老棉袄”，成为现如今人们冬季保暖服装的主打产品。而类似“冲锋衣”“防晒服”“抗菌保健内衣裤”“恒温服”“防电磁辐射服”等附带特殊防护功能的服装，也进入到了寻常百姓家庭，成为户外休闲运动和居家生活的日常“装备”，为提高人们生活水平和质量发挥出突出的作用。

纺织，既是一个古老的行业，也是一个不断发展、与时俱进的产业，因为与人们生活关系密切，只要人类社会存在，它便不会消亡。纺织其实离我们不远，关键是你可曾用心思去关注和认识它。清华大学国学研究院院长陈来教授在谈及儒家文化传播问题时曾提到，人们对事物的认知往往有一种“日用不知”的倾向，即儒家文化的一些伦理学说，如“仁义礼智信”“孝悌”“长幼有序”等，虽然广为流传，但人们因不知其产生的历史背景与文化内涵，故对其总是不自觉，甚至有时还会扭曲和误用。借用“日用不知”这一观点来衡量人们对纺织的认知，多少也会有一些相似的感觉。尽管人们平时与一些纺织用品接触密切、频繁，但由于未必真正了解其内在的一些深层次问题，如历史渊源和现代发展趋势、应用范围、与科技的融合度等，多少会有些“熟视无睹”，因此会产生一些误解，如认为纺织业“传统落后”是“夕阳产业”等，而这些正是需要通过加大科普宣传力度与深度来加以纠正的。

古老的纺织有深厚的历史积淀，现代的纺织由于与其他学科交叉渗透、与高科技嫁接以及跨界融合发展，通过不断开发新材料的方式，存在于、作用于诸多行业与领域；同时，又因为与人们生活一直保持密切的关联度，纺织频繁现身于日常生活之中。纺织的这些特点以及它所具有的地位，有必要通过科学普及方式加以宣传，以便让更多的人从认识纺织、感知纺织开始，热爱纺织、尊重纺织，进而参与到助推纺织发展的进程中来。专业科普宣传能够加深人们对纺织的认知，为纺织行业赢得更高关注度和合作机会，吸引与培养更多有志人士和其他专业人才加入其中，为这一行业增添发展动力和后劲。

目录

第一章　纺织的产生与意义

第一节　先有服装，还是先有纺织？

一、一个类似“先有鸡，还是先有蛋”的问题

从现代纺织的产业链顺序看，先需纺纱（丝）而后再织布成衣，似乎是明摆着的事。但从材料学的角度出发，回溯行业历史的起点，服装（雏形）出现绝对要先于纺织。据考古发现，在距今30000年以前（原先一度认为是18000余年），尚处于旧石器时代晚期的我国北京房山区周口店龙骨山的山顶洞处，生活着被现代人称为“晚期智人”的远古人群，他们以狩猎方式维系生存，发明了采火取暖和烧烤食物的方法来改善生活条件，并有了采用贝壳饰物装饰自己的审美举动和安葬祭祀先人的原始宗教行为。考古当中最重要的一项发现是骨针的出现，这是一种将动物坚固骨头刮磨成光滑的略有弯曲的圆形细长条状物件，它长约9 cm，前端尖细，后端略粗，尾部有穿孔部位（见图1-1）。专家以此发现为据，断定当时的山顶洞人已开始通过拼缝兽皮制作蔽体之物，这便是最早的服装，显然当时的材料取之于自然界，尚未有纺纱织布加工这道环节。与此

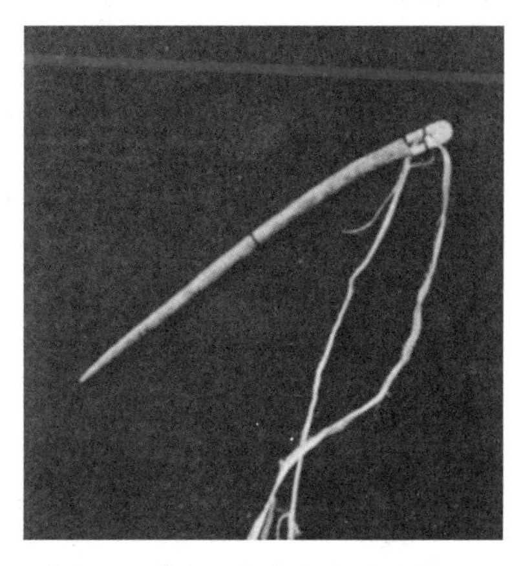

图1-1　周口店考古发现的骨针

同时，考古工作者在山顶洞遗址内还找到了鲩鱼、鲤科鱼类的大胸椎和尾椎化石，说明山顶洞人那时已经能够捕捞水生动物，狩猎活动范围已扩大至水域，然而当时是否是采取结网捕捞方式操作，却并无材料可以证明。在中华创世传说中，“结网而渔”是由中华人文始祖之一伏羲氏（传说中盘古开天辟地之后的“三皇”之首）发明的。他从远古时代民间“结绳记事”受到启发，将绳子编结成渔网，引导人们下水捕鱼，丰富狩猎收获的物种。传说中的伏羲氏的出现及“三皇”时代，距今最多也只不过一万余年，显然，作为纺织萌芽状态的“结网而渔”明显要晚于人类“缝制兽皮蔽体”的时间。

二、最初的纺织

最早的纺织起源于人类对棉、麻、丝、毛等天然纤维材料的加工利用。据史料记载，早在公元前5000年甚至公元前7000年前，中美洲的印第安人已开始利用棉花纺纱织布，原棉的使用在南亚次大陆出现距今也有5000多年历史。我国是在2000多年以前，广西、云南、新疆等地区才开始采用棉花作为纺织服装原料，而中原地区普遍采用棉花作为纺织原料则要到宋、元时期之后。古埃及大约是在8000年以前，便利用麻纤维（亚麻、苎麻）作为纺织服装面料，而我国古代最早利用蚕茧缫丝作为纺织服装面料也已经是7000多年以前的事了。亚洲人和欧洲人利用羊毛作为纺织服装面料，距今只有4000余年的时间。其实，根据有关考古发现，在我国古代，野生葛藤才是我国最早的纺织纤维来源，它比麻、棉及蚕丝的利用要早得多。用野生葛藤提取纤维纺织而成的面料叫做葛布，是我国最古老的纺织品，也是最早的经过加工生成的服用材料。据传早在8000余年前的新石器时代，当时居住于黄河流域河南商丘地带的葛天氏，首先发明了从葛藤茎皮中提取纤维的技术，经过纺纱织布后形成可用于制作服装的面料，这一工艺随后便在各地广泛传播开来。1972年，江苏吴县草鞋山新石器时代遗址中出土了三块距今6000多年的葛布残片，就是明证。这一发现同时也表明，孕育于长江流域文明的我国纺织技术起步也很早。说到葛藤这种植物，大家并不陌生，在全国很多地方都看得到。葛藤属多年生草本植物，茎秆呈藤状，可编篮做绳，提取的纤维可织布，而根块肥大，称为“葛根”，可制淀粉，亦可入药。如今大受欢迎的滋补品——葛根粉，就是从葛藤生长于地下的根瘤状体部位提取的。古代先民通过长期的生产、生活实践，发现葛藤茎秆在沸水中煮过后，表皮就会变软，并逐渐分离出一缕缕乳白色如丝质般的纤维物质，它便成为纺纱织布材料的来源。民国时期上海的《川沙县志·物产》中记载："葛，草荡最多，村野亦有之，蔓生二三丈，茎多纤维，可为絺绤"。"絺"字的发音为"吃"，"绤"字的发音为"戏"，"絺绤"最初是指用葛藤纤维纺纱后织成的布，"絺"指细葛布，"绤"指粗葛布。上等的细葛布可以达到"丝缕细入毫芒，视若无有"，"卷其一端，可以出入笔管"，外观"薄如蝉翅，重仅数铢"，简直可与现今的蕾丝面料媲美。后来"絺绤"便延伸为专指用葛布制成的服装，在《诗经》中曾多次出现。

表 1-1　各种天然纤维材料最早启用时间与地域

物种名称		最早启用时间	起源地
棉花		公元前 5000—7000 年	中美洲
葛藤		约公元前 6000 年	中国中原地区
麻类	亚麻	约公元前 8000 年	近东及地中海沿岸
	苎麻	约公元前 5000 年	中国中原地区
	大麻	约公元前 5000 年	中国中原地区
	黄麻	约公元前 5000 年	南亚地区
蚕丝		约公元前 5000 年	中国黄河、长江流域
羊毛		约公元前 8000 年	中亚地区

考古发现，最早的纺织工具是纺轮，它是由塼盘与塼杆组合而成的。塼盘是通过人工磨制的一种圆形的，中间带有钻孔的物件，它中间厚、边缘略薄，直径近 3 cm，当中的孔径约为 1 cm（见图 1-2）。塼盘最初是用天然石片打磨制成的，后来则用陶器残片和铜矿石熔炼浇铸而成。塼杆则是一根中间粗、两头略微尖细的，直向呈圆锥状的细木棒。世界上最早的纺轮出现在新石器时代，它在我国的河北磁山文化遗址中首次被发现，距今已有 8000 多年的历史了，后来在距今 6000 多年的浙江河姆渡遗址和距今 5000 多年的陕

图 1-2　考古发现的塼盘

西半坡遗址中又先后被发现。在塼盘当中的孔洞中插入一根塼杆，便构成了最原始的纺纱器材——纺轮，使用时采取手工捻转的方式转动塼盘，可以利用塼杆重力将一些原本散开的纤维类材料集中缠绕和牵伸拉细，而塼盘旋转时产生的扭力同时使得牵伸拉细的纤维材料捻转而成麻花状。在塼盘不断旋转中，牵伸和加捻纤维材料的力也就不断沿着与塼盘垂直的方向（即塼杆的方向）向上传递，纤维材料不断被牵伸加捻后变细、变长，构成一根长度可以延绵不断的纱线。达到一定程度后，停止塼盘转动，将成形的纱线再缠绕在塼杆上，即完成了最初原始的“纺纱”过程（见图 1-3）。这一过程包括喂给、牵伸、加捻、卷绕、成形五个环节，均由使用纺轮而产生，体现了远古时期人们劳动创造的智慧。而历经近万年的历史发展，到如今，现代纺纱技术不管是采用机械传动还是电脑控制设备，不论是采用喷气纺、气流纺还是环锭纺等不同方法，万变不离其宗，纺纱原理一直未曾改变过，自古以来形成的喂给、牵伸、加捻、卷绕、成形的纺纱五大基本环节一个都不能缺失，这也成为纺织亘古不绝和未有穷期的最好佐证。虽然近代以来已经先后出现了非织造、液体物质涂布成型等新型纺织材料生产技术，但是纺纱技术仍然是现代纺织基材生产的主体，地位仍很稳固，其他方法无法替代。值得注意的是，在河姆渡遗址考古中还发现了其他一些最早与纺织有关的工具：骨匕、骨梭和角梭。骨匕系用大中体型动物的肋骨磨制而成，原用于切割、刮抹和装饰，纺织劳作使用时称为刀杼，是织布时用于纬纱（横向）穿引的最初工具。骨梭和角梭也称梭形器，是织布过程中用来穿引纬纱的物件。骨梭和角梭的出现，让远古时期织布的效率比最初的“手经指挂”纯手工方法提高了好多倍，它们是织

图 1-3　最初的纺纱

布工具——织梭的最初形态。

三、我国最古老的纺织技术与流程

古代先民将提取的葛藤纤维经过手捻或是通过最原始的纺纱工具——纺轮加工后可制成纱线，并通过最初的织机（腰机）来编织名为葛布的纺织品（见图 1–4）。葛布有粗细之分，它质地牢固，结构舒张、风格纯朴粗犷，符合当时生产条件并能够适应生活环境需要。

图 1–4　最初的织布

2014 年《黔东南日报》曾刊载一篇题为《竹坪村惊现五千年前葛布生产工艺流程》的报道，为我们还原了古代先民如何将葛藤从植物变为服用面料的生产加工过程。这些过程包括：

采葛——大约在农历五六月间，村里的青年男女就会相互邀约上山去采葛，每根藤的长度取 2 至 3 米；

破葛——用手工将采来的葛藤对半破开，使其内芯暴露在外面；

浸葛——将破好的葛藤放在鱼塘或河水里浸泡一两天，使其所含胶质部分溶解，也使茎秆泡涨、泡松，便于剥皮；

剥葛——用手工将葛藤的表皮剥下，并捆成束状；

煮葛——先将剥下的葛藤皮放在柴火灰里揉搓，再放到大铁锅里煮沸，并放入适当的生石灰或其他碱性物质，如禾秆草灰等，煮沸后再花费大约五六个小时煮浸，直至将葛藤毛绒表皮煮烂；

洗葛——用河水将煮烂的葛藤绒毛表皮洗去，边洗边晒，直至把所有的绒毛表皮洗尽，剩下晒干的便是可以供纺纱织布使用的葛藤纤维状物质了（浣纱一词由此而来，可见要比棉花纺纱早很多）；

撕葛——根据需要用手工将晒干的葛藤纤维分离成棉纱一样的细丝；

纺葛——通过纺轮或纺车将撕好的葛藤细丝纺成纱线；

织葛——采用腰机或脚踏木织机，通过经纬交叉的方式将纱线织成葛布。

葛布质地牢固，结构舒张、风格纯朴粗犷，透气性和散热性强，制成服装后适合当时在夏季穿着。

第二节 纺织源自人类改善生存条件的需要

一、人为什么要穿衣服?

从传统文化的视角谈此问题有不同说法。西方的《圣经》认为，人类的始祖亚当与夏娃在伊甸园因受到蛇的诱引，偷吃了作为智慧象征的苹果，有了羞耻感，两人是出于遮羞需要才开始穿衣服蔽体。我国古代传说称，人是由创世女神女娲创造的，她按照自己的模样，用泥土作为原料，采用手捏成形和藤条沾洒的方法造就了人类，而她的后裔嫘祖（轩辕黄帝的元妃）则是最先负责人类“衣冠之事”的人。传说中提到，为了找寻能够长久遮蔽身体的原材料，嫘祖经常带领妇女们上山剥取树皮、编结麻网，她们还把男人们猎获的各种野兽的皮毛剥离下来，通过加工整理缝制形成蔽体之物。后来，在嫘祖的倡导下，原始部落的先民开始了栽桑养蚕的历史，这才有了丝绸生产制作这一华夏民族最先发明的技艺，后人为了纪念嫘祖这一功绩，将她尊称为“先蚕娘娘”。我国古代传说中还记载，当时在衣冠制作的过程中，除了由嫘祖负责找寻材料之外，另外还有黄帝的三位大臣作了具体分工：胡巢负责做冕（帽子），伯余负责做衣裳，于则负责做履（鞋）。此后不久，各部落的大小首领都穿上了衣服和鞋子，戴上了帽子，告别了“树叶兽皮蔽体、藤蔓缠身”的蒙昧时代。《淮南子·氾论训》中就有关于伯余制衣一事的记载：“伯余之初作衣也，緂麻索缕，手经指挂，其成犹网罗。后世为之机杼胜复，以便其用，而民得以揜形御寒。”该段文字意思是：伯余最先开始制作衣服时，搓麻绳、捻麻线，手缠指绕地编结成像罗网那样稀疏、粗糙的衣服；后来他又发明了织布机，这样就方便他人织作布帛，使百姓得以遮体御寒。就“蔽体”需要而言，我国的民间传说和西方的《圣经》似乎有些不谋而合，而我国古代传说中有关穿衣是出自“御寒”需要则更加贴近实际生活需要。由此可见，“蔽体御寒”是人类最初穿着服装的需要。

二、纺织缘于人类进化和提高生存条件的需要

人类进化史表明，从猿到人的变化阶段曾经历过一些特定的环节，比如从原先在树上生活改为到地面生活，由本来屈体爬行改为直立行走，从“茹

毛饮血”生吃食物到利用火烤水煮摄入熟食，从个体活动发展为群体生活（原始氏族社会的发端）等。这些特定的环节促使人类与其他灵长类哺乳动物区别开来，自然生活环境与自身体态外表都发生了一定变化：到地面生活离开了树枝树叶的庇护，遭遇刮风下雨、下雪降温或烈日曝晒，裸露的身体就会觉得不舒服；直立行走使得身体原本一些隐秘的部位与器官暴露在外；接近火源及摄入熟食后使得原先覆盖皮肤表面浓密的体毛逐渐褪去；而群体生活后使得性别之分显得尤为重要。于是，在漫长的进化过程中，人类逐渐产生了保护自己、提高生存质量的意识，并开始尝试利用一些树叶、藤蔓和兽皮等天然物品遮掩自己的身体，以便能够更好地抵御大自然各种不利因素的侵害，适应生活环境变化需要，以利于自身更好生存；另一方面，由于群体生活，人类繁衍能力提高，聚居人数增加，光靠原先采摘野果和捕杀野兽已无法满足果腹需求，于是出现了借助结网方式捕食鸟类和鱼类的行为，这些变化都成了纺织产生的源头。

随着生产力的逐步提高，人类社会由狩猎时代进入到农耕时代，那时人类聚居的程度进一步加剧。生活环境和生活条件的改善导致了“男耕女织”社会生产分工形态的出现，于是纺织便以个体手工劳作的方式成为“自给自足”经济的一种重要组成部分。此后，纺车、织机等工具的发明有效地提高了纺织产品的生产能力，纺织产品在满足人们生活必需之外有了剩余，于是纱线、布帛等纺织产品也成了一种可以用于交换的物品，在商品经济的初期阶段即有相关货物流通于市场，成衣加工作坊也随之成为市井生活中的一景。人类进入工业文明社会之后，随着时代发展，社会文明程度提高，生活需求日益丰富与多样化，人们对于纺织行业的依赖程度也越来越高。于是，作为都市产业的突出标志——纺织工业，首先成为近代工业革命的标志性产业，出现在一些人群密集居住的城市之中，这段历史如果以发生在英国18世纪60年代的棉纺机械设备革新，珍妮纺纱机的出现为起点，迄今为止已绵延了近三百年，并仍在不断地创新与发展。即使现在人类社会已经进入到互联网时代，但对于纺织的需求热情丝毫未减退。纺织品材料及其应用的演进见表1–2。

表 1-2　纺织品材料及其应用的演进

社会形态 / 内涵	原始社会初期至中期	原始社会晚期（新石器时期）	古　代	近　代	现　代
生理作用	蔽体	蔽体、护体	蔽体、护体	蔽体、护体、饰体	蔽体、护体、饰体、健体
社会作用	/	性别区分	性别、长幼、等级、贵贱区分	性别、长幼、等级、实用与艺术化区分	性别、长幼、实用与艺术化、日常用品与奢侈品区分
基本功能	实用：适应季节、地域差异	实用为主：适应季节、地域差异	实用：适应季节、地域差异；修饰：身份、地位识别	实用：适应季节、地域、场合差异；修饰：身份、职业识别	实用：适应季节、地域、场合差异；修饰：职业、地位识别；反映社会经济科技文化发展水平及时尚流行趋势；确保生态平衡和健康安全
材料种类	天然材料（树叶、藤蔓）	自然加工材料（树皮、动物毛皮等）	自然加工材料（树皮、动物毛皮等）；天然纤维加工材料（棉、毛、丝、麻）	自然加工材料（动物毛皮等）；天然纤维加工材料（棉、毛、丝、麻）	自然加工材料（饲养动物毛皮等）；天然纤维、人造纤维、合成纤维加工材料
与经济的关联	无	无	较大	较大	大
与文化的关联	无	无	一般	较大	大
与科技的关联	无	无	无	较大	大

第三节　纺织是人类发展和社会进步的象征

一、纺织是人类劳动与创造的成果

马克思主义创始人之一恩格斯从辩证唯物主义和历史唯物主义出发，曾于 1876 年写就了《劳动在从猿到人转变过程中的作用》一文，明确提出并全面论证了劳动创造人的原理。他指出，劳动“是整个人类生活的第一个基本条件，而且达到这样的程度，以致我们在某种意义上不得不说：劳动创造了人本身”(《马克思恩格斯选集》第 3 卷，第 508 页）。这一观点不仅为考古学和古人类学的大量发现和事实所证实，而且通过分析纺织的产生及发展也能够得到诠释。

自从人类学会直立行走，解放了双手之后，劳动便成为人类区别于其他动物的特征之一。从敲打制作简易钝形或尖锐石器开始，直至学会捕猎、耕作、饲养，乃至建盖居所、烧制陶器、冶炼制作青铜器皿等，人类的双手变得越来越灵活。同样，最初的剥、搓、编、挑、结、捻、纺、织、缝等运用于纺织材料与成品制作的手段，也使得人类的手掌与手指功能不断进化，动作反应程度也愈加灵敏。而且，劳动还和目视及语言交流一起，刺激人类大脑不断进化与完善，提高了人的模仿能力和记忆思考能力，令人变得越来越聪明，改善现状的想法越来越多，付诸实践能力也不断得到提高。制作工具替代肢体或提高肢体延伸功能，便成为人脑发达的一个显著表现，所谓“心灵手巧”便源自于此。纺织材料选择的突破，加工手段的多样化和纺织产品的日益丰富均是人类劳动和创造能力提高的证明。

二、纺织是人类社会由蒙昧走向文明的标志

无论是人类自身漫长的进化过程，还是人类社会形态的不断发展，从低级阶段逐步走向高级阶段的演进脉络十分清晰。远古时期无论是旧石器、新石器时代，还是进入到青铜器、铁器制作时代，同步出现并持续发展的纺织自始至终伴其左右，并逐步丰富与提高（见图 1–5）。恩格斯在《家庭、私有制和国家的起源》读书提纲中把人类早期社会分为蒙昧、野蛮和文明三个时期，而每个时期中又可分为低级、中级和高级阶段。

蒙昧时期——所对应的是旧石器时代。其低级阶段属于人类的童年期，

图 1-5　纺织伴随人类发展与进步

标志是有了一些以家庭为单元的自然分工，此时蔽体用的具有纺织雏形意义的物品来自树叶、藤蔓、兽皮等天然材料；中级阶段的标志是火的利用及鱼类进入食物链，此时类似缝制加工的围身兽皮，成为人类最初的服装类生活用品，随后，渔网作为最初纺织形态的物品开始出现；高级阶段的标志是弓箭的发明和定居部落的出现，以兽皮为主要材料的所谓纺织类生活用品来源更加多元化。

野蛮时期——所对应的是新石器时代，总的特征是人们开始动物驯养和植物种植。其低级阶段的标志是制陶技术的出现和氏族社会的形成，原始的个体性手工纺织加工技术（纺轮的使用）开始出现并得以流传；中级阶段的标志是动物驯养、利用浇灌技术种植农作物和使用土坯和石头搭建房舍，此时出现了原始的织布机（腰机）；高级阶段的标志是铁矿石的冶炼技术和拼音文字开始出现，织布、金属加工等手工业已从农业中分离出来，在此阶段，将葛麻、棉花、亚麻等天然植物加工成纺织材料的技术已经成熟并普遍应用。

文明时期——特指有文字记载，且青铜、铁器器皿及工具制作技术日趋成熟的时期，标志是出现了第三次社会大分工。由于生产力的提高，产品出现了剩余，从事物品交换的阶层——商人便出现了，商品经济便应运而生。原先以个体手工生产为主要特点的纺织业也适应社会需要，不断向作坊形态发展扩张，加工手段日趋多样，生产环节更加专一，分工更加细致完善，成为一个满足个人生活和社会发展双重需求的行业。

自 18 世纪 60 年代第一次工业革命发生之后，随着世界人口的不断增加，生活物资需求量的提升，纺织生产便开始了从手工业向大工业的过渡。近三百多年来的发展，在经历了机械化、电子化、自动化和信息化等工业发展历程之后，现今的纺织行业已经成为一个与现代化社会同步发展的产业，它吸纳科技，融入时尚，应用领域不断拓展，产品功能不断增多与放大。由于与人类有着十分密切的关联度，现代纺织已经成为提高人们生活水平、反映个人精神风貌和支撑社会文明发展不可或缺的产业之一，显现着蓬勃的生命力和持久的发展后劲。

第四节　纺织必将伴随人类走向未来

一、纺织与人关系密切，在生活中必不可少

在现代社会里，纺织用品是人们日常生活离不开的重要物品之一，无论是身上穿的服装，还是居家使用的各类其他纺织用品，都是人类生活中的重要伴侣，它们与人类接触十分亲密，与人们日常生活联系广泛。尤其是服装，可以说是一直伴随着、呵护着、修饰着人们度过一生，并且为人类的生活增添无穷色彩。各类纺织用品首先具有蔽体和护体作用，比如穿着服装可以在不同程度上遮掩和保护人体重要部位，以此来达到维护人类尊严和抵御自然界中各种不利于人体健康因素侵袭、危害的目的。“棉衣御寒、凉衫挡暑”已成为生活中的常识性问题了。而睡觉盖被、盖毯，不仅确保密蔽性，增加舒适感，还能起到防止夜间受凉感冒生病的作用。从这一点出发，把纺织用品称为人类的“第二皮肤”是一点也不为过的。人类使用纺织用品，首先是出于适应自然环境条件的生存本能，通过保护、遮蔽人体，满足人体生理卫生和各种生活方式的需要。人类的日常生活方式大致可以分为动态化（如行走、工作、劳动、体育活动、娱乐活动等劳作运动行为）和相对静态化（如居家、休眠、静养、学习思考、观摩与欣赏等歇息行为）两大类，这两大类不同的生活方式及所包含的各种活动行为，都需要有不同功能与结构的实用性纺织用品与之配套，以便满足或适应人体运动机能和正常生理需要，进一步实现舒适性和提高生活质量的预期目标。另外，人们在生活中在与一些物体发生接触时，需要提高舒适感，于是，各类与纺织有关的软体装饰便发挥作用，比如办公场所使用的软质坐垫及靠背座椅，家里使用的沙发、床垫，汽车、火车及飞机等运输工具中的座椅靠背，特殊场合内的设施，如影剧院内的隔

音墙壁装饰材料与座椅、医院里的检查台等，都会采用纺织材料增加物体表面的柔软性和蓬松度，以提高人们在使用过程中的体感舒适度。

二、纺织反映社会经济文化发展水平

纺织的进步与社会经济文化发展息息相关。纺织虽然历史悠久，属传统产业，但它会随着时代的跨越和社会的发展而不断进步。纺织具有与人类社会进步程度和地域经济文化状况直接联系的特点，当社会的经济和文化发展到一定程度时，纺织的内容才会不断得到丰富，质量和应用水平才会被人们所重视。比如在远古时代，生产力水平极为低下，人类处于蒙昧时期，当时所谓的服装只不过是蔽体、御寒之物，因此，那时服装问题是极其简单的，几乎没有什么文化内涵。而在当今世界，随着社会进步和文明程度的提高，人们物质生活水准和文化素养也在进一步提高，更多的人会关注服装修饰及审美等文化问题，服装修饰问题已不再是少数人的专利，已经成为一种公众都可以考虑和实施的行为。人们除了考虑纺织用品的实用性之外，其修饰、美化的功能也在进一步增强。比如，服装中的一些构成要素，如服装造型、服装面料的色彩和花纹图形等，其装饰作用是明显大于其实用价值的，通过将这些构成要素运用于穿着打扮，服装便能够起到修饰和美化人体、表现穿着者的个性和爱好的作用，从而达到丰富生活色彩、增添穿着美观氛围的目的。事实上，纺织品还与文化有着千丝万缕的联系。当代社会，服装不仅是人们的日常生活用品，同时俨然成为反映历史变迁和时代风貌的重要载体。无论是在博物馆、艺术展，还是绘画雕塑、小说戏曲、电影电视乃至网络媒体、广告宣传中，作为纺织用品之一的服装在文化艺术领域可以说是无处不在，成为众多文化艺术表现形式中不可缺少的部分。充满传统文化元素的戏曲服装见图 1-6。

图 1-6　精美的戏曲服装

从社会学的角度分析，以一定的经济条件为基础，以社会安定和谐为前提，以人的文化素养提高为支撑，人类使用纺织品特别是服装的行为应体现讲求道德礼仪、注重修饰审美、体现类别区分、把握扮装拟态分寸等四个方面的文化内涵。因为，服装等纺织品不仅仅是人体的保护用品，而且还是一种非语言性的信息传播媒体，有一种维持社会道德秩序和宣示文化的使命与功能。人们在社会生活中可以通过穿着反映自身的个性、素养与爱好，显现自身的社会地位、职业、自信心、文化修养水平，表露自身所承担的社会责任及对社会伦理道德的态度。一定社会形态中普遍存在的人们的服装穿着行为，还能够反映社会伦理道德的水准，对社会外部形态起到规范化、丰富视觉效果和美化的作用。正因为如此，以服装为代表的纺织用品才能够通过时尚文化表现方式与社会发展同步，发挥其美化生活的效能。

三、纺织为时尚生活提供物质支撑

在现今社会，时尚一词出现的频率越来越高，对人们生活的影响也越来越突出，它几乎成为所有新出现并流行着的，与人们日常生活相关的事物或表现形式的代名词。时尚是一种新颖的趋势与状态，是指一定时期内存在于社会中的新兴的、有引领作用的生活风尚或方式。毫无疑问，追求个性化是时尚的基本特征，越是强调开放的年代，时尚的变化就越迅速，因为只要人们有将自己与他人区别开来的诉求和需要，时尚便可成为最重要的动因。时尚有狭义与广义之分，广义的时尚是指一种存在于社会之中反映新潮或追求新潮的综合状态，它体现出人们对新兴事物和生活的追求与向往，能够在一定层次上满足相应人群讲究档次和质量、注重品位与个性化的生活需求和文化需求，但这种大众化时尚的推广是以一定的物质条件、文化积淀和相对宽松的社会环境作为基础的。

毋庸置疑，时尚对于社会进步有一定推动作用。营造时尚文化，大力发展时尚产业正成为国际上一些大都市经济发展、文化普及以及社会安定、开放的标志（见图 1-7）。时尚是社会发展的风向标，它的出现，必定要以一定的社会经济水平、文化水平和相对稳定的社会生活环境为背景，它既是时代的产物，反过来又印证了这个时代的发展水平。人们从品牌、品质和品位等时尚文化的内涵出发，注重衣、食、住、行、文化娱乐等方面的问题，就是

图 1-7　都市里的时尚品牌展示

在一定的物质文化和社会条件基础上，注重提高自身生活方式，注重改善生存空间与环境的质量，从而使自己的生活更加丰富、更加科学、更加惬意、健康。

随着人们对服装时尚属性的重视，服装的品牌效应愈发凸显，品牌数量与其影响力的关系（见图 1-8）正日益受到人们的关注。当前，在全面建成小康社会的征途中，上海正努力打响制造、购物、服务和文化“四大品牌”，通过开发建设时尚创意园区，举办国际服装文化节和国际时装周等活动，积极发展都市型创意产业和现代文化服务业，向巴黎、伦敦、米兰、纽约等国际时尚中心看齐，这是凸显时尚氛围，营造时尚生活的一种生动表现，其背后离不开纺织产业的新材料、新创意、新工艺的物质支撑。

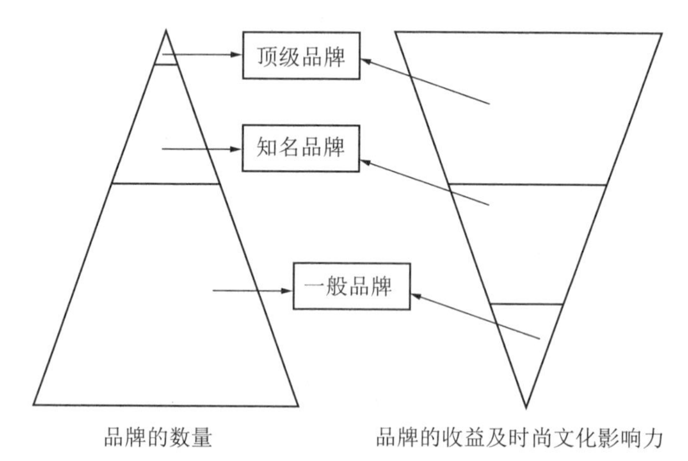

图 1-8　服装品牌的数量与收益、时尚文化影响力的关系

四、纺织是科技进步与成果的重要载体

20世纪以来，特别是进入21世纪后，随着人类知识的不断更新，社会进步和科学技术飞速发展，各类科技新成果层出不穷，影响并且改变着人们生活的方方面面，纺织产业也不例外。现今诸如信息科学、材料科学、生态学、环境学、医学及人工智能等方面的科技发展已经给纺织技术应用及新产品开发提供了新的驱动力，不断有新材料、新产品问世，显现出“科技让生活更美好，科技让国家更强盛”的应有作为。而“科学创造未来”的理念也正在为越来越多的纺织科技工作者所接受，并不断渗透到人们的日常生活之中。在科技进步和社会发展推动下，通过学科交叉、融合发展，纺织正以全新的姿态出现在越来越多的领域中。在日常生活领域，纺织用品在适应社会发展、维护人类健康安全、美化生活、提高生活舒适性等方面继续发挥着不可替代的积极作用，人们在选购纺织用品时，除了讲究实用、追逐时尚，更注重其科技含量、适用范围和使用质量，以更好地满足生活需要；在特殊行业领域，如医疗卫生、体育竞技、文化娱乐、环境保护、抢险救灾、建筑施工、设施维护、交通运输等，具有科技含量的纺织用品也屡见不鲜，发挥着切实的作用；而在航空航天、军事国防等高精尖科技领域，耐高温阻燃、耐高温抗摩擦、防电磁辐射与静电干扰、高强度、轻结构与轻重量、耐腐蚀、超导、隐身、具有相变功能和自修补功能等一系列极具高科技含量的纺织用品也在施展才华，为相关领域的发展发挥独到功用。可以说，现代纺织正是利用自身优势，通过满足社会发展和人们日常生活的新需求，并通过紧跟其他制造业的发展态势，把握现代高科技发展趋势，抓住机会，发挥自身专长，参与到有关新材料、新产品的研发活动中去，从而实现自身价值。可以预见，只要人类生活方式和需求维持不变，这样的现代纺织的科技发展模式将会延续下去。

第二章　纺织材料的来源及演进

纺织材料又称为纺织原料，是指纺织加工生产的最初环节——纺纱（丝）的使用对象，来源通常分为天然纤维、化学纤维（包括人造纤维和合成纤维）两大类，其品种、来源和获取渠道可见表2-1。

表 2-1　纺织材料的分类、品种、来源及获取渠道

类　别		具体品种	来　源	获取渠道
天然基材纤维	有机类	棉花、麻类作物、竹子、玉米、小麦、大豆、海藻等	源自农作物	从自然界及生物中提取
		蚕丝、羊毛、羊绒、驼毛、驼绒、兔毛、羽绒、牛奶、甲壳素等	源自养殖、畜牧和捕捞物种	
		生物酶、无害菌种	源自微生物	
	无机类	石棉、玻璃及石英玻璃、陶瓷、硼、各类金属、石墨烯等	源自矿物质	
化学纤维	人造纤维（粘胶）	人造棉、人造毛、人造丝，及各类新型再生性纤维素、再生性蛋白质等	源自天然纤维加工剩余物及新利用的农作物、植物等物种	主要用化学方法生成
	合成纤维	涤纶、锦纶、腈纶、维纶、丙纶、氯纶、氨纶	源自石油化工衍生物	

所谓天然纤维，是指从自然界原有的或经过人工培植的植物以及人工饲养动物身上直接获取的纤维材料，如棉、麻、丝、毛等。它们是纺织工业最

古老，迄今为止最重要的材料来源，获取途径来自于自然界。

所谓人造纤维，是指以纤维素、蛋白质等天然高分子物质为原料，经过化学加工提炼、纺丝、后处理等流程而制得的纤维材料。早在1891年，英国的克罗斯（Cross）、贝文（Bevan）和比德尔（Beadle）这三位纺织化学专家就以棉花为原料制成了纤维素磺酸钠溶液，并申请了生产工艺专利，由于这种溶液的黏度很大，因而被命名为“粘胶”。当时的实验证明，粘胶遇到酸性化学物质后，纤维素会重新析出。根据这一原理，一种制造纤维素纤维的方法于1893年研制成功，用这种方法制成的纤维就叫“粘胶纤维”。到了1905年，德国人米勒尔（Muller）发明了一种由稀硫酸和硫酸盐组成的凝固浴，这种凝固浴又称为纺织浴，是指制造化学纤维时，使经过喷丝头的纺丝胶体溶液细流凝固或同时起化学变化而形成纤维的浴液，从而打开了粘胶纤维工业化生产的大门。由于原先人造纤维一般选择失去纺织加工价值的纤维原料，如棉花、羊毛下脚料等，经化学溶解或熔融，采用挤压、喷射方法纺丝而制成，纤维成分仍可分别为纤维素和蛋白质两类，仅是衍生物的物理结构、化学结构发生变化，所以，人造纤维又被称为再生性纤维素纤维或再生性蛋白质纤维，如人造棉、人造毛、人造丝等。进入21世纪后，随着生态环保理念的兴起，原先产生“三废”（即废水、废气、废渣），影响环境保护的传统人造纤维的生产方式越来越受到挑战。同时，受可持续发展战略及循环经济的影响，其原料来源也更加多样化，一些新的、不影响生态环境并有利于节约资源的再生性纤维素粘胶纤维陆续被开发出来，成为粘胶纤维家族的新成员，他们被统称为新型再生性纤维素或蛋白质纤维，如天丝、莱赛尔、莫代尔、竹浆纤维、大豆纤维、玉米纤维及牛奶纤维等。

所谓合成纤维，是化工行业的衍生物，主要采用人工合成高分子化合物作为原料制得，其诞生于石油化工工业兴起的20世纪20年代中后期，距今也就近百年。当今世界上作为材料使用的大量高分子化合物，是以煤、石油、天然气等为起始原料先制得低分子有机化合物，再经过聚合反应而获得的。这些低分子化合物称为“单体”，而由它们经聚合反应而生成的高分子化合物称为高聚物。用于合成纤维制备的高分子材料大多数属于通用高分子材料，系指目前能够大规模工业化生产，已普遍应用于人们日常生活和建筑、交通运输、农业、电气电子工业等国民经济领域的高分子材料。合成纤维的应用有效地缓解了天然纤维种植与粮食作物种植之间的矛盾，有利于适应世界人口增长、粮食种植面积进一步扩大的需求。目前应用于日常生活领域的合成纤维品种主要有涤纶、锦纶、腈纶、维纶、丙纶、氯纶和氨纶。

第一节 自然生物获取

一、源自植物

1. 棉花

棉花是世界上最主要的农作物之一，产量大、生产成本低，棉制品价格比较低廉。棉花最早种植于中美洲，亚洲的原产地是印度和阿拉伯地区，最初传入中国是在南北朝时期，但多在边疆地域种植，大量传入内地是在宋末元初，而棉花在全国范围内推广种植则是在明代初期。按纤维长度不同，棉花可分为三类：

长绒棉——也叫海岛棉、埃及棉、苏丹棉等，我国新疆地区有种植，其纤维长度在 3.3 cm 以上，具有纤维细长、有光泽、强度高等特点，品质最佳，适合于纺制 28 支以上的高支纱线，多用于床上用品及内衣、衬衣的细布和府绸面料生产。

细绒棉——也叫陆地棉、大陆棉，因原产于中美洲，所以也称为美棉，我国大部分地区均有种植，其纤维长度在 2.5—3.3 cm 之内，具有适应性广、产量高、纤维较长、品质较好等特点，可以纺制 18—27 支的中支纱线，多用于平布、斜纹布、贡缎等一般性织物生产。

粗绒棉——也叫亚洲棉，原产印度，其纤维长度在 2.5 cm 以下，具有纤维粗短、弹性强等特点，但手感偏硬、表面缺乏光泽，可以纺制 17 支及以下的低支纱，主要用于织造粗厚或起绒、起圈棉织物，如粗布、绒布、坚固呢等，多用来制造棉毯和价格低廉的织物，或与其他纤维混纺，但因不适应现代高速度和高精度的自动化纺纱设备，使用数量正在日趋减少。

棉花按颜色可分为白棉、黄棉和灰棉，其中白棉质量最佳，它一般呈洁白、乳白或淡黄色，在纺纱厂被称为原棉，得以大量使用。而黄棉和灰棉均属生长期存在一定异变现象，外观与内在质量受损的品种，难以用于纺纱加工环节。现代有一种被称为天然彩色棉花的棉花品种被开发出来，是在原有棉花基础上，运用远缘杂交、转基因等生物技术培育而成，天然具有棕、绿、蓝、紫、灰、红、褐等色彩。天然彩色棉花能够保持棉纤维原有的松软、舒适、透气等优点，具有一定天然色彩，制成的棉织品可减少印染工序和加工成本，能适量避免对环境的污染，有利于保护环境，但也存在色相单一、色彩明度不高、色牢度不够等不足，有待进一步改进。

棉花还可以直接加工成一些纺织品的填充物，如被絮、垫褥、棉衣内胆等。由棉花加工的棉纤维能制成多种规格的织物，从轻盈透明的巴里纱到厚实的帆布和厚平绒，适于制作各类服装、家具装饰用布和工业用布。棉织物坚牢耐磨，便于洗涤维护，可承受高温熨烫，通过其他整理工序，还能达到防污、防水、防霉等效果，并可提高织物的抗皱性能。棉布由于吸湿和脱湿快速，制成服装后穿着舒服。如果需要增强保暖性能，还可通过拉绒整理使得棉织物表面起绒、蓬松。

2. 麻类作物

我国利用和种植麻类作物的历史悠久，系继葛藤纤维之后主要的纺织材料来源。在新石器时代遗址中，就曾发现了与麻类纤维加工有关的石制或陶制纺锤、纺轮等原始工具。中国古代种植的麻类作物主要是大麻和苎麻，大麻大约在公元前经中亚传到欧洲，苎麻也在十八世纪传到欧洲。大麻至今还被一些国家称为“汉麻”或“中国麻”，而苎麻则被称为“中国草”或“南京麻”。我国现代纺织采用的麻类作物主要有：

大麻——其茎皮纤维长而坚韧，具有韧度高、可自然降解的特点，提取的纤维可用以纺纱或织成麻布，制作耐用性强的绳索，也可编织渔网。大麻类纺织品因具有抑菌防臭、吸湿排汗、耐晒防腐、抗静电、防紫外线等性能，现已进入日常生活领域，并在特需行业中发挥作用。

苎麻——其茎皮纤维细长、强韧、洁白、有光泽，具有拉力强、耐水湿、弹力强和绝缘性好等特点。提取的纤维可织成夏布，凉爽适人，常用于夏季

图 2-1　苎麻面料（夏布）

衣着。以湖南浏阳及江西万载等地出产的夏布最为著名（见图 2-1）。苎麻纤维还是一种历史悠久的地方传统手工艺品的材料，并可用于制造飞机的翼布、橡胶制品的衬布、电线内包纱、渔网等，还可用于织造地毯、麻袋等。苎麻的短纤维可制作人造丝、人造棉等材料，与羊毛、棉花混纺还可制作高级衣料。与苎麻质地、性能相似的还有青麻，其原产地为巴西。

亚麻——也称胡麻，是人类最早使用的天然麻类植物，距今已有 1 万年以上的历史，起源于近东地区和地中海沿岸。我国于 1906 年在东北引进种植。其茎杆直立，高 30—120 cm，多在上部分枝，根基部木质化，无毛，韧皮部纤维强韧并具有弹性，构造如棉。亚麻具有强韧、柔细、吸湿性强、散热快、耐摩擦、耐高温、不易燃、不易裂、导电性小、吸尘率低、抑菌保健等独特优点，适宜制作飞机翼布、军用布、消防、宇航、医疗和卫生保健服装及帆布、水龙带、室内装饰布及工艺刺绣品等。亚麻的下脚料麻屑也有较高的利用价值，加工后的短纤维即为麻棉，还可与毛、丝、棉、化纤等融合生产混纺纱线，也可以直接纺出纯麻纱线，而亚麻麻屑还是制造人造板材或高级纸张的优质原料。

黄麻——原产亚洲热带地区，我国长江以南地区多有种植。其茎体长而柔软、富有光泽，长度可达 100—400 cm，颜色从白色渐进到褐色，提取的纤维可以织成高强度、质感粗糙的细丝。黄麻具有吸湿性能好、散失水分快等特点，主要用于麻袋、粗麻布等纺织品制作。黄麻还可作为纤维素制剂的生产原料，用纤维素制剂可生产粘胶、三磷酸纤维素、醋酸纤维素、羧甲基纤维素和微晶纤维素。黄麻茎部剥下的韧皮纤维，经过无氧水浸泡处理，形成熟麻，再通过编织并附加现代化的附纸工艺可生产出黄麻墙纸，用于室内装潢。黄麻纤维丝与铅油（即厚漆）一起使用，缠绕在供水管道接口的螺纹部位，可以达到良好的密封效果。与黄麻质地、性能相似的还有槿麻（又叫红麻），原产地为非洲。

3. 竹子

竹子是一种天然植物，它种类繁多，大都适应温暖湿润的气候，盛产于热带、亚热带和温带地区。研究结果表明，竹子是地球上生长速度最快的植物，生长过程中耗水量也不多，可以防止水土流失，并且能够抵抗洪水和干旱。在相同空间内，竹子能比普通植物多制造30%的氧气，因而有助于减缓全球气候变暖。竹子还属于森林性资源，其生长周期短、蔓延繁殖能力强，而由于纤维素是构成竹原纤维的主要物质，所以竹子便能够成为现代纺织新材料。另外，由于竹子生长过程中不需化肥和农药，因此，竹纤维是一种真正意义上的绿色纤维，是一种更为低碳环保的纺织材料。

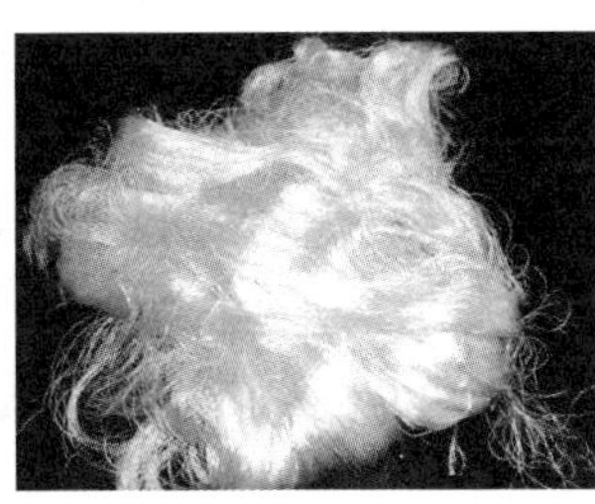
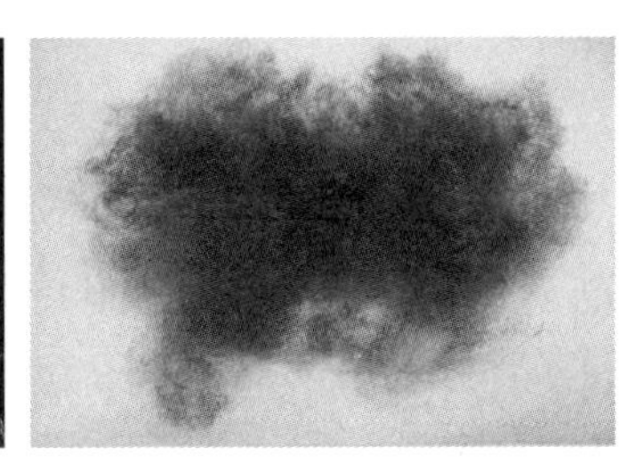

图 2-2　自左而右依次为：竹原纤维、竹浆纤维、竹炭纤维

从竹子中制取纤维材料属于我国首创，曾纳入“十一五”国家科技支撑计划，目前该提取技术已经在行业内得到普遍推广应用。竹纤维的形成有两种途径：一种是“竹原纤维”，它是采用物理、化学相结合的方法制取的。制取过程包括选竹材、制竹片、蒸竹片、压碎分解、生物酶脱胶、梳理纤维、形成纺织用纤维；另一种是“竹粘胶纤维”，它包括竹浆纤维和竹炭纤维两类。竹浆纤维是将竹片碾碎打成浆体制成浆粕，然后再通过湿法纺丝制成，其制作加工过程与其他粘胶纤维生产基本相似，但采用这种方法加工，竹子的天然特性会遭到破坏，纤维的除臭、抗菌、防紫外线功能明显下降；而竹炭纤维是选用纳米级竹炭微粉，经过特殊工艺处理加入粘胶纺丝液中，再经过近似于常规纺丝工艺纺出的纤维产品，可以保持竹子原有的一些特性（见图 2-2）。

竹纤维具有良好的透气性、瞬间吸水性、较强的耐磨性和良好的染色性等特性，同时又具有天然抗菌、抑菌、除螨、防臭和抗紫外线等功能，经过特殊加工处理，竹纤维还能比棉纤维更柔软，与真丝和羊绒的质地相近。因此，竹纤维广泛用于服装面料、居家纺织用品等日常生活领域，并且可与棉、毛、麻、绢丝及各类化学纤维进行混纺，如采用与维纶混纺的方法可生产轻薄型夏季服装面料。竹原纤维含量在 30% 以下的竹棉混纺纱线更适合于生产内裤、袜子，还可以用于制造医疗护理用品。通过机织或针织方式，竹纤维能够应用于各种规格的机织面料或针织面料。机织面料可用于制作窗帘、台布、夹克衫、休闲服、西装套服、衬衫、床单和毛巾、浴巾等，而针织面料适宜制作内衣、汗衫、T 恤衫、袜子等。最近几年，竹纤维通过非织造方式还被用于纸巾制造，健康环保的竹纤维本色纸巾开始出现于人们的日常生活中。

4. 玉米与小麦

它们是新型人造纤维聚乳酸纤维（PLA）的主要材料来源，因此该纤维也称为玉米纤维，这种纤维是以玉米、小麦、甜菜等淀粉物质作为原料，通过发酵工序转化成乳酸，再经过聚合工艺处理之后纺丝而成，因此被称为聚乳酸纤维。聚乳酸其材料来源充足而且再生性强，生产过程无污染，且产品可以生物降解，在自然界中可以实现无害循环，因此是理想的绿色环保高分子纺织材料。

玉米纤维轻柔滑顺，具有强度大、吸湿透气的特点，纺纱织布后形成的产品有丝绸般的光泽及舒适的肌肤触感和手感，悬垂性能佳，并具备良好的耐热性及抗紫外线功能，服用性能好。由于乳酸属于一种人体内部也存在的物质，故聚乳酸纤维对人体而言是绝对安全的。经测试，以玉米纤维制成的针织面料不会刺激皮肤，对人体健康有益，并具有滑爽的舒适感，在贴身内衣、运动服装等方面的开发应用优势显著。玉米纤维与棉、羊毛等天然纤维混纺制成新的纺织织物，具有良好的形态保持性、较好的光泽度、丝绸般极佳的手感、良好的吸湿性和快干效应，集挺括、弹性好、光泽美的效果于一身，已经成为外衣、外套等服装面料的原材料。除了用作服饰用品以外，玉米纤维还可广泛应用于土木工程、建筑物、农林业、水产业、造纸业、卫生医疗和其他家庭用品，也可用作生产可生物降解的包装材料。

玉米纤维采用天然可再生的植物资源为原料，减少了对传统石油资源的依赖，同时又具有生物可降解和完全自然循环的特点，符合现代国际社会节约资源、保护环境的可持续发展的要求，所以得到了国际纺织界的广泛重视，被众多专家推荐为“21 世纪的环境循环材料”，是一种极具发展潜质的生态性材料。在使用性能上，由于它兼有天然纤维和化学纤维的优点，因而正日益受到消费者的青睐。

5. 大豆

它是被国际纺织材料界称为“世界第八大人造纤维”的新型人造纤维——大豆蛋白纤维的主要材料来源，由我国首创。1998 年，第一条大豆蛋白质纤维生产线在河南安阳正式启动。大豆蛋白纤维属于再生性植物蛋白纤维类，以榨过油的大豆豆粕为原料，利用生物工程技术，提取出豆粕中的球蛋白，通过添加功能性助剂，与腈基、羟基等高聚物接枝、共聚、共混，改变蛋白质的空间结构，制成具有一定浓度的蛋白质纺丝液，再经湿法纺丝而成。大豆蛋白纤维原料来自自然界的大豆，由于资源丰富且生产周期短、再生性强，不会对资源造成不可逆转性质的破坏。生产过程中，由于所使用的辅料、助剂均无毒，且大部分助剂和半成品纤维均可回收重新使用，提取蛋白质后留下的残渣还可以作为饲料，而且大豆蛋白纤维制品可自然降解，所以被专家誉为“21 世纪最环保的纤维”。

大豆蛋白纤维纺制出来的丝细度细、比重轻、拉伸强度高、耐酸耐碱性强、吸湿导湿性好，手感类似于羊绒，光泽能与蚕丝相媲美，并具备棉的保暖性和良好的亲肤性等优良性能。采用 50% 以上的大豆蛋白纤维与长绒棉纤维混纺的高支纱，具有滑糯、轻盈、柔软的特性，能保留精纺面料的光泽和细腻感，增加舒适手感，可用于生产春、秋、冬季穿着的薄型绒衫，还是生产高档衬衫、轻薄柔软型高级西装和大衣的理想面料。大豆蛋白纤维与真丝交织或与绢丝混纺制成的面料，既能保持丝绸亮泽、飘逸的特点，又能改善其悬垂性，消除产生汗渍及吸湿后粘贴皮肤的不足，是制作睡衣、衬衫、晚礼服等高档服装的理想面料。此外，大豆蛋白纤维与亚麻等麻纤维混纺，是制作功能性内衣及夏季服装的理想面料。大豆纤维通过加入少量氨纶纤维，手感更加柔软舒适，可用于制作 T 恤、内衣、沙滩装、休闲服、运动服、时尚女装等，极具休闲特色。精纺大豆蛋白纤维面料还可用于制成床单、枕套、被褥套等床上用品。

6. 海藻

是海带、紫菜、裙带菜、石花菜等海洋藻类水生植物的总称，它们通常附着于海底或人工制成的某种固体构架上，是由基础细胞所构成的单株或一长串形态的简单植物，大量出现时分不出茎或叶，可通过自身体内的色素体以及光合作用合成有机物。运用现代科学技术，可以从常见的褐藻，如海带、马尾藻、泡叶藻、巨藻中提取出海藻酸，在造纸和纺织行业中用作脱水剂和上浆剂。同时，采集昆布（俗称鹅掌菜）、海带、马尾藻等天然海藻后，通过特殊窑烧，可形成一种叫海藻炭的灰烬物质，从中析出藻盐类物质后，再以特殊的制造程序处理，可将海藻炭体变为黑色，具有良好的远红外线放射效果，并产生负离子。

利用海藻炭的这些有利于人体保健的特性可制造具有特殊功能的纺织品。将海藻炭的炭化物经过粉碎形成超微粒子后，再与聚酯溶液或尼龙溶液等混炼，采用抽丝纺制方法加工而成的纤维，就是海藻纤维。这种纤维可以与天然棉或其他纤维混纺，纺成的纱线便具有远红外线放射机能。一般而言，只要使用 15%—30% 的海藻炭纤维就具有良好的远红外线放射效能，可以织造各种具有保健功能的织物，应用于贴身穿着的袜子以及内衣等产品。远红外线放射可加速人体细胞内的分子运动，促使细胞活力增强，使得细胞充满生机。远红外线照射还能使人体血液产生共鸣共振，促使体内水分子振动，分子间摩擦产生热反应，加快血液流速，促使皮下温度上升，使身体内部产生暖和的感觉。远红外线放射能通过热胀冷缩效应扩张微血管，加速人体血液循环，促进新陈代谢，消除体内的有害物质，并且能推动新的生物酶迅速产生，使人体生理机能更加健康。海藻炭纤维还能产生负离子，促进人体新陈代谢，确保身体各项指标正常。另外，还有报道介绍，海藻炭纤维中所含矿物质有利于诱发人脑中的 α 波，可相对减少焦虑和紧张的情绪，放松心态，提高自身免疫能力。

海藻炭纤维属于新型人造纤维中的一种，它具有良好的可降解吸收性、生物相容性。用其制成的面料具有保温及保健双重效果，适用于 T 恤、内衣等服装，长期穿着可以使人体产生热反应，促进身体血液循环，具有蓄热保温和增加新陈代谢、提高人体自身免疫力的效果。用海藻炭纤维织成的袜子则兼有保温、抗菌及防臭效果。

二、源自动物

1. 蚕丝

我国是世界上最早饲养家蚕和缫丝织绸的国家，始于七千多年之前，并有约五千年的可考历史（缫丝用的蚕茧见图 2–3）。起源于两千多年前西汉时期的“丝绸之路”使中国丝绸名扬天下。桑蚕丝、柞蚕丝或蓖麻蚕丝均属于一种天然动物蛋白纤维，用其织造而成的真丝织物，呈幽雅的珍珠光泽，具有光泽自然、手感柔和、质地细腻、纤度（表示丝或纱的粗细）较细、强度较高等特点，素有“纤维皇后”的美誉。真丝制品通常可分为服装服饰用品、室内装饰用品以及工艺品等门类。被称为四大名锦的四川蜀锦、苏州宋锦、南京云锦和广西壮锦是丝织品中的优秀代表，享有很高的国际声誉。而被称为四大名绣的苏绣、湘绣、粤绣、蜀绣等手工艺品精致华美，也令世人爱不释手。各类真丝用品及服饰，如围巾、领带、旗袍、礼服等触感舒适宜人，外观华丽典雅，深受广大消费者的喜爱。通常，用真丝为原料织成的丝绸面料分为厚、薄两种：厚料以缎、葛、绸、锦、绒为主，适合做外穿类服装；薄料则以绢、纺、纱、绉、绫为主，多用作内衣，有些也可制作夏季穿着的外衣。真丝服装常见的款式为衬衫、连衣裙、旗袍、晚礼服、上装、睡衣或晨衣等寝室服装等。

图 2–3　缫丝用的蚕茧

真丝服装属于一种高档的日常衣着用品，由于所用材料具有比较娇嫩的特殊性，所以须小心穿着，外穿时应尽量减少与硬物的摩擦，并避免与尖锐物件接触，以免发生钩拉抽丝现象。穿着真丝服装时尽量不要大面积贴身，避免过多的汗液浸湿衣服，使衣服变色、变质、破损。穿着真丝内衣时，还要注意与其配套的外衣夹里质地最好是光滑、柔软的，不能太粗糙、偏硬，内袋不要装硬物以及笔、本、钱包等，以免局部摩擦起球。另外，真丝服装穿着时间不易太长，一般十天左右可停止穿着一段时间，以免纤维疲劳、老化。穿着时袖子等部位尽量不要卷折，以免磨损织物组织结构，还应避免在强烈日光下长时间暴晒。

2. 羊毛

羊毛一般特指出自绵羊身上的毛，行业内叫绵羊毛，纤细的绵羊毛可以称为细支羊毛。人类利用羊毛的历史可追溯到新石器时代，最初由中亚向地中海和世界其他地区传播，随后便成为亚欧的主要纺织原料。目前，世界羊毛生产的优势产地在南半球，大洋洲原毛产量占世界原毛总量的40%左右，南美洲的产毛水平也较高。而澳大利亚、新西兰、俄罗斯和中国是世界羊毛主要生产国，产量约占世界羊毛总产量的60%。国内羊毛主产区之一的内蒙古自治区，由于东北部气候较好，所产羊毛柔软度极好，适合纺织行业选用。

羊毛中还有一种被称为“马海毛”的品种，是从原产于土耳其的安哥拉山羊身上获得的。“马海”一词来源于阿拉伯文，意为“蚕丝般的山羊毛织物”。马海毛的外观形态与绵羊毛相类似，长度为12—15 cm，细度为10—90 μm，它表面光滑，具有蚕丝般的天然闪亮色泽，不易收缩，也难毡缩，强度高，具有较好的回弹性、耐磨性及排尘防污性，不易起球，易清洁洗涤。作为目前国际市场上的高级动物纺织纤维原料之一，马海毛主要用于精纺大衣、毛衣、毛毯和针织毛线的生产，通过纯纺或混纺形成织物后，可制成各式男女服装、提花毛毯、装饰织物、花边、饰带及假发等。

羊毛是纺织工业的重要原料之一，它柔软、蓬松，具有弹性好、吸湿性强、保暖性能突出等优点。羊毛经过加工后可用于制作呢绒、绒线、毛毯、毡呢、围巾、帽子等日用纺织品。因其华贵高雅、穿着舒适的天然特性，多用于织造秋冬季节使用的产品，如外套、大衣（有精纺呢绒和粗纺呢绒之分）、羊毛衫、绒线衫等。在非织造行业，好品质羊毛生产的非织造布仅限于针刺制造毛毯、高级针刺毡等一些高级工业用布，一般则是利用羊毛加工中剔出的短毛、粗毛，通过针刺、缝编等方法生产地毯的托垫布、针刺地毯的夹心层和绝热保暖材料等。

羊毛的优劣一般与细度有关，细度越细，质量越好。经过长期人工培育繁殖，现代羊毛的细度通常在 60 μm 与 20 μm 之间。优良品种的代表有英国的长毛种羊、西班牙的美利奴羊和澳大利亚的绵羊等。这些绵羊的羊毛不仅细度好，而且毛的均匀度也好，且产毛量高。我国内蒙古、新疆及青藏高原地区也是羊毛的主要产地，其中新疆还是细毛羊的故乡，是我国优质羊毛的重要产地。

羊毛加工成纱线的方式有粗纺、精纺和半精纺之分。所谓粗纺羊毛织物，就是采用 20 及 20 以下支数的粗支单股纱线经纬交织而成的面料。其质地厚实、外观粗犷、手感毛糙，多为麦尔登、粗花呢或大衣呢等，适合于生产防寒性能好、耐磨耐穿的西装、大衣或短大衣等服装。所谓精纺羊毛织物，就是采用高支双股纱线经纬交织而成的面料，其质地轻薄、外观细腻、手感柔顺，多为花呢、华达呢、女衣呢等，适合于生产时装、礼服等。所谓半精纺，是介于精纺和粗纺之间的一种纺纱形式，是指产生的纱线既有类似于粗纺纱线的特征，又表现出一些精纺纱线的特点。还有一种说法是，这种纺纱技术是通过综合使用棉、毛混合纺纱设备而完善的，因此而得名。半精纺工艺最大特点是对加工原料的适应性较强，它可以把羊毛与棉、丝、麻等天然纤维以及各种化学纤维以任何方式进行混纺，只要 2.5 cm 以上长度的纺织纤维均可作为半精纺原料，并可根据产品的风格和支数要求进行原料的合理选配。用半精纺工艺纺出的纱线具有色泽亮丽、纤维混合均匀、纱线手感蓬松柔软、表面光洁等优良性能，适应小批量、多品种、多色号的生产方式，符合当前“产品多变、交货快速”的市场需求。这一纺纱技术极大地改良了羊毛纺织技术，丰富了服用面料的品种。

3. 羊绒

如果说羊毛是来自于羊身上的普通物品，那么，羊绒则可称为来自羊身上的稀罕物品了，因为羊绒只产自于山羊身上。它是每年春季从山羊身上脱落下来的细绒物质，每只成年山羊一年一次产绒量仅为几百克，数量很少。而且羊绒的细度一般在 16 μm 以下，比美利奴细羊毛还要细得多，它表面鳞片边缘更薄，所以质感更光滑、更柔软、更轻盈，保暖性能极佳。(见图 2-4)。

最好的羊绒来自绒山羊，羊绒的原色分为白色、青色和紫色三种，其中以白色羊绒最为珍贵。亚洲的克什米尔地区，在历史上曾是向欧洲出口羊绒的集散地，所以国际上称羊绒为“Cashmere”（即克什米尔的英语发音），国内取其谐音为“开司米”。

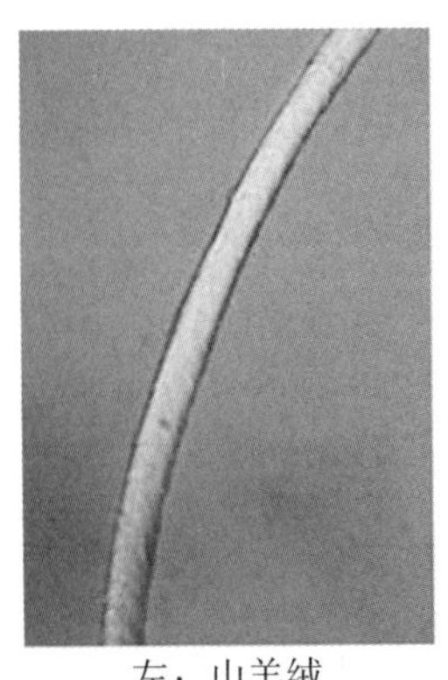

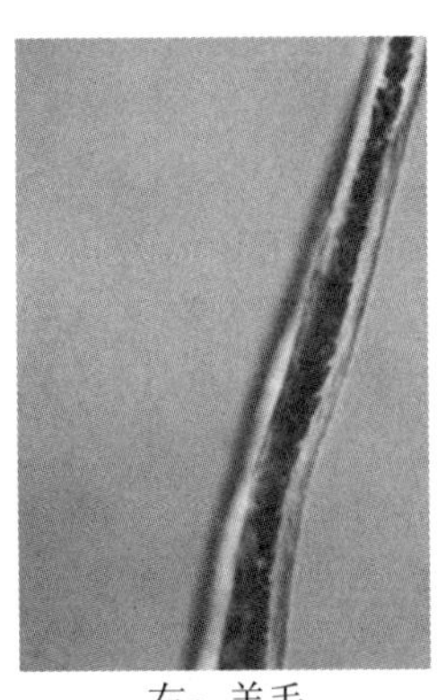

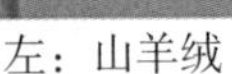

左：山羊绒　　右：羊毛

图 2-4　显微镜下羊绒与羊毛外观上的区别

内蒙古、陕西、宁夏、青海、甘肃、新疆等地是我国山羊绒的主要产区，除这些地区以外，西藏、辽宁、河北等地也有生产。我国羊绒产量不仅占世界首位，达到了总量的 70%，而且质量也优于伊朗、蒙古等国的羊绒产品。每年春季到了绒山羊脱绒的季节，工人们便使用特制的铁梳，采取手工梳理的方式从绒山羊毛皮上（以腹部为主）抓取原绒，再经过严格的清洗和机械分梳，去除粗毛、死毛和皮屑后形成所谓的无毛绒，即羊绒制品的生产原料。由于羊绒的获取及加工技术的难度较大，故它的生产成本和销售价格偏高，纯羊绒织物素有“软黄金”和“纤维中的钻石”之称，属于一种高档的服用面料。据称，要做成一件羊绒衫，就得从 19 只小山羊肚子上梳下羊绒。

20 世纪 50 年代末，国内研制出分梳机械设备后，我国开始出口无毛绒，随后通过研究和技术攻关，先后解决了羊绒纺纱、染色、针织及后整理等一系列加工技术问题，才为羊绒制品的成衣化打下坚实基础。我国羊绒加工工业经历了 20 世纪 70 年代的“成长期”，于 80 年代步入“发展期”，生产羊绒制品的企业也从北京、天津、上海向内蒙古、新疆等地扩散发展。进入 90 年代，国内已经能够利用羊绒纺出精纺纱，最高支数可以达到 120 支，同时混纺技术和应用领域也得到提高与拓展。随着分梳、粗纺、精纺、半精纺及成衣加工等生产门类的细分，我国的羊绒制品加工手段日趋丰富，适应社会“高雅、经典、时尚”穿着要求的生产能力也越来越强。进入 21 世纪后，国内市场羊绒制品的需求量日渐增多，纯羊绒面料的衣着用品已成为奢侈品，高品质的羊绒继续受到热捧。

4. 驼毛

驼毛系从双峰骆驼身上获取的一种纺织材料。驼毛中含有细毛和粗毛两种类型纤维。粗长纤维构成外层保护毛披，毛长可达 40 cm；细短纤维构成内层保暖毛披，纤维长 4—12.7 cm。驼毛的重要特征是粗细毛纤维混杂，其中细短的绒毛纤维含量约为 50% 左右。驼毛的颜色一般有乳白、浅黄、黄褐、棕褐等，其中颜色浅、光泽好的驼毛品质优良。驼毛具有分量轻、手感柔软、防寒性好、易洗涤、不结块、不褪色、价格相对便宜等优点，是一种比较理想的秋冬季保暖材料。通常用它作为棉衣、棉裤的填充物或做成驼毛被的内胆，它还能作为呢绒面料和织毯材料的来源。目前市场上供应的驼毛主要是两种：一种是纯骆驼毛，另一种是驼涤混合毛，即由 50% 的驼毛和 50% 的涤纶短纤维混合加工而成。驼涤混合毛既保持了驼毛原有的优点，还增加了不易虫蛀的新特点，利于贮存和长期使用。另外，驼毛在产业用纺织品领域也得到运用，如制成过滤材料可用于榨油行业。

5. 驼绒

驼绒是取自双峰骆驼腹部的绒毛，由于每一峰骆驼最多只能获得 300 克的绒毛，所以显得十分珍贵。骆驼绒毛具有轻、柔、暖的特点，加工制成后的驼绒纤维色泽杏黄，柔软蓬松，整体稳定性较强，经久耐用，手感细柔轻滑，保暖性突出。驼绒纤维含有天然蛋白质成分，不易产生静电，不易吸灰尘，对皮肤无刺激，贴身使用不会引起过敏。它被纤维专家称为“天然蛋白质纤维”和“软黄金”，已经成为我国一种重要的出口创汇物资。

驼绒纺成纱线后，一般采用圆机或经编机等针织加工设备编织成各种图案和样式的织物，然后用于服装生产。驼绒织物具有绒面丰满、美观，质地松软、富有弹性，手感厚实，色泽鲜艳，保暖性好等特点，而且经向延伸可达 30%—45%，纬向延伸可达 60%—85%，均有较大的伸缩性，因此制成服装贴身穿着惬意舒适。近些年，驼绒衫这一新品种因分量轻、保暖性强，外观好，以及穿着性能佳而受到消费者的欢迎，具有一定的市场影响力。

6. 兔毛

纺织用的兔毛多从安哥拉兔（即长毛兔）或家兔身上获取。兔毛一般可分为细毛、粗毛和两型毛三类。细毛又称绒毛，是兔毛中最柔软纤细的毛纤维，外观呈波浪形弯曲状，光泽好，柔软蓬松，长度为 5—12 cm，细度为 12—15 μm，占毛总量的 85%—90%。细毛的数量和质量在很大程度上决定着兔毛纤维的优劣，在毛纺织工业中应用价值很高。粗毛又称枪毛或针毛，是兔毛中纤维最长、最粗的一种，外观直、硬，光滑，无弯曲，长度为 10—17 cm，细度为 35—120 μm，一般仅占毛总量的 5%—10%，少量可达 15% 以上。粗毛耐磨性强，具有保护绒毛、防止黏结的作用。所谓两型毛，是指单根毛纤维上兼有细毛和粗毛两种类型，上半段平直无卷曲，具有粗毛特征，下半段则较细，且有不规则的卷曲。两型毛在兔毛总量中一般只占 1%—5%，且因为强度差，易断裂，故纺织应用价值低。

兔毛具有柔软蓬松、防寒保暖性强等特点，且便于加工整理，比羊毛价格便宜。所以除了能够直接制作皮衣之外，兔毛还可以作为一种纺织加工原料，通过与其他纤维混纺，成为秋冬季纺织用品的材料，用于精纺、粗纺呢绒面料制作和针织毛衫、手套、袜子、帽子等成品加工。兔毛产品还具有一定的抗过敏性，适合一些对羊毛制品过敏的人穿用。兔毛由于纤维长度短于羊毛，牢度相对比较差，故兔毛制品使用时由于摩擦容易出现脱毛和起球现象，特别是与化纤服装同时穿用时，因静电导致尤甚，使用时需加以注意和防范。

7. 鸭、鹅绒

随着羽绒服装与制品的市场份额不断扩大，作为羽绒服装与制品主要填充物的鸭、鹅绒（特指朵绒与绒丝）已经成为重要的纺织品材料来源。我国是世界上最大的羽绒及其制品的生产国、消费国，也是最大的出口国。羽绒及羽绒制品出口贸易量占世界羽绒市场 70% 至 80%左右，在国际羽绒市场上具有举足轻重的地位。羽绒服装是其中重要的出口产品之一，它有着产品加工附加值高、适应地域广及穿着轻便舒适等优点，深受国外客户的青睐，同时在国内也已经成为冬季服装的主打品种。而类似羽绒被、羽绒枕等床上用品也日益受到市场热捧。

鸭、鹅绒来源于家禽，所谓朵绒（也叫绒子）主要取自鸭、鹅的前胸、腹部与羽翅下方。其外观呈现蓬松的、放射状的立体造型，犹如绽放的花朵，故得此名（见图2-5）。而绒丝则是指从朵绒上脱落的单根纤维物质。鸭、鹅绒的作用主要是提高用品的保暖性，因为蓬松的朵绒与绒丝能够增加空气阻隔性，既能减少人体自身热量的散发，也能阻挡环境中低于体表温度的冷空气渗入，所以，羽绒服装与制品中朵绒与绒丝的含量越高，其蓬松度就越大，保暖性能也就越好。鸭、鹅绒的另一个突出特点是轻盈，相比其他填充物，具有单位体积同比质量为最轻的优势，使用时对人体的压迫感与负重感也就特别小，能够明显提高穿着舒适度。就保暖性能而言，鹅绒要比鸭绒好，因为其朵绒体积大、绒丝密度高。鸭、鹅绒一般可以分为白色与灰色两种，制作羽绒服装和制品可根据包覆材料的颜色深浅适当选用。

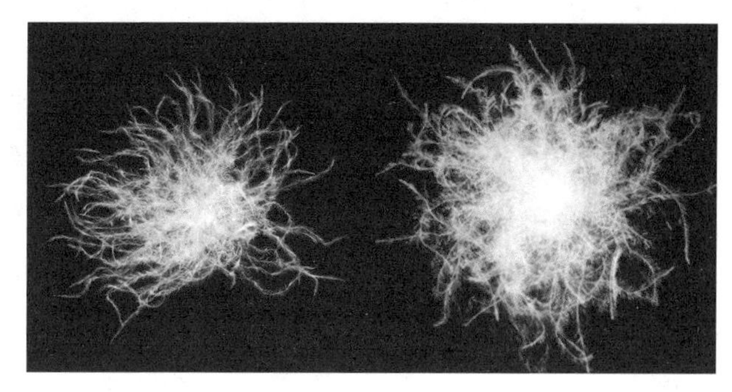

图 2-5　朵绒（左为鸭朵绒，右为鹅朵绒）

8. 牛奶蛋白纤维

牛奶原先主要满足人们食用需要。国外自20世纪30年代启动将牛奶作为一种纺织材料来源的研究课题，目的是为了能够人工制造出一种仿真丝纤维，到50年代开发出了一种类似于真丝结构的新型牛奶长丝，并于1969年实现工业化生产。我国从20世纪60年代开始研发该项目，但因制造工艺复杂，且当时与满足食用需求发生矛盾，曾一度淡化。进入90年代，随着市场个性化需求增加，人们更注重纺织品使用“舒适、健康”及“维护便利”，加之化学纤维加工手段的丰富与成熟，国内在重启该项目研发之后，在较短时间内成功研制出牛奶蛋白纤维。

牛奶蛋白纤维以牛奶为基本原料，经过脱水、脱油、脱脂、分离、提纯，成为一种具有线型大分子结构的乳酪蛋白，再采用高科技手段与聚丙烯腈材料进行共混、交联、接枝，制备成纺丝原液，最后通过湿法纺丝成纤、固化、牵伸、干燥、卷曲、定形、短纤维切断或长丝卷绕等工序而成。其纤维外观白皙，带有蚕丝般的天然光泽，具有良好的透气导湿性，强度、耐磨性、抗起球性和着色性能俱佳。它形成织物后柔软、舒适、滑糯，手感类似羊绒，且因为富含对人体有益的多种氨基酸，能够促进人体细胞新陈代谢，具有滋养肌肤的特殊功效，并有广谱抑菌功能，可延缓皮肤衰老、抗过敏。牛奶蛋白纤维可以纯纺，也可以和羊绒、蚕丝、绢丝、棉、毛、麻等纤维进行混纺，织造成具有牛奶纤维特性的织物，是高档内衣、衬衫、家居服饰、男女 T 恤、牛奶羊绒裙、休闲装、家纺床上用品等纺织品的新型合成纤维材料来源。

9. 甲壳素

1823 年，一位法国科学家从甲壳类昆虫的翅膀中分离出一种类似于纤维素的物质，他把它称为 Chitin。其实，Chitin 来源于希腊语，意思为“被膜、铠甲”，翻译成中文便是“甲壳素”。研究发现，甲壳素多存在于甲壳纲生物，如虾和蟹的甲壳、一些昆虫的甲壳，以及一些真菌（酵母、霉菌、蘑菇）的细胞壁中，是地球上除蛋白质之外，数量最大的含氮天然有机化合物，它既具有保护机体防抵御外来机械性冲击的生理作用，又具有吸收高能辐射的特殊性能。20 世纪 60 年代，国外有公司开始关注甲壳素在纺织领域的应用，经过实验发现，它来源广泛且安全无毒性，特别适合制作绷带类等医疗用品，能加速伤口的愈合。动物试验证明，这种新型材料对由细菌引起的感染具有与普通抗生素相同或更好的疗效。甲壳素和它的衍生物壳聚糖，具有一定的流延性及成丝性，是很好的成纤材料，选择合适的纺丝条件，通过常规的湿纺工艺便可制得具有较高强度和伸长率的甲壳素纤维。我国甲壳素纺织品研发起步于 20 世纪 50 年代，90 年代进入全盛时期。1991 年东华大学（原中国纺织大学）研制成功甲壳素医用缝合线，接着又研制成功甲壳胺医用敷料（人造皮肤）并申请了专利。1999 年至 2000 年，东华大学研制开发了甲壳素系列混纺纱线和织物，并制成各种保健内衣、裤袜和婴儿用品。2000 年，世界第一家纯甲壳素纤维的量产型企业在山东潍坊投产。除上海之外，北京、江苏、浙江等省市的有关厂家也开发了甲壳素保健内衣或床上用品，并已推向市场。

20 世纪 90 年代，甲壳素纤维开始应用于日常生活纺织品领域，如与棉纤维混纺，制成抗菌防臭类内衣和裤袜面料；在具有无数细孔的聚氨酯布贴近肌肤一面加涂甲壳素涂层，增加了吸湿效应，可形成运动衣专用面料，增加体感舒适度；利用甲壳素抑制微生物繁殖的特性，与高湿模量粘胶纤维配合使用，可形成抗过敏婴幼儿用品材料。用这种材料还可制成服装或床上用品，对人体无刺激，与皮肤的亲和性较好，临床经验也证实对预防过敏性皮炎有效。由于自身无毒，具有生物降解性，且加工过程清洁无环境污染，甲壳素纤维被定义为“21 世纪的绿色纤维”。

三、利用微生物

1. 生物酶

生物酶在纺织原料的加工中经常被用到。生物酶是由活性细胞产生的具有催化作用的有机物，大部分为蛋白质，也有极少部分为核糖核酸。所谓活性细胞是指能够进行新陈代谢、繁殖、复制活动的细胞，如酵母菌、花粉、血小板等。核糖核酸则是存在于生物细胞中的遗传信息载体，通常起到识别、转运、转录、合成等作用。生物酶大致上可分为“分解系酶”和“合成系酶”两大类别。在生物化学上，通常可细分为酸化还原酶、转移酶、加水分解酶、脱离酶、异性化酶和合成酶等六大类。

在一些纺织原料生成过程中，生物酶是一种必不可少的物质，其主要作用包括：去除棉麻类天然纤维素纤维中的半纤维素和木质素，可提高纤维的可纺性；用于制革工艺，在脱毛工序中有助于提高材料的光洁度，还可去除存在于皮革纤维间隙和表皮中的非纤维状的蛋白物质，提高皮质的柔软性；用于生丝脱胶，生丝特指蚕茧缫丝后的产品，由于仍含有约 20% 的丝胶成分，所以质感稍硬，且外观呈半透明状，利用生物酶实施脱胶后，生丝变为熟丝，其手感柔软度增加，外观光泽度明显提高；应用于羊毛纤维的染色，可降低染色温度（达到沸点即可），减少加工时间（约 20 分钟），提高产品色泽鲜艳度、手感丰满度，并大大降低废水中染料含量。此外，生物酶还在织物漂白处理、牛仔类服装仿旧处理工艺方面得到应用。

2. 无害菌

2011 年有消息报道，英国伦敦皇家学院的科学家与英国中央圣马丁艺术设计学院时装设计师合作，将绿茶水、糖和其他营养物质经过特殊方式混合，并通过大量添加一种无害菌种——醋酸菌（属革兰氏阴性杆菌），经过与所含

图 2-6 茶叶面料制成的服装

葡萄糖发酵处理，使其生成了一种纤维素细丝材料，晾干后呈半透明状。这种被命名为茶叶面料的新物种，一改传统纺织材料形成的工序环节，既没纺，又未织，便得以成型，属于一种非织造材料。它外观既像皮革又像纺织物，且重量极轻、牢度强，成为一种新型服用材料来源。经设计师之手，这种面料已经用于制作衬衣、夹克衫、女装。因为它是由英国人喜爱的茶叶饮料制造而成，所以英国人将这类服装称为"茶衫"（见图2-6）。这种利用有益菌发酵而形成的服装面料具有原料替代性和加工工艺革命性，体现出纺织服用材料选用的一种创新方向。

第二节　矿物质提炼

一、石棉

石棉是可分裂成富有弹性纤维丝的某些硅酸盐矿物的总称，种类包括：温石棉（蛇纹石）、角闪石石棉、叶蜡石石棉、水镁石石棉。其中，温石棉的使用占总量的95%，其外表呈绿黄色或白色的纤维状，细化为絮状时呈白色，有丝绢般光泽。从石棉中提取的纤维，属于一种天然矿物质纤维，富有弹性，可纺纱用于织布，具有耐酸、耐碱和阻燃性能，又是一种良好的热量阻隔和电绝缘体材料。人类使用石棉可以上溯到古埃及，我国在周朝已经能用石棉纤维制作织物，因污损经火烧后又可洁白如新，故有火浣布或火烧布的称谓。

纤维较长的石棉用于制造防火纺织物，如石棉绳、石棉带、石棉布等；纤维较短的石棉则用于制造石棉水泥制品、石棉隔音材料、石棉保温材料（石棉碳酸镁保温粉）和低电压电器的绝缘材料等。目前，石棉制品或含有石棉成分的制品有近3000种。主要用于机械传动、制动以及保温、防火、隔热、防腐、隔音、绝缘等方面，主要应用于汽车、化工、电器设备、建筑业等领域。在纺织行业，纤维长度较长、含水量较多的石棉纤维经机械处理后，可直接在纺织机械上加工，制成纯石棉制品，或与棉纤维或其他有机纤维混合，制成混纺石棉制品。一般采用湿法纺纱技术，先制成石棉薄膜带，经加捻制成纱线，然后再通过织造加工形成各种石棉制品。如石棉纱线经制绳机械加工可制成各种绳索，也可通过织布机织成石棉布，用于缝制石棉服、石棉靴、石棉手套等劳动保护用品。

现代职业健康防护医学研究表明，石棉与多种工业职业病的发生存在一定关联。最大危害来自于它的粉尘，当这些细小的粉尘被吸入人体内，就会附着并沉积在肺部，诱发石棉肺、胸膜间皮瘤等疾病发生，长期吸入积累，还会导致肺癌、胃肠癌。故世界卫生组织于 1998 年重申要尽快研发替代产品，减少该物质的生产与应用。

二、玻璃纤维

是指用玻璃熔体物质拉制成的纤维。其材料来源主要是从矿石中提炼的二氧化硅、氧化铝、氧化钙等物质。根据改性需要，玻璃纤维也可以在提炼过程中加入一些其他物质。玻璃纤维最初问世是在 1864 年，工业化生产始于 20 世纪 30 年代的美国。我国的玻璃纤维研发自 1950 年开始，1955 年开始工业化生产，此后发展迅速。原先玻璃纤维只有连续的长丝和切成一定长度的短纤维供织物制造之用，后又发展了卷曲纤维、空心纤维、麻面纤维和表面涂层纤维等品种，适用领域不断扩大。根据不同用途，成型的玻璃纤维制品主要有：有捻纱、无捻纱、膨体纱、混纺纱、染色纱、导电纱、股线、缝纫线、缆线、轮胎帘子线、毡片和各种制品。

玻璃纤维的横截面呈圆形，直径在 3 μm 至 20 μm 之间，具有良好的耐热性、耐湿性、不燃性、耐化学腐蚀性、抗霉、抗蛀、电绝缘性等特点，可用作装饰织物、增强复合材料，电绝缘、绝热、化工过滤材料和环保工程上的吸音材料。由于质地轻、强度高、耐腐蚀和耐高温，玻璃纤维还被用来制造高负荷轮胎帘子线和传送带，并且在火箭技术、人造卫星外壳和宇航服等高精尖领域也得到广泛的应用。

三、石英玻璃纤维

特指以高纯度的石英晶体加工而成的纤维。石英是地球表面分布最广的矿物之一。主要成分为二氧化硅，其晶体属三方晶系（属中级晶族，有六方、

图 2-7　石英玻璃纤维制品

四方和三方晶系之分）的氧化物矿物，也称为低温石英（α-石英），熔融温度低于 573 ℃，是石英族矿物中分布最广的一个矿物种。石英玻璃纤维制作方法是将该类石英晶体棒或石英晶体管通过氢氧气吹管的高温初步熔融成细丝，再通过一排轴向氢氧细吹管将其在软化状态下拉成石英丝，最终卷绕在金属圆筒网上。所得纤维的直径约为 0.8 μm，最大抗拉强度为 650 kg/mm^2。石英玻璃纤维耐酸、耐碱（氢氧化钾除外）性能特佳，且熔点超过 1660 ℃，有良好的耐高温性、绝缘性和回弹性。常用于制造过滤热酸性和其他腐蚀性气体的装置，也可用于原子能工厂热绝缘和制造防辐射材料、喷气式飞机机翼和导弹部件等的纤维材料、光导纤维，属于一种高档的玻璃纤维材料（见图 2-7）。

四、硼纤维

属于现代高科技纤维之一，它以钨丝和石英等矿物为芯材，采用化学气相沉积法（CVD）制取。所谓化学气相沉积法，是利用气态或蒸气态的物质在气相或气固界面上反应生成固态沉积物的技术。硼纤维的制作方法是将直径为 12.5 μm 的钨丝置于反应管并由电阻加热，同时让三氯化硼和氢气的化学混合物从反应管的上部进口流入，当钨丝被加热至 1300 ℃左右时，产生化学反应，硼层就在干净的钨丝表面上沉积，然后形成的硼纤维被导出，缠绕在丝筒上。通过调节牵引速度的快慢可控制丝径的大小，生产的硼纤维的丝径大致有 75 μm、100 μm 和 140 μm 三种规格。

硼纤维属于一种轻质增强型材料，它质地柔软，但压缩强度是其拉伸强度的 2 倍（6900 MPa），断裂强度可达 280—350 kg/mm^2，超过其他增强型材料。硼纤维直径一般在 75 —140 μm 之间，几乎不受酸、碱和大多数有机溶剂的侵蚀，而且绝缘性良好，具有吸收中子的能力。经过纺织技术加工可形成纱线、网、绳、织物等。硼纤维及其复合材料在航天领域可用作航天器的零部件制造，能够适应宇宙中苛刻的环境要求；在航空领域可用于制造垂直尾翼、稳定器、机翼纵向通用材料、方向舵、机翼箱等飞机零部件，并可作为金属疲劳部分的修补材料；在体育及娱乐领域可用于高尔夫球棒、网球拍及羽毛球拍、钓鱼竿、滑雪板等用品生产；此外还可用于半导体用冷却基板、录音剪辑材料、车轮等制品以及超导材料生产，利用其吸收中子的特性，可制造适用于核废料搬运及储存用的容器。

五、陶瓷纤维

属于一种优质耐高温阻燃材料，原料包括高岭土、铁矾土、蓝晶石等含有氧化铝和二氧化硅成分的矿物。制造方法是：将含有氧化铝和二氧化硅成分的天然矿物在熔炉中高温熔融，让熔化后的液体从炉底小孔中流出，然后用接近垂直的压缩空气将其吹拉成极细的纤维。陶瓷纤维具有重量轻、耐高温、热容小、恒温绝热性能良好、高温绝热性能良好、无毒性等优点。制成织物后具有突出的耐热性，在 1260℃的高温下仍可保持弹性。它还能抵抗红外线的辐射，并具有极强的过滤能力，可以过滤直径仅为 0.3 μm 的粒子，特别适用于腐蚀性液体和气体的过滤，形成织物后的绝缘性能也很突出，专门适用于各种高温、高压、易磨损的环境。用陶瓷纤维制成的毡状物品是优良的隔热材料，可作为内燃机、喷气发动机和火箭发射台的消音器材。

经过非织造双面针刺工艺加工后，陶瓷纤维可以甩丝毯和喷丝毯两种毡状物的形态出现。甩丝毯纤维较粗较长，组块制作折叠后非常紧密且不易损坏，适用于各类高温装置，如航天、航空工业用的隔热、保温材料、制动摩擦衬垫，各种隔热工业窑炉的炉门密封、炉口幕帘，高温烟道和风管的衬套、膨胀接头，输送高温液体和气体的泵、压缩机和阀门用密封填料、垫片（见图 2-8），高温电器绝缘材料等。而喷丝毯纤维较细较短，导热性能要优于甩丝毯，适用于各类低温或常温装置，如石油化工设备、容器、管道的隔热、保温材料，深冷设备、

图 2-8　各种陶瓷纤维密封垫片

容器、管道的隔热与包裹材料，高档写字楼中的档案库、金库、保险柜等重要场所的绝热、防火隔层，消防自动防火帘，防火门、灭火毯，以及接触火花、火星溅射用垫子和隔热覆盖等防火制品等。

六、金属纤维

严格意义上讲，这类材料属于矿物二次开发形成的材料，即不是直接由天然矿物中提取，而是先要经过冶炼，形成一定新的金属或合金物质，再进行加工而成。金属纤维早期采用拉细金属丝或使用切割滚卷的金属箔制造，现已采用熔体纺丝法制取。所谓熔体纺丝法，是事先将物体高温处理形成液体状，然后通过自然流动或是施压喷流方式，让其通过特殊的喷口（喷嘴）外溢，经过降温冷却、牵伸、加捻、卷绕等步骤形成形态稳定、具有丝状外观的物质。金属纤维在外观上有各种形态，如长纤维、短纤维、粗纤维、细纤维、钢绒、异型纤维等，按材质分有不锈钢、碳钢、铸铁、铜、铝、镍、铁铬铝合金、高温合金等。金属纤维比重大、质硬、不吸汗、易生锈，所以制成织物不适宜作一般衣着用品，但可用作室内装饰品、帷帐、挂锦等辅助材料，在工业上可用作轮胎帘子线、带电工作服、电工材料等。因其具有高弹性、高耐磨性和良好的通气性、导电性、导磁性、导热性以及自润滑性和烧结性，金属纤维制品多应用于汽车离合器、刹车片摩擦材料，防微波辐射和电磁波干扰的家电塑料外壳。金属纤维与合成纤维或者天然纤维混纺后还可制成微波及电磁辐射防护服、高压带电作业服。此外，该材料还可用于生产净化气体、液体和过滤细菌的过滤器材，汽车消声器、铜纤维多孔材料热交换器，适用于真空、高温或者无供油状态环境下使用的钢纤维轴承等。

七、石墨烯

石墨烯这种材料的发现及应用时间并不长。2004 年，英国曼彻斯特大学安德烈·杰姆和克斯特亚·诺沃肖洛夫两位科学家，在实验中通过不断对鳞片状石墨进行提炼和分离，首次得到了一种只有一层碳原子结构、形态极薄的新物质，即石墨烯。在随后三年内，两位科学家在单层和双层石墨烯体系中又分别发现了整数量子霍尔效应及常温条件下的量子霍尔效应，他们因此获得了 2010 年度的诺贝尔物理学奖。至此，石墨烯这种属于纳米级别的新材料开始受到相关业界的关注。

作为一种厚度可忽略不计的二维形态的碳纳米材料，石墨烯具有优异的力学性能和刚性结构，其硬度比最坚韧的钢铁还要强100倍，甚至超过了钻石。由于具有优良的导电性、高强度、透明度以及柔韧性，作为一种纳米新材料，石墨烯在相关领域有着十分广阔的应用前景，被誉为是可引起革命性改变的"超级材料"。最新研究发现，石墨烯还能从其他一些含有碳元素的物质中提取，比如我国发明了从玉米秸秆及玉米芯中提炼石墨烯的技术，澳大利亚也研发了从茶树中提取石墨烯的方法。于是，就有了生物质石墨烯的说法。

在纺织服装行业，我国山东济南圣泉集团于2009年便开始和国内外众多院校合作研究"生物质石墨烯功能纤维及其在纺织领域中的应用"课题。2014年，该集团联合黑龙江大学成功利用基团配位组装法研制出生物质石墨烯提炼工艺，实现了关键技术突破。科研人员从玉米的秸秆和芯中创造性地制备了生物质石墨烯和玉米芯纤维，同时还将两者复合加工，研发出一种内暖纤维，并实现了批量化生产。这种全新的内暖型多功能复合纤维，不但具有一般纤维的常规属性，还具有防紫外线、抗菌抑菌等特性，除了适用于服装产品之外，还可以应用于车辆内饰、美容医疗卫生器材、摩擦材料、过滤材料等生产领域。

2017年央视春晚，有一款神奇的高科技服装精彩亮相。除夕那天晚上，在哈尔滨分会场零下30多度的露天滑冰表演场地上，一群身穿能够显现人体健美线条的轻薄型连体服装的演员，在音乐伴奏和灯光衬映下翩翩起舞，营造出韵律十足、美不胜收的表演效果，颇夺人眼球。这款表演服装便是采用石墨烯材料制成的，其外观轻薄，具有快速充电释放热量且蓄积热能功效的突出优势，能够抗寒保暖、呵护人体，适应演出需要。这款特殊的服装能在30秒内快速升温到40℃左右，恒温时间可持续3至5个小时，具有高效保暖的效果以及轻巧、便捷的特点，成为当时保护演员身体健康和提高演出质量的高科技秘密武器（见图2-9）。

图2-9　石墨烯保暖服

第三节　化学方法生成

一、人造纤维

1. 人造棉

是棉型人造短纤维的简称。最早以棉花加工余下的材料为原料，采用化学溶剂溶解其中所含纤维素，再将溶液从很细的喷嘴中喷出，形成类似蜘蛛丝的细丝，它属于一种经湿法纺织形成的粘胶纤维。其规格与棉纤维相似，长度一般为 3.5 cm，纤度为 1.5—2.2 dtex，但分子量要比棉纤维大。优点是可染性好、鲜艳度和牢度高、穿着舒适、耐稀碱，吸湿性与棉接近；缺点是不耐酸、回弹性和耐疲劳性差、湿压强度低。人造棉纤维可以纯纺，也可以与涤纶等化学纤维混纺。

20 世纪 60 年代，纯纺的人造棉面料因价格相对便宜，又不收布票，而进入百姓日常生活领域，得到广泛应用。后因石油化工衍生品涤纶的出现，才逐步淡出市场，现在随着粘胶纤维生产技术的改进、新材料的选用，相关仿棉类粘胶纤维和织物又得以出现。

2. 人造毛

和人造棉一样，人造毛最早也是以羊毛加工余下的材料为原料，采用化学溶剂溶解其中所含蛋白质，再将溶液从很细的喷嘴中喷出，形成类似蜘蛛丝的细丝，也属于一种经湿法纺织形成的粘胶纤维。人造毛属于毛型短纤维，其细度、长度、外观与羊毛相似。人造毛吸湿性好，穿着舒适，色泽鲜艳，用于制作服装的人造毛织物一般都要经过树脂整理。所谓树脂整理，是指采用合成树脂助剂处理织物以实现诸如防皱、防缩、防水、防火等特种整理效果的加工过程。人造毛曾因价格便宜一度受到市场的欢迎，但由于它也存在不耐摩擦、易起球、水洗牢度较差、洗涤几次后材质变软、容易起皱等缺点，使得它在市场上的生命周期不算太长。所以当石油化工衍生品腈纶出现后，传统意义上的人造毛织物便很快被替代了。

3. 人造丝

是以植物秸秆、棉绒等富含纤维素的物质为原料，经过氢氧化钠和二硫化碳等化学助剂处理后得到的一种纤维状物质，也属于一种粘胶纤维。它与人造棉、人造毛不同之处在于，在粘胶纤维中属于长纤维，而后两者均为短纤维。人造丝的特点是纤维外观光泽亮丽、手感柔软，吸水性能极好，不会产生静电或起球现象，穿着舒适度强，而且价格远比天然桑蚕丝低得多。人造丝的光泽程度可以分为有光、半光和无光三种，故生成的织物外观变化比较多。

人造丝分为普通和强力两种：普通人造丝可用于生产服装、被面、床上用品和装饰品。如与棉纱交织，可做羽纱、线绨被面；与蚕丝交织，可做乔其纱、织锦缎、丝绒等高档丝绸面料；与涤、锦长丝交织，可做晶彩缎、古香缎等仿真丝面料。而强力人造丝的强力要比普通人造丝高出一倍，经过加捻等工艺处理，可织成帘子布，用于汽车、拖拉机等的轮胎制造。人造丝的缺点在于弹性和回弹性能较差，洗涤后还会大幅收缩，也易霉蛀。

二、合成纤维

1. 涤纶纤维

涤纶纤维于 1941 年在英国诞生，经过不断发展，现已成为合成纤维的第一大品种。涤纶纤维的原料来自名为聚酯（PET）的化合物，主要由石油裂解获得，也可以从煤和天然气中提取。涤纶纤维的生产过程包括聚酯熔体合成和熔体纺丝两部分。聚酯熔体合成的原料为聚对苯二甲酸和乙二醇，聚酯熔体合成的方式是缩聚，通过缩聚可制备聚酯切片和直接纺丝的材料。经过熔融纺丝形成的涤纶纤维分为短纤维和长丝两种。其中涤纶短纤维可分为棉型短纤维（长度 3.8 cm）和毛型短纤维（长度 5.6 cm）两种，分别可与棉纤维、羊毛混纺制成质地不同的纱线，用于面料织造。纯纺涤纶短纤维还可用于作为防寒纺织用品的填充物，并可成为非织造布的材料。涤纶长丝按不同的加工方式分为预取向丝、拉伸丝、拉伸变形丝或加捻丝、全拉伸丝等，主要用于各种面料的织造。

涤纶纤维（见图 2-10）最大的优点是抗皱性和保形性很好，具有较高的强度与弹性恢复能力，且质地坚牢耐用、抗皱免烫、不粘毛。与天然纤维相比，涤纶纤维存在含水率低、透气性差、染色性差、容易起球起毛、易污损等不足，而这些不足正在通过化学改性或物理变形的方法加以弥补。涤纶纤维用途广泛，可以纯纺织造，也可与棉、毛、丝、麻等天然纤维和其他化学

图 2-10　由涤纶长丝制成的缝纫线

纤维混纺交织，制成花色繁多、坚牢挺括、易洗易干、免烫洗和可穿性能良好的仿毛、仿棉、仿丝、仿麻织物，适用于男女衬衫、外衣、儿童衣着、室内装饰织物和地毯的生产等。由于具有良好的弹性和蓬松性，涤纶纤维也可用作絮棉类填充物。高强度涤纶纤维在工业上可用作轮胎帘子线、运输带、消防水管、缆绳、渔网等，也可用作电绝缘材料、耐酸过滤布和造纸毛毯等。用涤纶纤维制造的非织造布可用于室内装饰物、地毯底布、医药工业用布、絮绒、衬里等产品生产。

2. 锦纶纤维

锦纶纤维（俗称为尼龙）于 1937 年在美国诞生。锦纶纤维的原料为聚酰胺（PA），系由聚己二胺和己二酸化合物经缩聚反应而成，其生产过程包括切片干燥、熔融纺丝、牵伸、卷绕成形。锦纶纤维也分为短纤维和长丝两种。锦纶短纤维大都用来与羊毛或其他纤维的毛型产品混纺，制成各种耐磨经穿的衣料；而锦纶长丝多用于针织及丝绸织造行业，如织造单丝袜、弹力丝袜等各种耐磨的锦纶袜，制成锦纶纱巾、蚊帐、花边等，它还是弹力锦纶外衣、各种锦纶绸或交织丝绸产品的加工原料。

锦纶纤维的优点是质地轻、耐磨性强、弹性佳、断裂强度高，具有较高的抗疲劳性，但也存在吸湿性、耐光性、耐热性差等不足，需要通过化学改性加以改进。锦纶纤维用途广泛，其短纤维可用于地毯、滤布和一些非织造布的生产，经与其他纤维混纺还可用于袜子、华达呢布料、凡立丁布料、毛毯等用品的生产；长丝可单独使用，也可与其他纤维交织，经加捻加工成丝后，可供针织或机织设备加工成织物，用于男女儿童服装、被套面料、袜子、雨衣等产品生产，另外还可专门用作航天员出舱服装的外层及内里材料，利用其高强度性能保护航天员不受太空中陨石或其他物质袭击。在居家装饰用纺织品领域，锦纶织物可用于窗帘布、浴帘布及雨伞布等。在产业用纺织品领域，锦纶纤维可用于渔网、滤布、缆绳、传送带布及降落伞等物品的生产，还可用于轮胎帘子布的生产。

3. 腈纶纤维

1942 年由德国和美国科研人员研制，1950 年在美国实现工业化生产。生产原料为丙烯腈（AS）化合物，系通过以水为介质的悬浮聚合和以溶剂为介质的溶液聚合形成聚丙烯腈，悬浮聚合所得聚合体以絮状沉淀物析出，需再溶解于含有二甲基甲酰胺、二甲基亚砜或硫氰酸钠和氯化锌等溶剂中才能制成纺丝溶液。而溶液聚合所用溶剂既能溶解聚合体又能溶解单体（指能发生聚合反应或缩聚反应，合成高分子化合物的低分子物质），所得聚合液可直接用于纺丝。其生产流程为聚合、纺丝、预热、蒸汽牵伸、水洗、烘干、热定形、卷绕、截断、打包等。

图 2–11　腈纶纤维针织物

腈纶纤维蓬松、卷曲柔软、易染色、色泽鲜艳、耐光、抗菌、不怕虫蛀，有合成羊毛之称，它弹性好，伸长 20% 时回弹率仍可保持 65%，并具有良好的耐酸性和抗氧化功能。它强度高，比羊毛高出 1—2.5 倍，且耐晒，露天曝晒一年，强度仅下降 20%。它保暖性突出，比羊毛高 15%，但腈纶纤维的吸湿性能和耐碱性能较差。腈纶纤维既可以纯纺，也可与棉、毛等天然纤维、各类人造纤维和其他合成纤维混纺，根据不同需要广泛应用于服装、家纺、工业产业等领域，如织成各种毛料、人造毛皮和长毛绒等服装面料；用作窗帘、幕布、篷布、雨伞布、炮衣、消防用水龙带等。它可与羊毛混纺成膨体纱或毛线，作为毛衣、毛毯、地毯等纺织品的材料（见图 2–11）。

4. 丙纶纤维

即聚丙烯（PP）纤维，1957 年于意大利问世。生产原料是石油精炼的副产物丙烯经过聚合所形成的高分子化合物——聚丙烯。其生产工艺属于熔体纺丝，是先将聚丙烯树脂加入立式或卧式螺杆挤出机加热熔融，再通过计量泵由喷丝头挤出，随后在空气中冷却后形成纤维，再作拉伸、定型、卷绕、切断等工序处理。工业上还可采用膜裂成纤法制得聚丙烯割裂纤维和膜裂纤维。

丙纶纤维具有质轻、强度高、韧性好、耐化学品性和抗微生物性好及加工成本低、价格便宜等优点，因此产业应用领域广泛。在家用纺织品方面，用聚丙烯纤维制成的地毯、沙发布和贴墙布等装饰织物及絮棉等，具有抗污损、抗虫蛀、易洗涤、回弹性好等优势。在产业用纺织品领域，聚丙烯纤维的非织造布可用于生产一次性卫生用品，如卫生巾、手术衣、帽子、口罩、床上用品、尿片面料等，还可用于绳索、渔网、安全带、箱包带、安全网、缝纫线、电缆包皮、土工布、过滤布、造纸用毡等产品生产。聚丙烯机织土工布，能对建造在软土地基上的土建工程（如堤坝、水库、高速公路、铁路等）起到加固作用，并使承载负荷均匀分配在土工布上，使路基沉降均匀，减少地面龟裂。丙纶纤维还可作为混凝土、灰泥等的填充材料，提高混凝土的抗冲击性、防水隔热性。

5. 维纶纤维

又叫维尼纶，1924 年诞生于德国，生产原料为聚乙烯醇（PVA），由该物质溶解形成成纤高分子聚合物溶液后经过干法纺丝和湿法纺丝制得。干法纺丝的流程是：完成纺丝溶液制备后，将纺丝溶液细流从喷丝孔中挤出进入到甬道，依靠甬道中热气流作用使得溶剂快速挥发形成固化物，再利用卷绕张力作用使得固化物伸长变细，形成初始纤维，此法多用于长丝的生成。湿法纺丝的流程是：完成纺丝溶液制备后，将纺丝溶液细流经喷丝孔挤出进入凝固浴（一种通过凝聚固化等化学作用便于纤维形成的助剂）后形成初始纤维，此法多用于短纤维的生成。

维纶纤维性能与棉花颇相近，故有“合成棉花”之称。它吸湿性能好，由于传导率较低，所以保暖性较好，且强度和耐磨性优于棉花，耐腐蚀性和耐日光性能也较好，在一般有机酸、醇、酯及石油等溶剂中不溶解、不易霉蛀，如长期放置在海水中或埋于地下，长时间在日光下曝晒，其强度损失都不大。维纶纤维的主要缺点是耐热水性较差，在湿态 110 ℃—115 ℃时有明显的变形和收缩，在水中煮沸 3—4 小时，织物明显变形并会发生部分溶解，而且弹性不佳，易折皱，染色性较差，色泽不鲜艳。

目前维纶纤维主要有两种：一种叫聚乙烯醇甲醛纤维，另一种叫水溶性聚乙烯醇纤维。前者黏结性强，后者则可在常温下溶解于水中。前者的长丝产品在工业领域中可用于制造帆布、防水布、滤布、运输带、包装材料、工作服、渔网和海上作业用缆绳等。高强度、高模量的长丝产品还可用于生产运输带的骨架材料、各种胶管、胶布和胶鞋的衬里材料，可制造自行车胎帘子线，并可代替石棉用作水泥制品的增强材料。短纤维则可与棉花等天然纤维和其他化学纤维混纺，制成外衣、汗衫、棉毛衫裤、运动衫等针织物，还可用于非织造布、造纸等生产。维纶短纤维还可与其他纤维混纺，再经纺织加工后被溶去，得到细纱高档纺织品，也可制得无捻纱或无纬毯，还能制成特殊用途的工作服、手术缝合线等。

6. 氯纶纤维

即聚氯乙烯（PVC）纤维，1913 年问世，1946 年在德国开始工业化生产。生产原料为氯乙烯，来源于乙烯或乙炔化合物。其生产流程是：先将含氯量约为 57% 的氯乙烯颗粒置于丙酮–二硫化碳或丙酮–苯的溶剂中充分溶胀（称为捏合），并加入热稳定剂，得到高黏度浆液后，迅速加热加压溶解、过滤制成纺丝原液，再经干法纺丝或湿法纺丝得到长丝和短纤维。在溶胀环节还可加入适量着色剂，能够制得有色纤维。

由于分子中含有大量的氯原子，所以氯纶纤维难以燃烧，离开明火后会立刻熄灭，这种性能使其在国防上具有特殊的用途，也是防火专用物品的材料来源。它的其他优点还包括：耐晒、耐磨、抗蛀，化学稳定性好，耐酸碱、氧化剂和还原剂的性能极佳，强伸性、弹性及保暖性好，易产生和保持静电效应。氯纶的强度接近于棉，断裂伸长率大于棉，弹性比棉好，耐磨性也强于棉纤维。但氯纶的吸湿性极小，几乎不吸湿，且染色较困难，一般只能用分散性染料染色。聚氯乙烯纤维产品以短纤维和鬃丝（化学纤维中一种较粗较硬的单丝）为主，氯纶织物可用于制作舞台幕布、家具装饰织物、过滤材料、工作服等。由于易产生摩擦负电性，经混纺制成的内衣有减轻神经痛和风湿痛的功效，因而可用于制成针织内衣、运动衫、绒线衣、睡袋垫料等。

7. 氨纶

学名为聚氨酯（PU）纤维，也称为斯潘德克斯（Spandex）纤维，是近年来快速发展的高弹性合成纤维。最早由德国拜耳公司于20世纪30年代研发，1959年由美国杜邦公司实现了工业化生产，商品名称为莱卡（Lycra）。生产原料是聚丁二醇（PTMG）和二苯基甲烷二己氰酸酯化合物。在氨纶的固体成分中，聚丁二醇和二苯基甲烷二己氰酸酯分别约占80%和20%。其生产工艺最先采用干法纺丝法，现大致有溶液干法、溶液湿法、反应纺和熔融纺四种。其中熔融纺具有流程短、成本低、污染小的优势，其实施步骤为：高分子聚合物在无溶剂下聚合造粒，在恒定温度下切片，清洗除去杂质，脱水干燥，注入螺杆压机制成熔体，经喷丝板挤出，通过冷箱冷却后再卷绕成型。

氨纶属于一种弹性纤维，具有高度弹性，自身能够拉长6—7倍，并且可随张力的消失迅速回复到初始状态。它的耐酸碱性、耐汗渍、耐海水性、耐干洗性和耐热、耐磨性均较好，强度高，是乳胶丝的2—3倍。氨纶成品有裸纱、包芯纱、包覆或合捻纱三种形态。裸纱为100%氨纶纱，一般不单独使用，而是与其他材料同步应用于织造，多用于紧身的针织产品，如泳衣、体操服等。包芯纱指以裸纱为芯，用其他材料包裹外表纺成的纱，常用于绷带、袜子、内衣、牛仔服等产品。包覆或合捻纱是以裸纱为芯，以涤纶、锦纶长丝或短纤维纱线按螺旋形的方式对伸长状态的氨纶裸纱予以包覆而形成的弹力纱。其芯体有时会外露，多用于有高弹力要求的针织品，部分也用于机织物，是高档细薄的毛麻织物、提花双层纬编针织物和经编织物等的理想纱线。

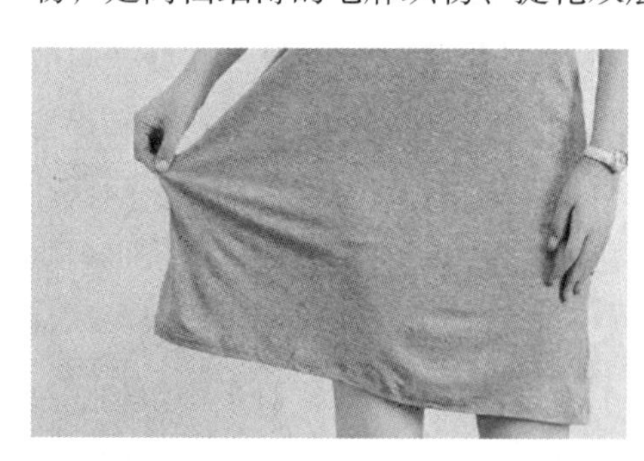

图2-12　添加了氨纶纤维后的服装

包覆或合捻纱适用于织造运动紧身衣，如游泳衣、滑雪服、女内衣等面料。氨纶一般不单独使用，而是少量地掺入织物中，使这种织物既具有橡胶的弹性又具有纤维的舒适性（见图2-12）。采用氨纶材料制成的内衣伸缩自如，被誉为人体“第二皮肤”。

第三章　现代纺织的生产链

由于材料来源广泛、加工方式多样、产品形态多变，纺织生产是一个上下游环节衔接紧密、应用相互配套、功能不断叠加与放大的过程。比如将棉花变成服装成品，要经历纤维初加工、纺纱、织布、染色、整理、制衣等主要生产过程，与此相配套，要涉及化学、机械、电子、生物、染化料、废物处理等相关领域。因此，现代纺织生产链的形式和内容都很丰富。现代纺织主要生产环节、方法及生成物见表3-1。

表 3-1　现代纺织主要生产环节、方法及生成物

主要生产环节	具体方法	生成物
纺纱与纺丝	纺纱有环锭纺（视不同原材料还可分为集聚纺、赛罗纺和赛罗菲纺、揽型纺、细纱纺、紧密纺等几种形式）、无捻纺、自捻纺、气流纺、静电纺、喷气纺、涡流纺、摩擦纺、色纺等；纺丝有缫丝、熔体纺丝、溶液纺丝（包括湿法、干法和混合三种方式）、冻胶纺丝、膜裂纺丝、静电纺丝等	纤维、毛条、纱线、长丝等
织布	机织有片梭织、剑杆织、喷气织、喷水织、交织等；针织有经编、纬编之分；色织可分为全色织和半色织两种方式	各种织物与坯布
编结	手工有棒针编结、钩针编结、结线和阿富汗编结等；机械分为网状物制作（绞捻与经编）、绳状物制作（股线加工方式包括拧绞、编绞）、织带制作（锭织）、三维织物制作等	服装、花边、装饰物、网、绳、带及块状物等

续表

主要生产环节	具体方法	生成物
非织造（无纺）	干法分为机械加固、化学粘合和热粘合等；湿法分为圆网（化学粘合）、斜网（热粘合）两种方式；聚合物挤压分为成网（包括熔融、湿纺）、熔喷、膜裂（包括针裂、轧纹）等	专用一次性服装、各种衬布、过滤材料等
复合	包括涂布、浸渍、粘合、缠绕、铺覆、钩连等	两面穿服装面料、粘合性衬布、功能性轻质建筑材料、各类轻质型材等
前处理	包括烧毛、退浆、精练、漂白等工序	各类坯布深加工
印染	印花有丝网印花（分为圆网和平网两种方式）、转移印花、喷墨印花；染色则分为浸染和轧染两种主要方法	纱线、丝束级各类织物、坯布
后整理	包括拉幅定型整理、树脂整理、防毡缩整理、防水和拒水整理、抗静电整理、多功能复合整理等	各类织物
成品加工	包括设定款式、确定规格、裁剪、缝制、辅件装钉、整烫和包装等	各类服装及家纺用品

第一节　纺纱与纺丝

一、纺纱

纺纱是运用加捻（旋转）方式使植物性纤维或动物纤维抱合并形成一根连续的、可无限延伸的纱线，以适用于此后编结或织造需要的一种生产技术，其所用原材料一般都是短纤维。纺纱可以分为纯纺和混纺两大类别。所谓纯纺，就是只将一种纤维纺成纱线，如纯棉、纯麻或全羊毛等。而所谓混纺，则是将两种或两种以上的纤维纺成一根纱线，如棉纤维与涤纶纤维混纺，羊毛纤维与涤纶纤维混纺，棉纤维加上氨纶与粘胶纤维混纺等。混纺可以使一根纱线具有两种或多种成分与性能，是丰富纺织用品的一种手段。纺纱的工序主要包括除杂、松解与集合、开松、梳理、精梳、并条、牵伸、加捻、卷绕等。

除杂——是指清除纤维内的杂质，即对原料进行初步加工，方法主要有物理方法（如轧棉）、化学方法（如麻的脱胶、绢丝的精练）以及物理和化学相结合的方法（如羊毛的洗毛和去草炭化处理）等。

松解与集合——是指将块状纤维变成单根纤维状态，解除纤维原料原先存在的横向联系，同时建立起牢固的纤维首尾衔接的纵向构架，前者称为纤维的松解，后者称为纤维的集合。

开松——是指采用撕扯、打击以及分割等方法，把大块纤维撕扯成为小块、小纤维束的过程。

梳理——是指利用梳理机上的密集的梳针把纤维小块、小束进一步松解成单根状态。

精梳——是指利用精梳机上的梳针对纤维的两端分别进行更为细致的梳理，一般适用于棉纤维等天然纤维材料的加工。经过精梳形成的纤维条状物称为生条。

并条——将精梳过的6—8根生条合并后喂入并条机制成一根条状物，由于各根棉条的粗段、细段能够相互重合，所以可以提高条状物的均匀性，形成所谓的熟条。并条工序的反复运用，是纤维实现混纺的重要工序（见图3–1）。

牵伸——是指运用相关装置将熟条抽长拉细，逐渐达到工艺原先预定粗细要求的过程。

加捻——是将伸长拉细的纤维条状物按其轴线加以旋转，使其呈平行螺旋状，利用产生的径向压力使得纤维之间的纵向联系加以固定。加捻一般在环锭纺时实施，一圈为一个捻度，所以纱线的捻度不匀率比较大。

倍捻——倍捻则是在加捻机上通过一根龙带传动，将单根纱合股（2股，3股等），再根据要求加上一定捻度，一般为一圈有2个捻回（2个捻度），目的是进一步减少纱线的捻度不匀率。倍捻的作用体现为通过加大纱线强度，增加其紧密度，减小其直径，促使纱线手感变硬，光泽发生变化，如采用强捻纱织制成的麻纱织物质地更加细洁、轻薄、透凉、滑爽。

图3–1　棉纺并条生产

卷绕——就是将纺成的纱线按筒状缠绕成型，便于储存、运输和进入下一道工序加工。

纺纱技术的发展经过了手工（使用纺轮）、简易纺车纺制（单纱）、机械纺纱和电子自动化纺纱等不同阶段，生产效率和质量不断得到提高。现代纺纱技术主要包括以下类别：

1. 环锭纺

是一种目前市场上使用量最大，适用于各种短纤维的纺纱技术，属于机械纺，是一种由锭子和钢领、钢丝圈对条子或粗纱进行加捻，由罗拉进行牵伸形成细纱的方法。形成纱线的特点为结构紧密、强力高，可供制线、机织和针织面料等织造生产。环锭纺可分为集聚纺、赛罗纺和赛罗菲纺、缆型纺（索罗纺）、细纱纺、紧密纺等几种形式，分别适用于不同对象。采用集聚纺技术可进一步提高棉纺纱线外观及内在质量；采用赛罗纺和赛罗菲纺可使得羊毛纯纺和混纺纱线外观与性能得到改善；通过缆型纺（索罗纺）则可生产由多股纱条捻成的缆绳纱；采用细纱纺新技术可跳过粗纱加工环节，直接由纤维条状物纺出细纱；采用紧密纺新技术，成纱可以非常紧密，外观光洁，毛羽少，强力较高，在用于织造环节时不易产生磨毛现象。

2. 无捻纺

是一种使用黏合剂将纤维条中的纤维互相黏合成纱的纺纱技术，由于减少了加捻环节，纺纱速度可比常规纺纱方法提高 2—4 倍，制成的纱线外观呈扁平状，提高了柔软性和吸水性，可供巾被等针织面料织造生产。

3. 自捻纺

是一种将两根纤维条通过牵伸装置拉细，经前罗拉、搓捻辊输出后，形成捻转方向相反的两根纤维条状物，然后在导纱钩处紧靠在一起，依靠抗扭力矩实现自行捻合成纱的纺纱技术，最终形成的是双股或四股纱线。该技术设备动力消耗低，比环锭纺纱节约 60%—70%，纱线适用于麻、毛或仿毛化纤面料织造生产，并可直接应用于针织纬编面料生产，其中不少是环锭纺难以生产的品种。

4. 气流纺

亦称“转杯纺”，是一种利用纺纱杯内气流作用，使得单纤维能有效形成自由端纤维条，然后加捻成纱的纺纱技术。与环锭纺比较，它可使加捻速度提高，加捻后纱条可直接绕成筒子，卷装容量更大，工序简化，且工人劳动强度减轻，劳动环境改善。多用于织造灯芯绒、劳动布、色织绒和印花绒等织物。利用具有气流导向功能的紧凑纺（短程纺）新技术，可以提高成纱的强度及伸长率，减少毛羽，确保织物外观良好，同时生产时能减少毛絮，改善生产环境，多用于中高支数的精梳棉纱的生产。

5. 静电纺

是一种以刺辊作为开松机械，利用气流输送纤维，通过静电场效应凝聚成纤维条，后再经加捻成纱的纺纱技术。适合于被单布、家具布、针织提花台布和窗帘布等产品的织造，其纺成的各种混纺纱、竹节纱和包芯纱，还可制成其他风格独特的织物。

6. 涡流纺

是一种利用固定不动、能起到加捻作用的涡流纺纱管，代替高速回转的纺纱杯（转杯纺）进行纺纱的新型纺纱技术（见图 3–2）。特点为：机械构造和操作方式简单；纺纱速度极快，产量相当于 8.5 个环锭纺或 2.08 个气流纺纱头的产量，且纤维无散失、飞花少，节约原料，保护生产环境；纱线结构蓬松，染色性、吸浆性、透气性都比较好，抗起球性和耐磨性也比较好，适纺性强，宜用于化纤纯纺或混纺针织起绒面料织造，也可用于包芯纱的生产。

图 3–2　涡流纺纱设备

7. 喷气纺

是一种利用高速旋转气流使纱条经过喷嘴加捻成纱的新型纺纱技术。特点为：纺纱速度快，可达每分钟 120—300 米，每个纱头的产量相当于环锭纺的 10—15 倍；工艺流程短，与环锭纺比，万锭用工仅为 90 人，约减少 60%，机物料消耗降低约 30%；品种适应性广，既能生产针织产品用纱，又能生产机织产品用纱，如针织 T 恤、双面休闲装、运动装、床上用品等。根据喷气纺纱硬挺、粗糙等特点，还可开发麻类织物，以及绉类织物、仿毛织物等独特风格的产品。

8. 摩擦纺

又称为尘笼纺或德雷夫纺，是一种借气流作用将纤维条状物经刺辊松解成单纤维后，吹送到回转尘笼表面，再由一对相对运转的尘笼对纤维表面产生摩擦作用，经过搓转加捻成纱的技术。其特点体现为虽然成纱的强力不及环锭纺，但条干均匀度要优于环锭纺，粗节、棉结也少于同类环锭纺。由于摩擦纺成纱结构内紧外松，故表面丰满蓬松，弹性好，伸长率高，手感虽粗硬，但要比粗梳毛纱好。此技术适合于纺制特粗纱，也可以夹入长丝纺制包芯纱，通常用作粗厚织物或各种毯子的织造。

9. 色纺

所谓色纺，是指先将纤维染成有色纤维，然后将两种或两种以上不同颜色的纤维充分混合后，纺成具有独特混色效果的纱线。由于采用“先染色、后纺纱”的新工艺，色纺缩短了后道加工企业的生产流程，降低了生产成本，具有较高的附加值。因为运用高科技手段，色纺在同一根纱线上可以显现出多种颜色，且色彩丰富、饱满柔和，所以用色纺纱织成的面料具有朦胧的立体效果，颜色含蓄，自然、有层次。色纺的“先染后纺”生产工艺还具有显著的节能减排效应，比传统工艺节水减排 50% 以上，符合低碳环保要求。生产一件普通的衣服，色纺纱至少可以节约用水 4 千克。

二、纺丝

纺丝的概念源自缫丝。所谓缫丝，是通过混茧、剥茧、选茧、煮茧等步骤，从蚕茧中抽出蚕丝的一种方法，由我国古代劳动人民于 5000 多年前创造。起源于缫丝的纺丝与纺纱不同的地方在于，使用的原材料不是棉花之类的短纤维物质，而是纤维长度有明显增加的物质；形成的产品不是纱状物，而是表面更加光洁、更加细滑的丝状物。到了近现代，除了蚕丝之外，各类粘胶纤维和合成纤维材料主要都是经过纺丝技术加工而成，一般称为长丝。随着纺丝技术与方法的日益多元，纺织材料的品种不断丰富。现代纺丝技术主要有以下类别：

1. 熔体纺丝

图 3-3　熔体纺丝的聚丝工序

又称熔融纺丝，简称熔纺。是一种将能熔融成黏流态而不发生显著分解的高分子聚合物加热熔融，通过微细喷丝孔挤出形成熔体细流，在空气中冷却固化形成细丝状物质的化学纤维纺丝技术。该技术主要特点是卷绕速度快，不需要溶剂和沉淀剂，设备构造简单，工艺流程短。熔体纺丝过程不复杂，纺丝后的初生纤维只需经过拉伸机热定型后即可得到成品纤维。合成纤维的主要品种，如涤纶、锦纶、丙纶丝等都采用此技术生产。熔体纺丝可分为直接纺丝法和切片纺丝法。直接纺丝是将聚合后的聚合物熔体直接送往纺丝；切片纺丝则需将高聚物溶体经注带、切粒等纺前准备工序处理后送往纺丝。大规模、连续性工业生产常采用直接纺丝，但切片纺丝更换品种容易，灵活性较大，在长丝生产中仍占主要地位。20 世纪 70 年代该技术进入高速发展状态，涤纶丝卷绕速度已达每分钟 3000—5000 米。图 3-3 为熔体纺丝的聚丝工序。

2. 溶液纺丝

是一种将成纤高分子聚合物经溶解、制备、后处理等工序，最终形成细丝状物质的化学纤维纺丝技术。其流程是：在特定溶剂中将成纤高分子聚合物溶解，形成具有适宜浓度的纺丝溶液，再将该纺丝溶液从微细的喷丝孔吐出，进入凝固浴或热气体中析出成固体状的丝条，经拉伸、定型、洗涤、干燥等后处理工序，便可得到成品纤维。显然，溶液纺丝生产过程比熔体纺丝要复杂，然而，对于某些尚未熔融便已发生分解的高分子聚合物，如各类天然纤维素或蛋白质材料，就只能选择这种纺丝成型技术。所以，溶液纺丝技术适用于各类人造纤维（即粘胶纤维）和聚丙烯、聚乙烯、聚氯乙烯、芳香族聚酰胺等合成纤维生产。

溶液纺丝有湿法纺丝、干法纺丝、干喷湿纺纺丝之分。所谓湿法纺丝，是将从微细喷丝孔吐出的纺丝溶液浸入凝固浴中，该凝固浴由高分子聚合物的非溶剂组成，纺丝溶液一旦遇到凝固浴便凝固析出固体状丝条，经拉伸等后处理工序便可得到成品纤维。湿法纺丝需要回收凝固浴及后处理溶液，有一个处理及再应用的循环过程，生产过程复杂，生产成本较高。所谓干法纺丝，是让从微细喷丝孔吐出的纺丝溶液进入加热的气体中，促使纺丝溶液中的溶剂挥发，高分子聚合物便逐渐凝固成丝条状，再经拉伸等后处理工序便可得到成品纤维。应用此种方法的前提是高分子聚合物能够适应一种沸点较低、溶解性能又好的溶剂。干法纺丝的产品力学性能要优于湿法纺丝，且因为无需回收处理凝固浴，故工艺相对简单一些。所谓干喷湿纺纺丝，是将湿法纺丝与干法纺丝的特点相结合，适用于液晶型高分子聚合物的成型加工，因此也常称为液晶纺丝。其流程为先将成纤高分子聚合物溶解在特定溶剂中，制备成浓度适宜的纺丝溶液，再使该纺丝溶液从微细喷丝孔吐出，经过一段很短的空气夹层，此处由于丝条所受阻力较小，有利于处于液晶态的高分子在高倍拉伸条件下获得高度取向，之后丝条再进入低温的凝固浴完成固化成型，使得液晶大分子处于高度有序的冻结液晶态。以此法制得的成品纤维具有高强度、高模量（不易拉伸与弯曲）的力学性能。

3. 冻胶纺丝

又称凝胶纺丝，是一种介于熔体纺丝和溶液干法纺丝之间的纺丝技术，即将成纤高分子聚合物的高浓度溶液或塑化形成的冻胶冷却、固化、制备，最终形成细丝状物质的化学纤维纺丝技术（见图 3-4）。冻胶原丝成形流程包括：以让空气或水骤冷的方式让经喷丝口挤压出的纺丝溶液置于原先设置或形成冻胶的温度以下，使之成为冻胶原丝，骤冷可以使得大分子链的解缠结状态得以保持，并导致冻胶体中结晶的生成；以干燥或萃取方式将包含在冻胶原丝中的溶剂去除，提高冻胶原丝的多倍热拉伸的稳定性和有效拉伸性；对冻胶原丝进行多倍热

图 3-4　冻胶丝内部分子结构示意图

拉伸，可以提高纤维的结晶度和取向度，并且使大分子链由原来的折叠链向伸直链结构转变，体现纤维高强度、高模量的本质。由于浓度高、分子量大，所以冻胶丝的缺陷少，结构稳定，其原液的流动性和可纺性强，主要用于超高分子量聚乙烯纤维和聚丙烯纤维、高强碳纤维、蛋白质/聚乙烯醇纤维的生产。

4. 膜裂纺丝

是一种将高分子聚合物先制成薄膜，然后用机械加工方式制得最终呈扁平状或细丝状物质的化学纤维纺丝技术。目前，该技术主要应用于聚丙烯纤维等生产。根据机械加工方式不同，所得成品纤维又可分为割裂纤维和撕裂纤维两种。割裂纤维又称为扁丝，其加工方式是将薄膜切割成一定宽度的条带，再拉伸数倍并卷绕在筒子上得到成品；撕裂纤维的加工方式是将薄膜沿纵向高度拉伸，使大分子沿轴向充分取向，同时产生结晶，再用化学和物理方法使结构松弛，并以机械作用将其撕裂成丝状，然后加捻和卷绕得到成品。前者纤维较粗，用于代替麻类纤维用作包装材料，后者纤维稍细，可用于制作地毯和绳索。

5. 静电纺丝

是一种特殊的纤维制造工艺，即让高分子聚合物溶液或熔体在电场作用下进行喷射纺丝，高分子聚合物的流体经过静电雾化的特殊处理，分裂出的物质不是微小液滴，而是微小射流，可以运行相当长的距离，最终固化成纤维。静电纺丝设备针头式喷丝孔处的液滴会由球形变为圆锥形（即“泰勒锥”），并从圆锥尖端延展得到纤维细丝，这种方法可以生产出纳米级直径的聚合物细丝，故得到高科技材料研发有关方面的重视（见图3–5）。静电纺丝技术发端于20世纪30年代。近年来，随着纳米技术的普及应用，静电纺丝技术以其制造装置简单、纺丝成本低廉、可纺物质种类繁多、工艺可控等优点获得了快速发展，并已

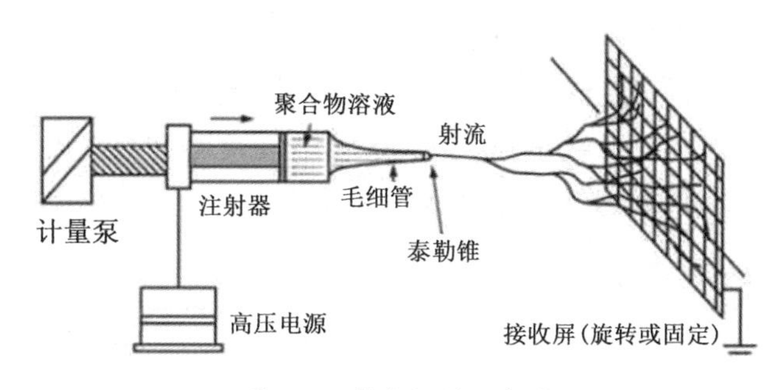

图3–5 静电纺丝示意图

成为有效制备纳米纤维材料的主要途径之一。静电纺丝的纳米级成品具有很好的生物相容性及可降解性，并具有比表面积大和孔径小、孔隙率高、纤维均一性好等优良特性，主要应用于生物医学领域的药物控释、创伤修复、生物组织工程等方面，在气体过滤、液体过滤及个体防护等领域也得到很好应用。静电纺纳米纤维可制成超疏水性能材料，并应用于船舶的外壳、输油管道的内壁、高层建筑玻璃、汽车玻璃等物品之上，还可用于传感、能源、光电、食品工程等专业领域。

第二节　织布

织布就是使用纱线或丝等纤维材料，按照经向（纵向）和纬向（横向）相互交错或彼此浮沉的运动规律加工成坯布的过程，它是提高纺织品使用功能和扩大其应用范围的重要生产环节。织布前需对所用材料进行一些处理（称为前处理），以便保持织物成品后的质量与性能。织布的形式一般可分为机织、针织两大类。机织织物的组织结构有平纹、斜纹、缎纹和提花四种，针织织物的组织结构有经编、纬编和罗纹三大类，其中经编也能生成提花结构。

一、织布前纱线预处理的主要工序

络筒——是织布前准备的第一道工序，即将来自纺纱环节的管纱或绞纱在络筒机上卷绕成固定形状，形成容量大、符合织布要求的筒子纱，目的在于提高纱线平均强度，减少断头，同时消除纱线上的杂质和疵点，改善纱线品质，从而提高后织布工序的生产效率。

整经——按工艺设计要求，把一定根数的纱线，按规定的长度、幅宽，在一定张力的作用下平行卷绕在经轴（织轴）上。其作用在于：保持经纱张力的均匀一致；维系纱线弹性、强度等物理机械性能，减少纱线的摩擦损伤；确保卷绕形状正确、表面平整、密度均匀、软硬一致；尽量减少回纱。整经有分批整经、分条整经、分段整经和球形整经等方式，视不同的纱线和坯布种类选择运用。图 3-6 为整经机主机图。

浆纱——把整好的经轴（织轴）放在浆纱机上，经过吸浆工序，再通过烘箱烘干，目的在于让纱线的单纤维相互粘结，增加断裂强度，以利于上机织造的顺畅。作用是提高其可织性，确保经纱在织机上能够承受解缠结状态和综、筘等部件的反复摩擦，适应拉伸、弯曲等动作，防止纱线大量起毛甚至断裂。

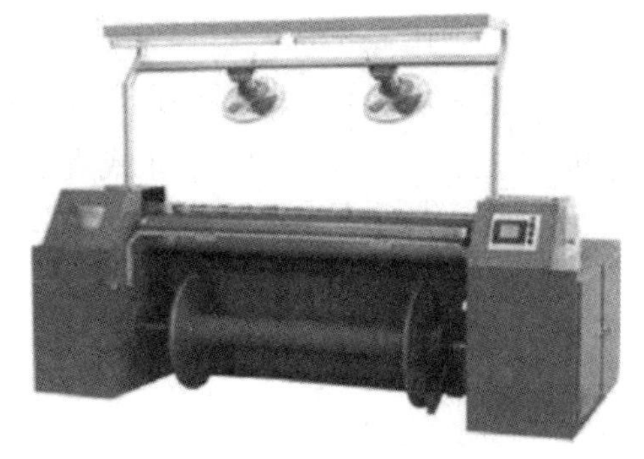
图 3-6 整经机主机图

穿经——将经轴上的每一根经纱根据工艺设计要求，按照一定的次序穿入综丝和钢筘，并在经纱上插放经停片，以确保此后的织造环节顺利实施。

卷纬——是间接纬纱形成的工艺，即把原先卷成的管子纱或筒子纱卷绕到纡子（安装在织布用梭子中间的一个活络部件）上，用作纬纱，同时可除去纱线上的部分杂质，提高纱线质量。织布用的纬纱分直接纬纱和间接纬纱两种：在细纱机上直接纺成的纡子称为直接纬纱，无须再经卷纬处理，可缩短工艺流程，常用于棉、毛纺织联合工厂织制一般织物；经卷纬绕成的纡子称为间接纬纱，特点是成形良好、卷绕紧密、容纱量大，常用于毛织、丝织、麻织等以单一纤维纺织生产的织布厂，棉纺织厂织制高档织物时也常采用。

二、织布的形式

1. 机织

由于最早的机械织布是采用投梭、穿梭动作实现的，所以机织原先称为“梭织”。机织是按照经、纬两个方向，采用纱线或丝为原料，按不同组织结构织造形成织物的过程，它是纺织工业生产的重要组成部分。根据所用原料种类，可分为棉织、毛织、丝织、麻织和化学纤维织造，其产品统称为机织物。机织物的品种和用途极其广泛，可根据不同的使用要求选择合适的纱线原料和相宜的组织结构。最早的织布机是在经轴上通过梭子导入纬纱，按预设工艺要求交织成坯布后，卷绕成布卷。20 世纪 50 年代之后，出现了各种实用的无梭织机，改善了劳动条件，提高了劳动生产率。现代机织的主要形式有：

片梭织——是一种采用片状夹纬器（或称片梭）将纬纱引入梭口的织布形式，特点在于引纬速度快，对织物品种的适应性强，机器噪声较低，可织制棉、毛、化学纤维等各种纯纺和混纺阔幅织物。20 世纪 70 年代以来，片梭织机广泛采用了储纬器、电子检测织机停台等装置，以提高织机的生产效率，同时还试验成功用机械、气压或直流感应电动机等方法投射一端或两端纬纱的单只片梭、往复引纬的片梭新型织机。

剑杆织——是目前应用最为广泛的一种无梭织布形式，主要是为丰富引纬方式和手段而设计，通常有刚性、柔性及可伸缩式三种引导纬纱的方式。刚性引纬方式的最大优点是不需要任何引导装置便可将纬纱传递到织口中心，而柔性引纬方式的适应性强、应用范围广，引纬效率显著增加。可伸缩式引纬方式是指一种新型的，采用压缩空气驱动伸缩式剑杆的引纬系统。剑杆织的积极引纬方式具有很强的品种适应性，能适应各类纱线的引纬需要，并适应多色引纬，可以生产 12 色多式花样图案的产品，可用于各种类型的织物织造。20 世纪 80 年代中期，电子计算机技术引入织布行业，使得剑杆织的织造速度及引纬效率又有了大幅度的提高。

喷气织——是一种采用喷射气流牵引纬纱穿越梭口的无梭织布形式，其原理是利用空气作为引导介质，以喷射出的压缩气流对纬纱进行牵引，将纬纱带过梭口，实现织物的织造。其引纬方式合理，入纬率高，运转操作简便安全，具有品种适应性较广、机物料消耗少、车速快、噪音低和效率高等优点，已成为当代最具发展潜力的新型织布方式之一。喷气织适合织造各类服装面料、家纺产品、色织产品及部分化纤产品，纱支范围在 5 至 100 支之间。采用电子、微电子技术后，喷气织在保证产品质量的前提下，性能大大提高，运行速度、自动监控水平、产品质量和品种适应性等都有了明显改观。

喷水织——是一种采用喷射水柱牵引纬纱穿越梭口的无梭织布形式，喷水引导纬纱的摩擦牵引力比喷气引纬大，所以扩散性小，比较适应表面光滑的合成纤维、玻璃纤维等长丝的引纬需要，同时可以增加合成纤维的导电性能，能有效地克服织造过程中产生的静电。此外，喷水织消耗的能量较少，噪音也比较低，且织布的速度比较快。但是喷水织的纤维材料的适应面比较窄，品种比较单一。图 3–7 为喷水织机。

在机织形式中，还有一种被称为“交织”的方法，即在经、纬两个不同的方向上，分别采用两种成分不同的纱线（或丝）进行织造。它既包含了经纬向的纱（丝）相互穿插织造的意思，又有经向和纬向所采用纱（丝）是不同原材料的解释，以区别于经纬向采用同一种纱（丝）原料织造的普通织布方式。比如，经向选用40支棉纱，纬向选用100旦尼尔的涤纶低弹丝，经过织造便可生成涤棉交织面料，这种涤纶丝和棉纱交织而成的织物，既保持了涤纶滑顺、牢固的优点，又可体现棉纱亲肤、透气等特点。现今通过交织技术形成的产品主要分为丝绸交织物和化纤交织物两大类：前者包括朝阳葛、新文绨、羽纱、棉线绫、线绨被面、富春纺、素春纺、彩格纺、花软缎、留香绉、三闪被面、织锦被面、利民呢、时新呢、印花向阳呢等产品，一般而言，这类织品外观光滑挺括，但缩水率较大；后者则多用于服装成衣，如仿牛仔布纬弹面料、仿真丝面料、仿羊毛面料和仿棉面料等。

图 3–7　喷水织机

2. 针织

针织是指采用多根钩针组合而成的机械设备生产织物的方式，它源自古老的手工编结工艺。1589 年英国牧师威廉·李（William Lee）发明了第一台手摇针织机。19 世纪 70 年代随着电动机的发明，手摇针织机被高速运转的电动针织机所取代。20 世纪 70 年代以来，利用电子控制技术，针织机械的生产率大为提高。通过在设备上安装各种积极式给纱装置，明显改善了产品质量。针织的基本原理是，利用钩针装置将品种不同的纱线构成线圈状，再经过串套连接成针织织物。针织除可织成各种坯布，经裁剪、缝制而成各种针织品外，还可采用成形工艺在机上直接织造成形产品，可以节约原料，简化或取消裁剪和缝纫工序，并能改善产品的服用性能。针织生产因工艺流程短、原料适应性强、翻改品种快、产品使用范围广，以及设备噪声小、能源消耗少等优点，而得到迅速发展。针织织物的特点是质地松软，有良好的抗皱性与透气性，并具有较大的延伸性与弹性，穿着舒适。针织织物除供服用和装饰用外，还可应用于工农业、医疗卫生和国防等领域。现代针织的主要形式包括两大类：

经编——是一种采用多根纱线同时沿布面的经向（纵向）顺序成圈、串套的织造形式。因为形成了回环绕结，所以经编织物结构稳定，弹性极小。经编织物可分为两大类：一是拉舍尔（Raschel）织物，主要特征是花形较大，布面粗疏，孔眼多，主要用于各类毛毯、地毯等装饰织物；二是特立可得（Tricot）织物，主要特征是布面细密，花色少，但是产量高，主要用于包覆织物和印花布，这类织物多采用化纤长丝。经编织物常以涤纶、锦纶、维纶、丙纶等合纤长丝为原料，也有用棉、毛、丝、麻、化纤及其混纺纱作原料织制的。它具有纵向尺寸稳定性好，织物挺括，脱散性小，不会卷边，透气性好等优点。

图 3-8　纬编针织机

纬编——是一种采用一根或多根纱线沿布面的纬向（横向）顺序成圈、串套的织造形式。纬编织物最少可以用一根纱线就可以形成，但是为了提高生产效率，一般采用多根纱线进行编织，且所有的纬编织物都可以逆编织方向脱散还原成纱线。纬编织物常以棉纱、毛纱、低弹涤纶丝或异型涤纶丝、锦纶丝等为原料，品种较多，具有良好的弹性和延伸性，织物柔软，坚牢耐皱，毛型感较强，且易洗快干，主要用来做成男女上装、套装、风衣、背心、裙子、棉袄等的面料，以及生产童装、运动服、休闲服、人造毛皮装饰物等。图 3-8 为纬编针织机（俗称大圆机）。

3. 色织

色织是指一种即可采用机织，也可采用针织方式实现的织布形式，它使用预先经过染色的纱线或长丝（色纱或有色丝）作为原料，或使用纺纱（丝）后再染色的染色纱（丝）进行织布，一般由小提花、剑杆织机等设备生产。形成的织物称为“色织布”，如府绸布、青年布、牛仔布、牛津纺、泡泡纱等，以及以条格图案为外观特征的衬衫面料、床单和巾被等。相对印染布来说，色织布具有色彩丰富、立体感强、色牢度高，且风格独特、品种多样、应用领域广泛等特点，但是由于色织布的染纱、织造、后整理的总损耗比较大，每台设备的产量与未染色的白坯布织造相比产量低，所以色织成本较高，价格偏贵。色织一般分为两大类：

全色织——是一种经纱（丝）和纬纱（丝）都采用预先全染色或部分染色的纤维作为原料进行织造，还可以在经纬向上采用几根色纱与白纱交织的方式进行。目的是形成经纬向不同颜色纱线（丝）的交织，在一块布面上形成有几种颜色的效果，层次感更强。

半色织——是指只在一种方向上，或是经纱（丝），或是纬纱（丝）采用全染色或部分染色的纤维作为原料进行织造，通常半色织经纬向所用的纱线（丝）材质不相同。与全色织相比，半色织能降低生产成本，并可增加花式品种。

三、织物的一般组织结构

由于采取不同的织造方式与工艺，所以织物组织结构会有所不同，并以此形成了外观与手感差异性较大的不同质地，这也是织物千变万化的原因之一。通常机织织物的组织结构可分为平纹、斜纹、缎纹和提花四种，而针织织物的组织结构可分为平针、变化平针、罗纹平针、双罗纹平针和毛圈等。

1. 平纹

平纹组织是所有织物组织中最简单的一种，它由经纱和纬纱一隔一地一上一下相间交织而成，其经纬组织点以 1∶1 比例交替出现，表面呈“十”字形外观（见图 3–9），属于一种同面组织（即正反面相同）。由于平纹组织的交织点很多，经纬纱线的抱合最为紧密，因此，平纹织物的质地最为坚牢，外观最为平挺。这种组织应用极为广泛，如棉织物中的平布和府绸，毛织物中的凡立丁，丝织物中的塔夫绸、电力纺、双绉、乔其纱，麻织物中的夏布，以及用于工业和国防的专用性织物等。

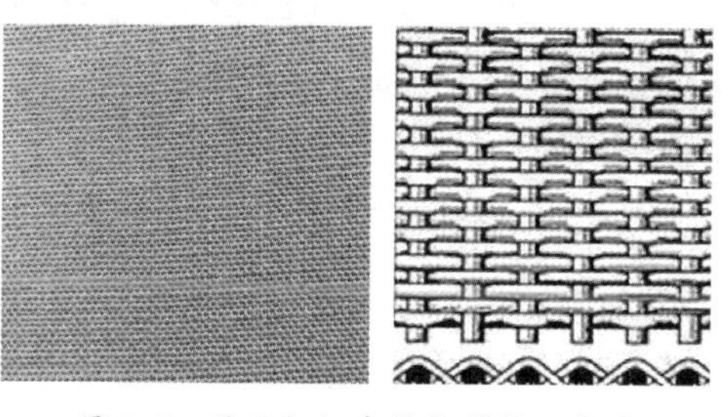

图 3–9　平纹组织实物与结构示意图

2. 斜纹

斜纹组织是指织物表面纱线出现按一定角度斜向走势的一种结构，其一

图 3-10　斜纹组织实物与结构示意图

个完整的经纬组织点需要由三根经纱和三根纬纱线组成（见图 3-10）。斜纹组织的织造方法比平纹织物复杂，它的出现标志着织造技术和织物结构设计上取得了重大进展。采取添加经纬组织点，改变织纹斜向、飞数（系指相邻两根纱线或相邻两个组织点之间相隔纱线的根数）等技术，斜纹组织可演化出多种外观变化。斜纹织物的手感柔软且光滑，常用于织布、商标织造、织带织造等环节。目前斜纹组织的应用较为广泛，如棉、毛织物中的卡其、哔叽、华达呢、巧克丁、贡呢、马裤呢等，丝织物中的美丽绸、羽纱等。

3. 缎纹

缎纹组织是指织物表面经纱或纬纱跨度较长的一种结构，其一个完整的经纬组织点一般需要由五根经纱和五根纬纱组成，而且其相邻两根经纱或纬纱上的单独组织点间距较远，独立且互不连续，并按照一定的顺序排列（见图 3-11）。缎纹组织的织造方法最为复杂，其特征是织物表面经纱或纬纱会以较长的距离浮在表面，因而织物质地柔软，表面平滑匀整，富有光泽。纬纱以较长距离形态浮于织物表面的叫作横贡缎，经纱以较长距离形态浮于织物表面的叫直贡缎。由于缎纹组织能够产生富贵华丽的感觉，故在织物中应用很广，常用作被面、衣着、鞋面以及装饰布等，如丝织物中的织锦缎、花软缎等都属于缎纹组织，而且提花组织中的地组织一般采用的都是缎纹组织。

图 3-11　缎纹组织实物与结构示意图

4. 提花

提花组织源于原始腰机织布的挑花工艺，是一种利用经纬纱线交错织造，组成织物表面有凹凸花纹的一种结构，在织造时将经纱或纬纱通过提花装置把纱线提起来，使纱线的局部浮出布面，显现出突凸、立体的形态，各个浮点连接组合就形成各种图案、各种不同的组织结构，并形成不同的效果（见图 3-12），它在机织及针织上都可应用。机织提花组织分为大提花和小提花两种，前者多用于提花毛巾被、提花毛毯、丝绸织物，后者多用于服装织物的缎纹系列、人字系列及菱形、几何图形等花纹，且大多都是经向提花。针织提花组织分为经编和纬编两种，前者广泛用于衣着和装饰用品，后者花形可在一定范围内任意变化，广泛用于各种外衣类和居家纺织用品。

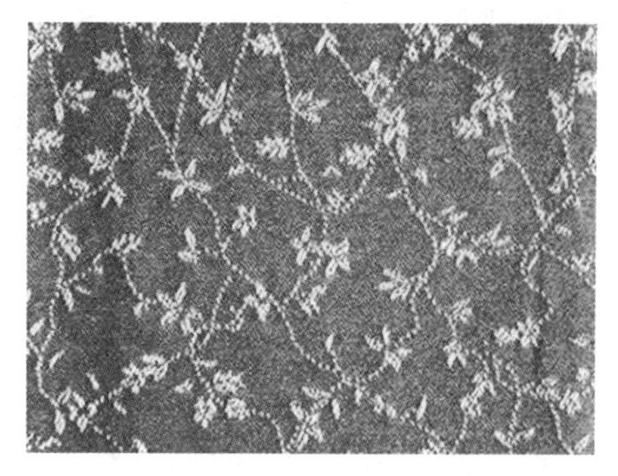

图 3-12 提花实物图（机织）

5. 平针和变化平针

平针和变化平针属于纬编针织物的基本结构之一，是在单面纬编针织机上编织而成。将纱线依次弯曲成圈，按照一个方向串套，并且新的线圈是从原先形成的线圈的反面穿向正面，累积形成平针组织（见图 3-13）。平针组织的正反两面具有不同的几何形态外观，正面质地比反面光洁、明亮，有平滑感。平针组织的织物在纵向和横向拉伸时，具有较好的延伸性，常用于内外衣、袜子、手套等穿着用品和工业包装布等成品生产。

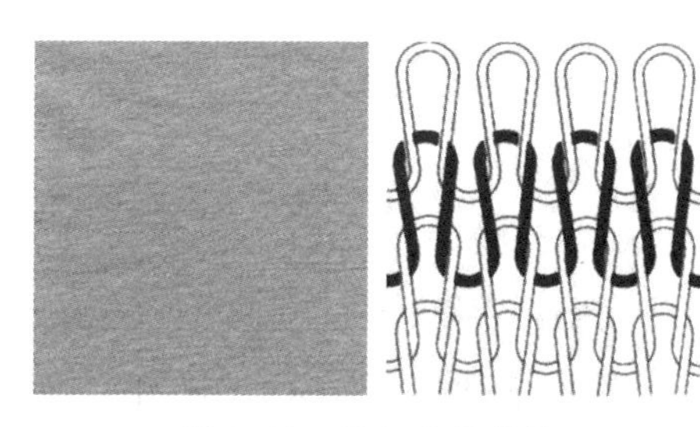

图 3-13 针织平针结构

变化平针组织系由两个平针组织在纵向列相间配置而成。使用两种色纱则可形成两色纵向条纹织物，纵向色条纹的宽度视两平针线圈纵向列相间数的多少而异。

6. 罗纹和双罗纹

罗纹和双罗纹也属于纬编针织物的基本结构之一，由正面线圈纵向列和反面线圈纵向列以一定形式组合配置而成（见图 3-14）。罗纹组织的针织物在横向拉伸时具有较大的弹性和延伸性，因而常用于需要有一定弹性的内外衣制品，如弹力衫、弹力背心、套头衫的袖口、领口和内裤的脚口等。由罗纹组织派生出来的复合结构很多，主要有罗纹空气层结构与点纹结构等。罗纹

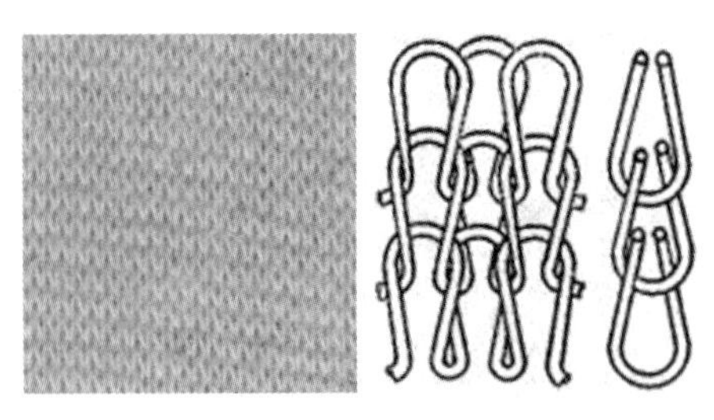

图 3-14 针织罗纹结构

空气层结构由罗纹组织和平针组织复合而成，其横向延伸性较小，尺寸稳定性较好，具有厚实、挺括等优点；点纹结构则由不完全罗纹组织与不完全平针组织复合而成，有瑞士式与法国式之分。瑞士式结构紧密、延伸性小、尺寸稳定性好，而法国式则线圈纵向列的纹路清晰，表面丰满，且具有幅宽较大等特点，这两种组织结构在针织外衣生产中都得到广泛应用。

双罗纹俗称棉毛组织，属于纬编针织物的变化结构之一，即由两个罗纹组织彼此复合而成，织物的两面全部为正面线圈，通常由专门的双罗纹机织造。双罗纹组织厚实、保暖、尺寸稳定性好、不易脱散，特别适合用于棉毛衫裤。在羊毛衫编织中，也将“2+2 罗纹”称为双罗纹，多用于编织衣片的下摆或袖口。

7. 毛圈

在针织物当中，毛圈有纬编毛圈组织和经编毛圈组织两种，每种又有单面毛圈和双面毛圈之分。纬编单面毛圈组织一般用平针组织作为地组织，其毛圈由拉长的沉降弧线段组成；纬编双面毛圈组织中，两组毛圈纱分别在织物的两面由拉长的沉降弧线段形成毛圈。经编毛圈组织则利用拉长的延展线段形成毛圈，也可以用部分衬纬线段或线圈脱落方式在织物的一面或两面形成毛圈。毛圈在织物表面按一定规律分布还可形成花纹效果，如经剪毛和其他后整理便可制得针织绒类织物。由毛圈组织构成的针织物柔软、厚实，有良好的吸湿性和保暖性，广泛用于内衣、外衣和巾被、洗浴用品等居家纺织品。图 3-15 为针织毛圈织物。

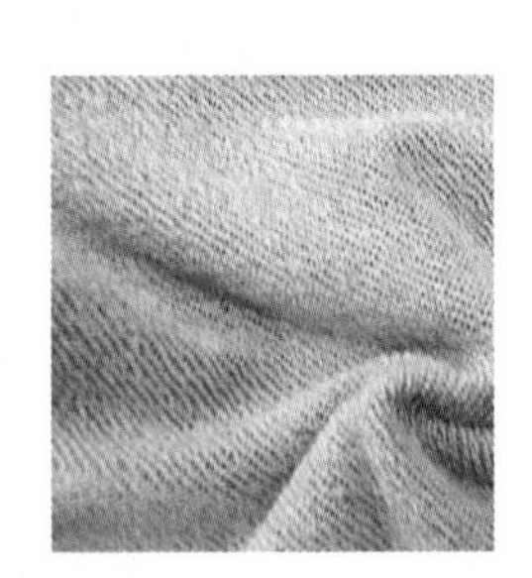

图 3-15 毛圈织物

第三节 编结

纺织编结由远古时代的结网技术发展而来。公元前 2000 年古埃及和北欧已有用类似结网技术编结成的衣裙。最初的编结属于一种框架工艺，即在圆形或长方形的框架上钉上钉子，然后依次轮番在钉子上扣环打结，编成衣服和袜子。之后，框架逐渐被淘汰，改为直接用两头或一头削尖的棒针编结。后来顶端带有钩子的棒针发明出来，便有了钩针编结。1509 年，英国人 W. 李发明了手工编织机，使编结成为一种家庭手工艺，在世界各地流行开来。约在 1842 年，编结由欧洲传入中国。当时英商在上海开办博德荣绒线厂，在向市民推销其生产的蜜蜂牌绒线时，附送绒线编结书刊，从此绒线编结在中国东南沿海城市中传播开来。

一、使用原料

分天然纤维和化学纤维两大类。天然纤维纺线包括羊毛线、兔毛线、棉纱线、麻线等，具有吸湿性强、手感柔软等优点。化学纤维纺线包括用腈纶、维纶、涤纶、尼龙、粘胶等材料制成的线，价格便宜，不易被虫蛀，不易发霉，但耐热性差，容易吸尘和产生静电。另外，还有用天然纤维和化学纤维混纺制成的各种混纺线，如羊毛腈纶线、羊毛粘胶线等。

二、主要工艺

1. 棒针编结

即以棒形或环形针为工具进行编结，材质有竹子、金属、塑料等，其粗细规格均用号数来分档，号数越小，则针越粗。针的粗细不同，决定了编结后织物的效果也不同。棒针编结的形式有两种：一种是用 2 根棒针往复编结，形成片状织物，称为平片编结，简称平编，一般用于编结衣片，然后缝合成衣；另一种是用 4 根或更多的棒形针以及环形针循环编结，形成筒状织物，称为圆筒编织，简称轮编，可以编结帽子、手套、袜子和套衫等物。棒针编结的服装具有质地厚实、弹性较强的特点，并日趋时装化，品种有套衫、开襟衫、大衣、背心、围巾、手套、袜子、帽子等。

2. 钩针编结

即以钩针为主要工具，配以花叉、菊花针为附属工具进行的编结（见图 3–16）。钩针用金属、竹子等材料制成，前端呈带倒钩的圆锥形。钩针的粗细用号数表示，号数越大，针头越细。竹制钩针较粗，主要用于毛线的编结；金属制钩针较细，主要用于花边编结。花叉用金属制成，由两根平行的圆形直杆和两端带插洞的固定架构成，编结时可调节宽度形成各式图案。菊花针

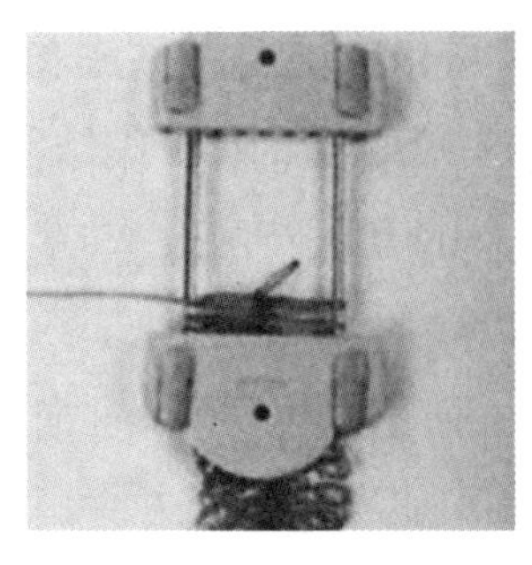

图 3-16　花叉和菊花针

用金属制成，花盘呈圆盘状，用软木或毡片制成，周边均等插有 12 根针，针的长度可以伸缩，用以制作菊花图案。钩针编结原先只是一种花边编结，产品多以小件为主，如茶盘垫、沙发扶手、枕套等。后来，上海的编结匠人创新性地采用钩针编结的方式制成时装，其成品具有质地轻柔、透空凉爽、富有装饰性的特点，品种有披肩、开襟衫、无袖上衣、短裙、婴儿服、女帽、手套、软鞋，以及台毯、靠垫、窗帘、床罩等。吉林延边地区的朝鲜族群众也擅长钩针编结。

3. 手工结线

即不用工具，以丝线、棉线为材料，经手工编结为花色线结，然后制成流苏、手提包、台布等织物。其中流苏是传统品种，有排须和缨子两种。排须的穗子较短，排列成行，如同胡须，多用于台布、窗帘、床罩、灯罩、围巾、帐幔、旗帜、灯彩的边缘装饰。缨子的穗子较长，扎成一束，用于刀剑鞘柄、旗杆的装饰。在我国一些农村、少数民族地区，流苏还用于服装装饰。比如，苏州农村妇女的围腰常缀有丝线流苏；西南地区壮族、黎族妇女的头巾和瑶族、土家族妇女的围腰也常缀以流苏。在传统戏剧服装和道具上，流苏应用较多。

4. 阿富汗针编结

起源于阿富汗，即以一端带钩的棒针为工具，进针时用棒针向前编结，退针时用钩针向后钩线。制品主要有服装、室内陈设品、小件物品等三类。服装有大衣、套衫、开襟衫、背心、连衣裙、短裙等；室内陈设品包括台布、床罩、枕套、灯罩、窗帘、靠垫、茶垫等；小件物品包括帽子、手套、披肩、围腰、围巾、袜子、软鞋、手袋等。

三、产业应用

编结技术在产业应用方面领域宽泛，且多以网、绳、带的形态出现，比如渔网、吊物网、伪装网、安全网、体育项目用网、缆绳、降落伞绳、拉索、系绳、织带等。现代产业中，编结技术需要使用专门的机械设备才能得以应用。

1. 网状物织造

以渔网编结为例，大型渔网的机械织造有两种方法：一种是绞捻法，即将两组纱线由机器同时绞捻，在交接点处相互穿心交结成网，这种网称为绞捻无结网。由于网结节处纱线不经弯曲，减少了摩擦，故网衣平整，相比有结网，节约用材，且重量轻，但绞捻设备效率较低，准备工序繁复，横向目数有限，只适合编织网目较大的网。另一种是经编法，通常用装有 4—8 把梳栉的拉舍尔经编机将经纱成圈连结成网，称为经编无结网。由于经编机速度较快，编结成网的门幅宽，横目数可达 800 目以上，且变换规格方便，生产效率比前一种方法会高出几倍。经编无结网平整、耐磨、重量轻、结构稳定、结节强度高，网衣破损后不变形、不松散，可广泛应用于海洋捕鱼、淡水捕鱼和养殖以及其他各种特殊用途。

2. 绳状物织造

以船用缆绳的织造为例，其流程一般包括：使用捻线机增加纱线根数与强度；使用制股机将多组纱线合并成股线。股线分为 3 股、6 股、8 股、12 股等规格，数字越大，股线就越粗。股线的形成有两种方式：一是拧绞，即将股线按一个方向做旋转运动；二是编绞，即通过机械将股线编织后再加旋成股。之后，再使用制绳机将三根及以上的股条进行编织，制成绳状物。现代绳状物制造设备多将制股与成绳合二为一，使得制绳环节更加紧凑、易操作，且股条的捻度和绳的捻度可随意调节，机器维修率低，无废丝、废料产生，产品质量好、美观耐用。缆绳除用于船舶系缆外，还广泛用于交通运输、工业、矿物开采、体育和渔业等方面（见图 3–17）。

图 3–17　二合一制绳机

3. 织带生产

所谓织带，是指以各种纱线为原料制成狭幅状织物或管状的织物。织带物品种繁多，广泛用于服饰、鞋材、箱包、工业、农业、军需、交通运输、体育等领域，按质地可分为弹性（可松紧）织带与刚性（无松紧）织带两类。20世纪30年代，国内织带生产都是手工作坊式的，原料多为棉线、麻线。1949年后，随着石油化工业的发展，织带用原料逐渐扩大到锦纶、维纶、涤纶、丙纶、氨纶、粘胶等，形成机织、编结、针织三大类加工工艺技术，织物结构有平纹、斜纹、缎纹、提花、双层、多层、管状和联合组织等形式。编织织带的工艺称为锭织，即经络筒、卷纬形成纬纱管后，插在编织机的固定齿座上，纬纱管沿8字形轨道作回转移动，以牵引纱线相互交叉编织。通常，锭数为偶数织成的带子为管状织带，锭数为奇数织成的带子为扁平状织带。

4. 三维织物制造

所谓三维织物，是指具有一定长度、宽度和明显厚度的织物，它通常是机织、针织和编结技术结合应用的产物（见图3-18）。三维编结织物的形成是通过携纱设备的位置转换，使得纱（丝）实现相互旋转或正交交织，从而在厚度方向上实现增强效果，构成立体结构。三维织物具备了许多复杂形状制件的制造可成型性，它可以是圆形、方形、不规则形状的，也可以是实心或空心的，如实心棒、T形梁、火箭厚壁喷射管、各类蜂窝材料等。使用编结机可以在两层或多层材料之间形成纤维交连互锁的结构，能够实现等截面、变截面、各种异型横截面编织件的编织，以及连续编织和定长编织等。三维织物多用于毡、毯类产品及复合材料构件的制造。如碳纤维三维织物具有整体性和优良力学结构两大特点，从编织、复合到成品，不分层，无机械加工，整体强度和刚度显著提高，具有良好的耐烧蚀性和抗损伤性，在航空、航天、军工、汽车、医疗以及高级体育服务器等领域得到广泛应用。

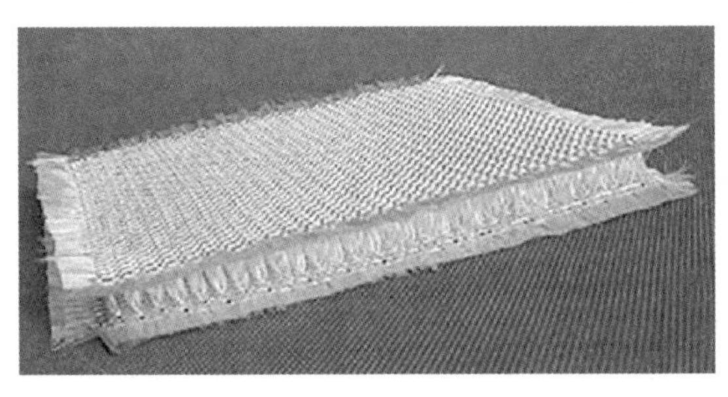

图3-18　三维织物实样

第四节　非织造

非织造技术又称为无纺技术，是近代纺织工业发展进程中一项较为年轻而富有广阔应用前途的技术。它诞生于20世纪初。1892年，有人从一项美国专利——气流成网机中得到启发，开始研究非织造材料。1920年，德国首次采用羊毛下脚料、毛屑等材料生产非织造布，随后非织造材料也在美国研发成功。1940年，随着石油化工业的兴起，高分子化学粘合材料的研发取得了长足的进步，德国率先实现了非织造材料的工业化生产。1942年美国也正式开始了粘合法非织造材料的工业化生产。1950年，德、美、英、日等国相继成立了专业公司，完善并普及了非织造材料的生产与应用。此后，世界上其他一些国家也在非织造材料的设计研发、制造工艺设定和质量控制等方面有了较大突破。我国于1958年开始研发非织造材料，1960年后非织造材料开始上市应用。

非织造布是一种不需要纺纱织布而形成的片状材料，它是利用高聚物切片、短纤维或长丝通过各种纤网成形方法和固结技术形成的具有柔软、透气等特性的平面结构新型纤维制品。非织造材料工艺流程短、生产速度快，具有产量高、成本低、用途广、原料来源广等特点。它突破了传统纺织的机织与针织原理，采用现代物理学、化学等学科原理，综合运用纺织、化工、塑料及造纸等行业技术制造而成。由纤维聚合和成网形式组成的非织造材料，其加工方法可分为干法、湿法以及聚合物挤压等三大类别。干法类别又分为机械加固（包括针刺、缝编、射流喷网）、化学粘合（包括浸渍、喷撒、泡沫、印花、溶剂黏合）和热粘合（包括热轧、热熔）等加工方式；湿法类别又分为圆网（化学粘合）、斜网（热粘合）两种加工方式；而聚合物挤压类别则分为成网（包括熔融、湿纺）、熔喷、膜裂（包括针裂、轧纹）等。

由于具有“重量轻、切口完整性佳”和“保型性好、回弹性优良、洗后不回缩、保暖透气性好、使用无方向性要求”以及“价格低廉”等特点，以天然纤维、合成或人造化学纤维为原料，使用不同黏合剂配方以及不同的制造方法生产的各种非织造材料应用领域非常广泛，包括：医疗卫生领域使用的手术衣、防护服、消毒包布、口罩、尿片、妇女卫生巾等；家庭装饰领域使用的贴墙布、台布、床单、床罩等；服装制作配套使用的衬里、衬垫、粘合衬、絮片、定型棉、各种合成革底布等；产业领域使用的过滤材料、绝缘材料、水泥包装袋、建筑土工布、包覆布，用于农作物的保护布、育秧布、灌溉布、保温幕帘等；其他专用领域，如太空棉、保温隔音材料、吸油毡、香烟过滤嘴、袋包茶叶袋等。

非织造技术的出现，有效地改变了传统纺织织造手段繁复、成品形成速度慢等不足，派生出许多新品种，使一些特殊用品的生成效率有了显著的提高，也扩大了纺织材料的应用领域。

第五节　复合

所谓复合技术，是指将两种或多种物理和化学性质不同的物质组合在一起，形成一种新的多项固体材料组合的技术。复合材料既要保留原有材料的特性，又能产生新的增强性功能和外观效果。纺织复合技术，是指采用纤维及纤维制品作为一种基础性材料与另外的物质（基体材料）组合，或是采用纺织织造及涂布方法使得两种或两种以上物质（包括基础性材料和基体材料）相互结合，生成带有新的增强性功能产品的生产加工方式。纺织复合技术通常是利用特殊工艺铺设纤维成品或织物，起到骨架支撑作用，再加入树脂材料构成复合材料成型件。常用的基础性增强纤维有：无机类的玻璃纤维、碳纤维、硼纤维、氧化铝纤维、碳化硅纤维，有机类的涤纶、锦纶、芳纶、高分子聚乙烯、聚对苯撑苯并二噁唑（PBO）等。纺织复合技术所使用的基体材料主要有各类热固性和热塑性树脂、橡胶等聚合物基。纺织复合材料中纺织物的形态包括排列杂乱或有一定取向的短纤维、各类长丝复合丝、采用二维或三维方法形成的织物。

以碳纤维为例，纺织复合材料的生产流程主要包括：聚丙烯腈纤维的提取，对原丝进行氧化处理形成预氧丝，将预氧丝进行碳化加工形成碳纤维，经集束、编织在预定形状模具内铺设或缠绕后，涂刷或灌注熔融成黏流体的树脂材料，经过冷却凝固环节形成复合材料成型件。纺织复合材料具有“质量轻盈”“外柔内刚”的特性，它比金属轻物质铝还要轻，但强度却高于钢铁，并且具有耐腐蚀、高模量的特质，同时，它兼有纺织纤维的柔软性和可加工性。运用纺织复合技术，碳纤维可加工成丝、毡、席、带、纸及管、棍、支架、外壳等其他形态的预制品，可应用于国防军工和民用交通运输、运动休闲等领域，是新一代的增强型复合纤维材料。

图 3-19　上海世博园区内的膜结构材料

当前常见的纺织复合材料还有一种称为膜结构的。它是在高强度、高密度，并具有阻燃、防刺功能织物（如玻璃纤维）的表面，加涂带有防水、防晒和自洁功能的包覆性或覆盖性材料。可用于大型建筑的顶棚、人行步道的遮阳遮雨篷，人造泳池、蓄水罐、汽艇及救生船的软性船体等。在 2010 年上海世博会园区建设中大量应用该种材料（见图 3-19）。而时下流行的冲锋衣，其面料表面覆有一层带有透气微孔的薄膜材料，能够有效起到防雨、防风作用，也属于纺织复合材料的范畴。还有各类用于服装生产的热熔胶粘合衬布，也因由两种不同物质组合而成，可纳入纺织复合材料的范畴。

复合技术的运用使得一些纺织材料由软变硬、由薄变厚，一些成品由片材变为型材，有效地扩大了应用领域，尤其是在产业用纺织品方面发挥着独特的作用。

第六节　前处理

纺织前处理是指纤维或织物实施印染工艺之前的相关工序，目的在于去除各种天然杂质、浆料和纱线（丝）及坯布生产过程中沾上的油污，提高纤维或织物的白度和吸水性，满足后续染整加工的质量要求，同时能提高材料的柔软性，改善品质。现代纺织前处理的主要工序包括烧毛、退浆、精练、漂白等。

一、烧毛

烧毛是指织物高速通过火焰或灼热金属装置表面，烧去纱线表面绒毛，提高织物表面光洁度和平整度的工艺。因为纤维经纺织加工会在纱线和织物表面产生很多绒毛，导致影响之后染整工艺实施的效果。根据产品不同要求，大部分经过纱线织成的坯布都要经过烧毛工序处理。坯布经过烧毛，布面光洁美观，并可提高后续加工质量。生产上使用的烧毛机主要有气体烧毛机、热板烧毛机和圆筒烧毛机，织物烧毛时运行车速一般为每分钟 80—150 米，烧毛的温度通常在 900 ℃—1500 ℃之间，都高于各种纤维的分解温度或着火点。烧毛过程中，织物平整、服帖地迅速通过火焰或灼热金属装置表面，布面上分散存在的绒毛很快升温并发生燃烧，而布身比较厚实紧密，升温较慢，当织物受热温度尚未达到着火点时，已经离开了火焰或灼热金属装置表面，从而达到既烧去了绒毛又不使织物焚烧或损伤的效果。

二、退浆

织物在印染之前一般都应实施退浆工艺处理。退浆是指采用化学助剂将经纱在织造时所使用的上浆料水解成为可溶性物质，进而加以去除的工艺。经纱在用于织造前，一般都进行上浆处理，使纱线中纤维黏结抱合起来，有利于确保织造质量。上浆对织造有利，但也给后续的印染加工带来了困难，因为坯布上的浆料与染色用的溶液混合后，会影响织物的润湿性，同时还会阻碍染料向纤维内部的渗透，造成染色不均匀的现象。因此，在印染加工中，第一道湿处理工序就是退浆。“退得干净”是退浆工序的主要目的，在退浆中，要尽可能多地去除坯布上的浆料，以保证后续印染加工的顺利进行。棉质为主的织物退浆兼有去除纤维中部分杂质的作用；合成纤维为主的织物有时可在精练过程中同时实施退浆工艺。

三、精练

精练就是采用化学和物理方法去除天然纤维（棉、毛、麻、丝）中的杂质、污垢、残余浆料，或除去化学纤维中的油剂、浆料等非纤维物质的工艺过程。棉、麻纺织品的精练由于早期常用煮布锅来进行，所以又称为煮练；丝织品的精练主要是去除丝胶，所以又称为脱胶；羊毛织物则是通过洗毛、洗呢工序去除杂质。通过精练工序，可以使各类织物获得良好的外观形态和润湿性，可提高染色及后加工整理的效果。经过精练后的织物更为洁净，并具有良好的渗透性能，能够为染色工艺实施提供合格的半制成品，以满足各类纺织品深加工的要求。

四、漂白

漂白是指通过化学反应去除织物中原有的色素，提高织物的白度和鲜艳度的工艺。在退浆和精练中未去除干净的杂质，在漂白工艺中会进一步被去除。织物经过漂白后，白度会有很大的提高，但对于白度要求更高的织物，漂白时还可以采用微量的蓝色染料或荧光增白剂进行增白处理。如今，由于实验证明荧光增白剂对人体存在一定危害，故其应用受到一定制约。增白处理工艺也可以和树脂整理工艺结合进行。

第七节　印染

印染其实是印花和染色的简称。印染工艺是赋予织物外观多样化的一种手段，它可以使织物变得五彩缤纷、色泽鲜明。

一、印花

印花是指在织物表面的预定范围或面积内进行局部性染色的过程。其主要工艺包括制备色浆，印制（有单印和套印之分）和固色，以及加用增稠剂，将限定区域内的色浆固定于织物表面的预定范围之内。纺织品印花通常采用丝网方式进行，有圆网和平网之分。圆网印花也称滚筒印花，是一种采用有凹形花纹的铜制滚筒在织物上印花的工艺方法，而平网设备有印花台板、自动化平网印花机和转盘印花机等。纺织品印花一般为连续式印花，即使是独立图案的手帕、桌布等也是连续印好后再裁剪分割而成的，而服装衣片和T恤衫则以转盘印花居多。纺织品印花需要根据织物质地选择不同的染料，尤其在丝绸织物上，需按不同纤维性质配用相应的染料，一般多采用涂料印花浆，亦称为“水性油墨”。因实用性需要，纺织品丝网印花的色泽必须具有一定的牢度（不易褪色），同时由于它色泽变化大，所以浆料与色料一般要分别储存，使用时按要求即时调配成印花浆。纺织品实施丝网印花工艺，上色后处理也十分重要，必须采用高温蒸化或烘焙进行固色，使染料与纺织纤维充分结合，以确保色泽的牢度。固色后还要水洗，清除印浆中的载体和未固着的染料，使色泽更加艳亮。另外，因具有众多特种功能性涂料印花浆，丝网涂料印花往往不受织物纤维性质的限制，因而得到广泛应用。即使采用丝网涂料工艺进行印花也要高温烘焙，但可以不作水洗处理，环保性能有所提升。近年来，印花技术也开始在一些专用衬布产品上应用。转移印花是现代常用的另一种纺织品印花工艺，即先将染色料印在转移印花纸上，形成图案，然后再通过热处理使印在纸上的图案中染料转移到纺织品上并固着。使用较多的转移印花方法是利用干法将分散染料转移到合成纤维织物上，经过 220 ℃高温热压约 1 分钟，则分散染料升华变成气态，由纸上转移到织物上。转移印花实施后不需要水洗处理，因而不产生污水，可获得色彩鲜艳、层次分明、花形精致的效果。

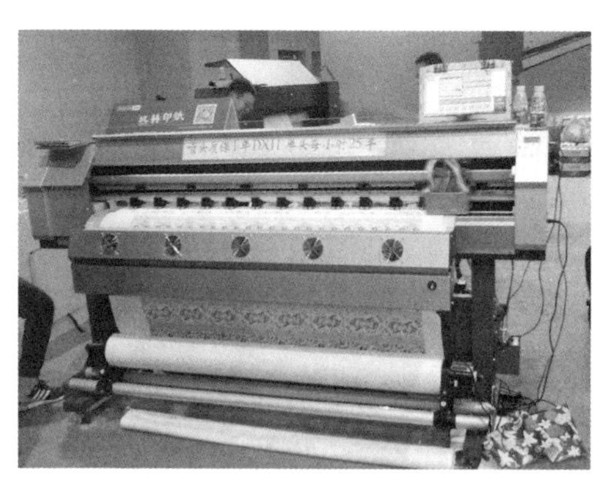

图 3-20　数码喷墨印花设备

当前，随着客户需求日益多样化，纺织品印花已向小批量、多品种、个性化方向发展。而数码印花技术凭借其效率高、打样成本低、印制效果好、污染少等优势，给纺织印染行业带来前所未有的发展机遇。数码印花技术是对喷墨印花技术的统称，它借助计算机辅助设计技术，并采用专用打印设备（见图 3-20）实施，与传统印花技术相比，具有色彩鲜艳、图案清晰、打印精度高的优势，而且生产周期短、反应速度快，无需制版，批量灵活，不受花型限制，图像可以任意修改，无论打样、小批量、大批量生产都适用。数码印花技术做到了低能耗、低污染、低噪声，是新型的环保节能型生产技术。

二、染色

染色是使纤维、织物染上颜色的加工过程。染料通过与纤维、织物发生化学或物理结合，使织物成为一种有色物体，通常分为纤维、毛条、纱线、坯布及成衣五种对象，染色可根据实际需要在任何阶段进行。纺织品染色方法可分为浸染、轧染两种。所谓浸染是指将纺织品浸渍于染液中，经一定时间延续，使染料上染纤维并固着在纤维中，其适用于各种形态的纺织品的染色，属于间歇式生产，设备比较简单，操作较容易，但生产效率较低；所谓轧染是指将纺织面料在染液中经过短暂的浸渍后，随即用轧辊轧压，将染液挤入被染织物的组织空隙中，并除去多余染液，使染料均匀分布在织物上，染料的上染是（或者主要是）在以后的汽蒸或焙烘等高温处理过程中完成的，其适合大批量纺织面料的染色，属于连续染色加工，生产效率高，但被染物所受张力较大，通常适用于机织面料的染色，丝束和纱线有时也用此种方法染色。染色后的织物在以后的加工过程中或在成品使用过程中，必须具有一定的耐水洗、耐皂洗、耐光、耐汗渍、耐摩擦等性能。织物能保持原来色泽附着能力，即不容易褪色，称为染色牢度高；保持原来色泽附着能力低，容易褪色，则称为染色牢度低。目前，纺织品染色所用的染料主要有：

直接染料——因不需要添加其他助剂便可直接染着于棉、麻、丝、毛等各种天然纤维上而得名。它的染色方法简单，色谱齐全，成本低廉，但其耐洗和耐晒牢度较差。

活性染料——又称反应性染料，是20世纪50年代才发展起来的新型染料。它的分子结构中含有一个或一个以上的活性基团，在适当条件下，能够与纤维发生化学反应，形成共价键结合。它可以用于棉、麻、丝、毛、粘胶纤维、锦纶、维纶等多种质地纺织品的染色。

硫化染料——此类染料大部分不溶于水和有机溶剂，但能溶解在硫化碱溶液中，溶解后可以直接实现纤维着色。它色谱较齐，价格低廉，色牢度较好，但色光不鲜艳。另外，因此种染料的溶液碱性太强，故不适宜用作蛋白质纤维的染色。

分散染料——此类染料在水中溶解度很低，颗粒很细，染色时必须借助于分散剂，将染料均匀地分散在染液中，主要用于合成纤维涤纶、醋酸纤维（二醋纤、三醋纤）以及锦纶染色，对腈纶纤维也有少量应用，其染色牢度较高，色泽艳丽，耐洗牢度优良。

酸性染料——又称阴离子染料，此类染料分子中含有酸性基团，具有水溶性，可在酸性、弱酸性或中性介质中直接用于蛋白质纤维的染色。染料和颜色一般都是原有自带的，可以使纤维或织物获得鲜明和牢固的色泽，但作湿处理时色牢度较差。

碱性染料——又称阳离子染料或盐基染料，可溶于水，染料在水溶液中经过电离，生成带正电荷的有色离子，属于合成纤维腈纶染色的专用染料，具有强度高、色光鲜艳、耐光牢度好等优点。

现代纺织品染色值得注意的问题是化学品使用的安全性、生态环境保护及水资源的节约。

第八节　后整理

纺织后整理是稳定或改变织物性能，增加织物功能的一种手段，它可以提高织物质量，增加织物品种并扩大其使用范围。因为纺织品在使用过程中，除必须具备如耐磨、柔软、挺括及吸汗等基本性能之外，随着人们对织物服用和家用功能的要求不断提高及时尚潮流的变换，织物需要兼具更多的性能，比如：要适应现今社会快节奏的生活，就必须提高织物面料易洗快干、防皱免烫等特性，使人们可节省更多的时间；为适应人们对自身健康的关注及生态环境保护要求，纺织品需要作抗有害微生物侵袭及防紫外线、防电磁辐射等特殊功能整理，把穿着者身体受到的环境伤害减到最低程度。

一、拉幅定型整理

拉幅定型是利用纤维在湿热状态下具有一定可塑性的原理，将织物的门幅缓缓拉宽到规定的尺寸，从而消除部分内应力，调整经纬纱在织物中的状态，使织物幅宽整齐划一，纬斜倾向得以纠正，是确保衬布产品质量的关键工序。拉幅定型通过拉幅机实施，拉幅机主要由进布架、轧车、整纬器、热风拉幅烘房、冷却辊和落布架组成。其工艺流程为：织物由进布架进布，经轧车中的整理液给湿，在湿态下经整纬器运作纠正纬斜，然后进入热风拉幅烘房，布边被针铗夹住，布幅缓缓拉开到规定的尺寸，并保持干燥后经落布架落布，最终完成拉幅定型加工。针铗拉幅定型机常进行超喂进布，以降低拉幅时织物的经向张力，有利于降低缩水率。拉幅定型可与上浆、增白、柔软等整理加工结合进行，即先由相应的整理液浸轧，烘干时保留一定的含潮率，然后再经拉幅烘干。织物经过拉幅定型处理后，便可达到或柔软或硬挺的完备效果与恒定手感，以及色泽、幅宽、强力、缩率等相关稳定的质量指标。

二、树脂整理

树脂整理主要针对棉和人造纤维素纤维类织物。通过以防缩抗皱为目的的树脂整理，纤维素纤维大分子上羟基与防缩抗皱整理剂发生共价交联，或者防缩抗皱整理剂自身交联物沉积在纤维大分子之间，从而限制了纤维素纤维大分子链之间的相对滑移，实现了防缩效果。经树脂整理后，织物防缩性能会有显著提高，但其撕破强力、耐磨性和断裂延伸度会有所下降，这是由于在树脂整理中，纤维素纤维大分子之间引入的共价交联使纤维随外力作用而防缩形变的能力减弱，应力相对集中而造成的。树脂整理后，会使棉织物强力有一定的下降，但经实验证明，一般不影响穿着使用效果。粘胶纤维织物在正常交联情况下，经树脂整理后有改善强度作用，但超过正常交联程度时，则往往会发生变硬、变脆现象。织物经过树脂整理后，能够稳定缩率，提高抗皱能力，变得挺括、易洗快干、免熨烫，并可改变和减轻化纤服装面料的起球现象，提高弹性和保型性。衬布材料经过树脂整理后，外观、手感及其他性能上都会有很大提高，能够适应各种不同面料、不同款式服装的配套加工需求。出于安全需要，现代树脂整理技术要求在布匹、成衣的抗缩防皱处理中只可使用超低含量甲醛树脂整理剂。

三、防毡缩整理

主要用于精纺类毛织物，处理后可以确保织物外观和手感不发生变化。主要方法包括：

氯化 / 树脂处理法——是广泛使用的一种羊毛毛条防毡缩处理工艺。其原理是基于纤维角质层部分蛋白质分子被氧化降解。这些可溶性的分子在水中会吸收大量水分子而使得羊毛角质层膨胀和软化，因而形成冻胶状物质，使鳞片之间的接触面积增大，导致羊毛的毡缩性能降低。实施后虽然织物手感也较好，但羊毛易泛黄。随着安全和环保要求的增强，此种方法的应用前景将受到极大限制。

单独树脂处理法——采用环氧树脂类物质处理，不是改变羊毛纤维表面的结构，而是与羊毛鳞片层发生交联，从而将鳞片的边缘包裹起来，获得良好的防毡缩效果。聚氨酯树脂是目前精纺类毛织物防毡缩整理中最常用的一种，特点是能改善织物的耐磨性和起球性，使织物的尺寸稳定性有很大提高，但处理后织物手感会偏硬。

氧化 / 树脂处理法——是自 20 世纪 60 年代以来就采用的一种防毡缩整

理方法，该方法采用的过硫酸盐（H_2SO_5）作为一种活性成分不会使织物泛黄，且对染色色光影响较小，但织物用过硫酸盐处理后，必须在弱碱性条件下再用亚硫酸钠实施后处理，增加织物对树脂的亲和力，才能得到防毡缩效果。氧化/树脂处理工艺没有氯气或卤化物的排放，符合环保要求。

酶处理法——用蛋白酶对羊毛进行处理。酶首先对羊毛鳞片和皮质层之间的胞间物质起作用，使胞间物质分解，局部的鳞片层凸出呈剥离之势，随着处理的进行，鳞片发生脱落，皮质层逐渐暴露，最后鳞片显著剥离，皮质层进一步暴露，纤维结构便得到松弛，起到防毡缩效果。所以，精纺毛织物经蛋白酶作用后除重量减轻、强度下降外，染色及缩绒性能都会发生改变，效果显著。

四、防水和拒水整理

随着社会发展、人们生活方式多样化，防水和拒水功能性织物越来越受到消费者青睐，尤其是高档制服、运动装、风衣、雨衣以及医护人员专用防护服等服装产品均有此需求。近年来，防水、拒水纺织品加工新技术进展较快，新的生产工艺不断涌现。由于润湿性是固体界面由固气结合界面转变为固液结合界面的现象，所以固体表面的浸润性由两个因素共同决定：一是固体表面的化学组成，二是固体表面的粗糙度。依据粗糙结构-荷叶效应、绒毛结构-弹性效应对粗糙结构表面的浸润性研究结果，防水和拒水功能性织物表面可以通过两种方法制备：一种方法是利用疏水材料来构建表面粗糙结构，如采用等离子体对材料表面进行处理来获得粗糙结构表面，利用溶胶/凝胶技术在织物上制备粗糙、多孔等特殊结构表面等；另一种方法是在粗糙表面上添加低表面能的物质，即在织物表面涂布有机硅或含氟树脂。有机硅涂层现已用于气袋织物、热气球、滑翔伞、大三角帆、帐篷、睡袋，以及许多高性能的运动休闲织物上（见图3-21）。

图3-21 不会湿的服装

五、抗静电整理

纺织材料在生产加工过程中受到各种因素作用，会在材料和加工机械上产生并积累静电，虽然静电电流很小，一般不会对人构成生命威胁，但是却能造成很多麻烦。静电不仅会导致纺织加工困难，如纺纱、纺丝时会出现纤维缠绕机件、纱线发毛不能集束、织造时经纱开口不清等不利正常运行现象，而且在纺织品的使用过程中容易发生吸尘、沾污现象，服装穿着后会紧贴人体产生不适感。静电严重时还可能引起某些特定的生产加工环境发生火灾、爆炸事故等。因此，织物抗静电整理十分必要。目前主要方法包括：

制造抗静电纤维——方法是在合成纤维聚合物内部添加抗静电物质，如磷酸酯、磺酸盐等表面活性剂，或是引入第三单体，如聚氧乙烯及其衍生物，使得纤维本身具有抗静电效果。添加在聚合物内部的抗静电材料大多具有极性分子基团，能够在聚合体的外层形成导电层，或通过氢键与空气中水分子相结合，使聚合物的电阻减少，加速静电荷的散逸。

对合成纤维织物进行抗静电树脂整理——所用抗静电助剂大多数是结构与被整理的纤维相似的高分子物，经过浸、轧、烘焙而黏附在合成纤维或其织物上。这些高分子物是亲水的，因此将其涂覆在材料表面可通过吸湿而增加纤维或织物的导电性，使纤维或织物不至于积聚较多的静电荷而造成危害。

在织物中嵌织导电纤维——在合成纤维织物中嵌入金属纤维、碳素复合纤维或腈纶铜络合纤维等导电纤维，也是一种有效的消除静电的方法。

六、多功能复合整理

目前，多功能复合整理使纺织产品向着深层次和高档次方向发展，不仅可以克服纺织材料本身固有的不足，还可以赋予纺织品多种新的性能。多功能复合整理是将两种或多种功能复合于一种纺织品之上的技术，目的在于提高产品的档次和附加值。该技术已在棉、毛、丝等天然纤维织物和化纤、复合及其混纺交织织物整理中得到越来越多的应用。例如：防皱免烫 / 酶处理复合整理、防皱免烫 / 去污复合整理、防皱免烫 / 防沾色复合整理等，使面料在具备防皱免烫性能的基础上又增加了新的功能；具有抗紫外线和抗菌双重功能的纤维可用作泳装、登山服和 T 恤衫面料；具有防水、透湿、抗菌多重功能的纤维可用于舒适性内衣；具有抗紫外线、抗红外线和抗菌多重功能（凉爽、抗菌型）的纤维可用于高性能的运动服、休闲服等。再如，采用复合整理技术可以研发一种用于军事领域的，具有防近红外探测功能，并集防水透湿、阻燃拒油和耐气候等性能于一体的多功能新型军事器材篷盖布。在聚氨酯（PU）纤维的防水透气性的基础上，通过多功能复合整理还可赋予织物其他特殊功能，比如：添加陶瓷粉末后，可以提高织物的保暖性能，并使其具有吸收氨和硫化氢等异味的功能，可制成各种保暖除异味防水透湿织物；而通过添加甲壳素和纤维素粉等物质，不仅可提高聚氨酯织物的透湿性，还使其具有杀虫和灭菌等功能；若加入纳米级的功能微粒，可赋予织物抗菌、防紫外线和防伪等复合功能。现在，应用纳米技术和材料对纯棉或棉与化纤混纺织物进行多种功能复合整理，也成为纺织后整理的流行趋势。

第四章　现代纺织的分类与特点

第一节　现代纺织分类

现代纺织一般分为服装、居家及装饰用、产业用三大类，每个类别中又可细分出许多具体的应用领域，涉及人类生存、生活、工作的方方面面。

一、服装

服装是纺织行业的终端产品之一，是人们日常生活必不可少的用品，它与人接触最密切，使用时间最长，所以有“第二皮肤”之称。服装既具有蔽体护体、身份识别等实用功能，也具有修饰美化、体现文明和见证社会历史发展和时代进步的文化功能。在现代社会中，服装通过蔽体维系着人们的尊严，通过护体维护着人们的健康和安全，通过饰体反映着人们的审美情趣和社会文化，通过与其他艺术形式融合印证和演绎人类社会自身的发展与进步。进入 21 世纪后，各类科技成果层出不穷，影响着人们生活的各个领域，在服装及服装穿着方式方面，诸如信息科学、材料科学、生态学、环境学及医学等科技发展已经为其注入了不少新的内容，使得人们的穿衣打扮在讲究时尚的同时，更注重提高科技含量和生活质量。

1. 服装分类

在现代社会，服装的种类繁多。按面料不同可分为天然纤维（棉麻丝毛）、人造纤维（粘胶）和合成纤维（涤纶、锦纶、腈纶等）纯纺或混纺交织面料服装，以及皮革与皮草服装；按面料织造方式不同可分为机织（梭织）、针织、编结和非织造面料服装；按使用对象不同可分为男女成人服装、儿童服装、婴幼儿服装；按穿着季节不同可分为春秋服装、夏季服装和冬季服装；按穿着层次不同可分为内衣、外衣；按穿着场合和环境不同可分为正装（礼仪服装）、休闲服装、居家服装、工作服、校服、运动服装（分专业用和非专业用两大类）等。现代服装的主要款式可划分为中式服装，以及西装西裤（有正装与休闲之分）、大衣（有长短之分）、风雨衣、衬衫、夹克衫、羊毛（绒）衫、绒线衫、羽绒服、连衣裙、棉毛衫裤、睡衣、浴衣等。常见服装产品加工生产材料的选择与匹配详见表4-1。

表 4-1　常见服装产品加工生产材料的选择与匹配

服装名称	面料	里料	衬料	填充物	配件	饰物	缝纫线	备　注
衬　衫	√		√		纽扣		√	棉胆衬衫除外
旗　袍	√	√	√		揿纽、盘花纽	嵌线、绲边	√	单旗袍不用里料和衬料
连衣裙	√		√		纽扣、腰带	饰带	√	
风　衣	√	√	√		纽扣		√	
羽绒服	√	√	√	羽绒、羽毛	拷纽、拉链	裘毛皮边	√	
棉大衣	√	√	√	棉絮或定型棉	纽扣	毛皮领面	√	
西　服	√	√	√		纽扣		√	
西　裤	√	√	√		纽扣、拉链		√	
夹　克	√	√	√		纽扣、拉链		√	棉夹克除外
时装、礼服	√	√	√		纽扣	各类镶拼材料	√	
制　服	√	√	√		纽扣、拉链		√	
牛仔服	√		√		纽扣、拉链	铜钉、皮或仿皮铭牌	√	
单穿类童装	√		√		纽扣	花边、饰带	√	冬装类除外

2. 服装设计

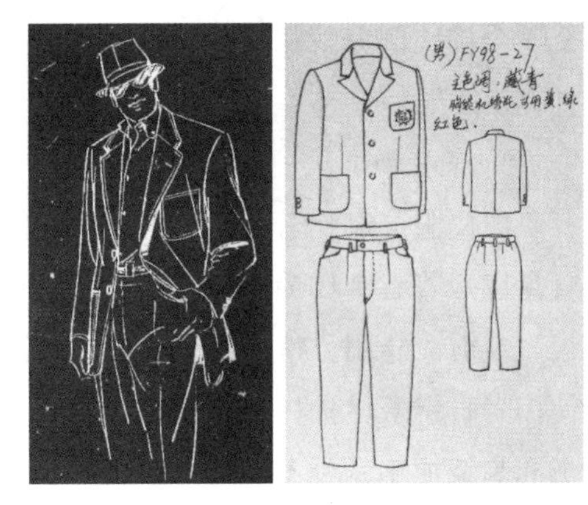

图 4-1　服装造型与结构设计图

服装设计是服装生成的重要环节，是一项以人体为对象的创造性工作，它的构思既要体现包覆人体的实用性要求，又必须包含美化修饰人体的文化要素。通常，新款服装在制作前，首先必须完成服装设计环节的工作。服装设计具体可分为造型设计和结构设计两个方面。前者属于款式设计，即根据服装穿着对象特点和穿着要求，用素描、水粉、油画等绘画手段，采用写实的方法在二维空间里勾画出服装的式样和总体穿着效果，通常以单独款式或上、下装配套作为主要表现形式；而后者则是结合具体产品规格要求，通过制作样板的形式，把平面的总体造型设计效果图分解为局部的、通过拼接可转化成立体形状的主体与零部件结构（见图 4-1）。因此可以说，服装的结构设计既是造型设计的一种延伸，同时又是一种再创造。它开启了服装设计由平面向立体的过渡，结合相关服用材料的运用及裁剪、缝制、整烫等工艺的实施，可以使新款服装由单调的效果图转变成为具体的实物。从事服装造型设计必须具备一定的绘画基础，能采用素描、水粉等绘画形式画出服装具体款式和穿着在人体上的总体造型效果，同时对色彩要有敏锐的分辨力，调色、配色能力要突出；要熟悉人体各着装部位的特征，会区分不同性别、年龄等因素给人体主要部位（胸、腰、臀、颈、肩、背、肢）所带来的差异，同时还应熟悉不同款式服装穿在人体上的效果及修饰作用；要了解不同服装面料的质地变化，并善于用准确的绘画语言将其表达出来。从事服装结构设计除了必须熟悉人体结构之外，还应重点了解服装主要部位与人体相应部位的对应关系以及人体活动时对服装相关部位的影响与要求，要会看并能正确理解造型设计效果图，以便能够在结构设计过程中合理匹配服装的各个部位，正确体现造型设计要求并满足穿着需要。从事服装结构设计还必须掌握不同服装款式的计算方法（胸围法、臀围法等）和不同的加放松度，以便合理确定不同款式服装的规格；要学会看势道，划顺各拼接部位的线条；

要学会按比例分配相关部位的数据，确保服装款式大小、长短尺寸准确，部件相互匹配。

3. 服装加工

现代服装制作分为个性化加工和批量化生产两大类。所谓个性化加工，就是以穿着者个体为对象，通过款式确定、测体、规格设定、材料选择、制板、裁剪、缝制、整烫等环节，为不同对象提供服装成衣加工服务，以满足使用者日常蔽体护体以及修饰美化自身等需求。个性化加工又可分为一般加工和高级加工两种不同方式。一般加工也叫普通加工，是一种通过“量体裁衣”，满足消费者个体“穿衣合体、得体”基本需求的方式。一般加工历史比较悠久，早在工业革命发生之前，服装的一般加工已经出现于一些手工作坊之中。上海早期出现的“红帮”“白帮”“本帮”裁缝以及“包衣作”等形式都属于这种加工的范畴。高级加工是在一般加工基础上派生出来的服装定制加工方式，也叫品牌加工或高级定制，是以营造典雅精致的服装品质，为穿着者提供能够体现其儒雅气质的衣着表现形式为目标的。它起源于英国伦敦的萨维尔街，那里的裁缝工匠曾以为英国皇室成员及社会名流定做服装而闻名遐迩。依托名牌、名师和名声的“三名”效应，服装高级加工的特征表现为：高技艺——精选高档面辅材料，精准量体（包括体态判断与缺陷修补），配以精良缝制工艺（突出传统手工精做技艺），以达到有别于一般加工及批量化生产服装的较高技艺水平，形成独特风格；高品质——用料高档、款式新颖、规格合体、缝制精良的高级加工服装，能够做到久穿或久置不变形、不走样；高价位——价格不菲，能满足高端人士的需求。高级加工之所以价位高，不光是必须体现其所用材质、所做设计、所配辅料的高档化以及名师技艺的高成本支出，还必须消化地处高档地段店面所需费用、全方位服务的高额支出以及品牌广告宣传等成本开支，另外，还要体现出知名品牌无形资产的价值。

所谓批量化生产，就是以一定年龄、性别和具有某种职业着装需求的人群为对象，并考虑穿着季节、穿着场合等因素而实施的定制加工活动。它起源于军需生产及社会团体制服加工，通常是以工人聚集、机械化生产为背景，产生的成果往往是在同一种面料、同一种款式的前提下，一次性生成多档规格、数量可观的服装。在现今社会，批量化生产一是能够满足一些团体单位、职业统一着装的需求，二是可供消费者在商场、专卖店直接选购服装，适应快节奏的现代社会生活需求。

4. 服装使用

现代服装有普通使用、特需使用和功能化之分。所谓普通使用的服装，便是那些在日常生活中常见的服装，包括休闲服装、居家服装、制服、工作服（用于一般场合）、校服，以及在庄重场合穿着的礼仪服装等，都属于生活必需品；所谓特需使用的服装，便是在一些特殊场合或环境中才穿着的服装，如航天服、飞行服、消防服、潜水服、防化服、防弹衣、伪装服、手术服、竞技服、表演服等；所谓功能化服装，是指能够保护人体健康，提高穿着舒适度和使用便利性的服装，如抗菌除异味内衣、减肥塑身内衣、维C皮肤保健内衣、罗布麻高血压缓释内衣、远红外保健内衣、相变温控服装、蓄热调温服装、防紫外线服装、抗静电服装、冲锋衣、自洁式易维护服装、水洗快干服装、免烫服装等。随着科技进步，目前一些带有感应、数据采集和传输功能的服装也已经出现，比如可以测试运动员训练时心跳、脉搏、血压、呼吸频率的背心，供心血管疾病患者穿着的监控内衣等。

二、居家及装饰用纺织品

居家及装饰用纺织品是对人类居住环境和生活空间起到实用、美化作用的专用纺织品。主要应用于家庭居所和宾馆、酒店、剧场、舞厅、飞机、火车、汽车、轮船、商场、公司等许多公共场所，对于提高人们生活和工作环境的健康舒适性，改善和美化所处空间与环境起到很大的作用。与服装一样，居家及装饰用纺织品也与人们日常生活关系密切，它既传统又新兴。改革开放40年来，我国经济发展迅速，人民的生活水平大幅度提高，生活质量发生了质的变化，居家及装饰用纺织品的消费需求已从原先单一的实用型转向时尚、审美、功能、健康等多项个性化需求。目前，居家及装饰用纺织品企业正在拓展产品设计思路，从消费者的潜在需求出发，寻求新的细分市场，设计出既有实用性，又具时代感的产品。按照使用原料划分，居家及装饰用纺织品可分为全棉、涤棉、天丝、莫代尔、丝绵混纺、粘胶混纺等不同质地的产品；按照加工方式不同，居家及装饰用纺织品可分为机织类（包括簇绒织造和磨毛拉绒织物）、针织类（包括毛圈织物）、编结类和非织造类产品，特别是随着非织造材料及技术的诞生与发展，现代居家及装饰用纺织品的品种得到了丰富。

居家及装饰用纺织品具有实用、安全的特性及装饰功能，包括：必须便于施工、方便使用、经久耐用、符合人们对健康和舒适性方面的要求；同时还必须具有阻燃、抗菌、防尘、防静电、防止有害化学物质对人体伤害等安全性能；并且织物的色彩、图案、款式、风格、质感等同周围环境和被装饰物品协调，能够起到修饰美化等装饰性效果。特别是对于人群聚集度高的宾馆、酒店、车船、飞机等场合使用的装饰类纺织品，由于使用面积较大和使用空间特殊，其安全性指标要求甚至要高于装饰性的要求。居家及装饰用纺织品的具体产品可分为以下几类：

床品类——以卧床为主要对象，俗称床上用品。主要有床单、被套、被褥、枕套、枕芯、枕巾、毛巾被，以及羊毛羊绒毯、驼毛毯、拉舍尔毛毯、摇粒绒毯、腈纶毯、涤纶毯、珊瑚绒毯等各类毯子和床罩、床笠、床裙、床垫、床护垫等（见图 4-2）。

家具类——以各种家具为主要对象，一般用作包覆性和遮盖性材料。如沙发及座椅表面的布艺面料、椅套、台布、餐布、灯饰、靠垫、坐垫等其他装饰物等。

图 4-2　床上用品

室内空间类——以室内地面、墙壁、门、窗为主要对象，如地毯、地巾、垫毯、墙布、壁毯、墙毡、挂毯，窗纱、窗帘、帷幔、门帘、隔离幕帘、帐幔等。

厨餐用品——以厨房和餐饮器具为主要对象，如围裙、袖套、烤箱手套、餐布、餐巾、茶托、茶巾、杯垫、抹布、拖布等。

卫浴用品——满足盥洗卫生需要，如各种毛巾、浴巾、浴帘、面巾、手巾、擦拭用毛巾被、沙滩巾、运动拭汗用毛浴巾、美容巾等。

居家及装饰用纺织品根据不同用途，面料选择也不尽相同。通常，床品类主要以全棉面料为主，该材料柔软、吸湿、无静电，亲肤性强，使用比较舒适，长期以来，一直是人们习惯的，使用最多的面料。同时，棉与涤纶纤维混纺面料也在经济型床品类中有所应用，其特点是不易起皱，牢度强，但透气性和肌肤舒适感较差。床品类中的毛毯产品主要使用棉、羊毛、羊绒、驼毛，以及腈纶、涤纶等面料，且均要经过起毛工艺处理。家具类使用面料既有棉、麻等天然纤维面料，也有涤纶、腈纶、锦纶等合成纤维，且织物大都经过防水、防油污、抗静电整理，能够保持较长的使用期限。室内空间类用品，如窗帘等帷幔、布艺沙发等使用的面料主要有棉、呢绒、人造纤维、合成纤维等。而厨餐、卫浴用品使用面料基本上以棉纤维为主，近年来竹纤维、棉与涤纶混纺面料也逐渐流行，同时一些非织造材料也进入其中，如百洁布等。

三、产业用纺织品

产业用纺织品又称为技术纺织品、工业用纺织品等，它通常应用于性能要求高或耐用性需求强的场合，因此更加注重功能性，普遍具有科技含量高、附加值高的特点。与服装和居家及装饰用纺织品相比，产业用纺织品在原材料、外观形态、性能要求、应用领域、使用寿命、加工设备、测试方法等方面都有很大的不同。在纺织领域，产业用纺织品体系的建立起步比较晚，比较“年轻”，但它同时又是一个“历史悠久”的产业，例如现在仍在使用的渔网、船缆、吊绳等甚至可以追溯到几千年以前。现代产业用纺织品产业则是伴随着新材料（如芳纶、碳纤维、超高分子聚乙烯等高性能纤维）、新技术（如信息科技、纳米科技、生命科学等）、新工艺（如非织造、复合、3D 打印等）、新应用（生命健康、环境保护、安全防护等领域）的创新而发展起来。如今，产业用纺织品已广泛应用于制造工业、农业、土工建筑、交通运输、医疗卫生、航空航天、国防军工等多个领域（见图 4–3）。

其实，只要仔细观察就不难发现，在现代工业活动中有为数众多的产业用纺织品出现在一些不起眼的地方，如普通的输送带、管道包覆材料、包装材料等。而在一些工业专用设备的运行中，也经常需要使用产业用纺织品来进行过滤、吸油、吸水、分离物质、抗静电、防毒、耐高温、阻燃等，这主

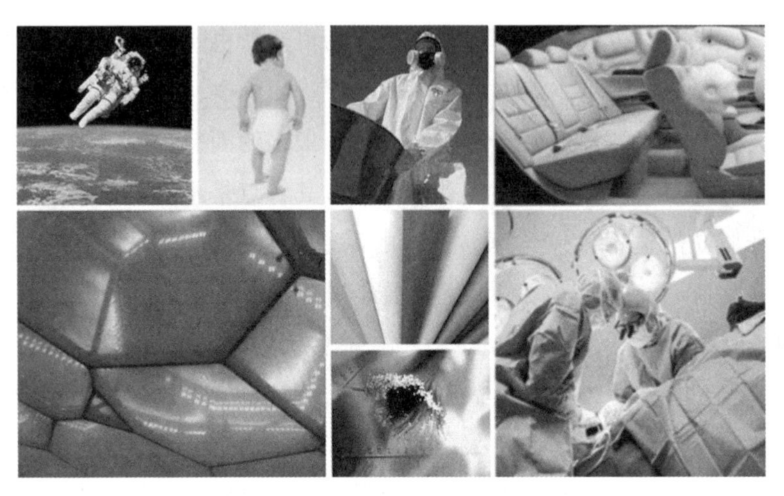

图 4-3　用途多样的产业用纺织品

要是因为纺织品在强度、韧性、延伸性、柔软度、尺寸稳定性等方面具有独特和优异的特性。尤其是在现代新兴产业中，产业用纺织品更是获得了广泛的应用，例如：在新能源领域，风力发电机的叶片就是以玻璃纤维、碳纤维等增强的复合材料制成，太阳能电池板中的电池隔膜材料也需要使用纺织品；在环保领域，高性能的过滤类纺织材料在控制粉尘、烟尘、二氧化硫等气体排放方面发挥着重要的作用。现代产业用纺织品所使用的材料，以高性能复合材料居多，其加工方式以机织和非织造为主。根据应用领域的不同，产业用纺织品可以分为：

国防军工类——耐超高温或超低温、抗高速空气摩擦的阻燃轻质材料，如导弹、火箭外壳包覆物；高强度承重耐拉轻质材料，如各类降落伞伞面与伞绳等；能够屏蔽雷达反射的隐身材料，如防弹衣、防化服、迷彩服、伪装网、武器装备包覆材料等。

航空航天类——如用于宇航事业的相变温控材料，人造飞船点火绳（无污染导火索），飞船返回舱所使用的引导伞、主降落伞等；高强度阻燃轻质材料，卫星用防电磁辐射网，柔性太阳能电池板；结构增强性材料，如飞机机翼、螺旋桨等。

交通运输类——飞机、火车、轮船、汽车等的内饰材料，如汽车内部的地毯、安全气囊、安全带、座椅面料、船用缆绳、卡车覆盖篷布等。

建筑土工类——如建筑顶棚及墙壁的膜结构材料、屋面防水卷材、建筑防护网等；用于建造高速公路、铁路、机场跑道，及河道治理、水库修建的土工织物材料等。

环境保护类——如用于钢铁厂、水泥厂、热电厂废气排放口处的除尘滤袋，废弃物堆放的覆盖材料，建筑物送风系统的空气过滤、高温烟气过滤用材等。

工农业生产辅助类——如造纸用网毯，编织袋，制造鞋、靴、箱包、球类的人造革、合成革基材，农用遮阳网、防虫网、防风网等。

医疗卫生保健类——如人造血管、人工心脏瓣膜和其他脏器过滤材料，医用口罩、手术衣、面膜、湿巾、尿不湿等。

运动休闲类——如高尔夫球杆、网球拍、钓鱼竿、各类球类运动网具、登山绳等，茶叶泡袋、香烟过滤嘴等。

第二节　现代纺织的特点

一、“接地气”的纺织

涵盖服装、居家及装饰用纺织品、产业用纺织品三大类别的现代纺织与人的关系紧密，与人们生活空间关联度大，它出现在人们日常生活的方方面面，可谓是衣、住、行、乐均离不开纺织。

在现代社会，穿衣已成为人类一种最基本的生活内容，而且贯穿于人的一生，穿衣不仅能够满足蔽体、护体等一般生理需要，而且也成为反映社会经济文化发展，体现文明程度的一种行为。如同汇集每一滴水珠就可以形成浩瀚的大海一样，综合每一个人的穿着打扮，就能从一个侧面反映出社会各阶层的生活水准和精神风貌。从人们对服装修饰作用的追求上，可以看出国家经济实力和国民日常生活水平的发展变化。基于材料来源、加工方式、成分构成和产品形态这些服装生成因素的交叉组合、串联并用，现代服装产品千变万化、新品迭出，时尚已走进人们日常生活。

21 世纪以来，“适应社会发展、维护人类健康、保护环境、美化生活”的服装发展新理念凸显，服装的研发已经具备去害化、替代化、循环化、功能化、时尚化等重要特征。所谓去害化，是指在加工生产环节中主动减少使用

图 4-4　时尚走进生活

那些危害人体健康和破坏生态环境的有毒有害化学品物质，确保产品的安全性。所谓替代化、循环化，是指立足于保护环境、节约使用资源的理念，在原材料利用上开辟新的选择，如天丝、莱赛尔、莫代尔及竹质、甲壳素等新纤维的开发等，通过积极回收加工和重复使用一些石油衍生品，如聚酯类材料等，达到循环使用目的，减少对石油这类难以再生资源的过度依赖。所谓功能化，就是想方设法让纺织品增加一些新的附加功能，提高服装穿着的使用性能、便捷性和科技含量，如增加舒适度、易打理性，赋予医疗保健、智能化和自我调节功能等。所谓时尚化，是指服用纺织品的设计研发必须做到多元化，以适应服装时尚中比较强烈的个性意识，以及时尚潮流变化快、周期短等特点，满足大众个性化的审美爱好需求。

居住是人类仅次于穿衣、进食的第三大基本生活形式，居住环境的改善及质量的提高除了需要一定的空间作为基础之外，室内装饰纺织材料的使用量及居家用纺织品的细分化，也是衡量居住条件改善与否的重要标志。当前，所谓的“软装潢”的比重在室内空间设计中不断增加，正是说明纺织材料在居住环境中的作用进一步得到了提升。而床品类、餐厨类、卫浴类纺织用品的细分，也充分体现了居家生活质量的改善。现代居家装饰用纺织品与消费者直接接触、直接互动，且属于融传统、时尚、科技于一身的纺织用品，具备了实用、装饰和安全等特点，对于提高人们生活、工作的舒适度和美化、改善环境起到很大的作用。装饰用纺织品品种及需求量的变化，与人们居家生活质量水平提高有着十分密切的关联，也是科技发展和社会进步的生动写照。

出行是人类为了生存、学习、工作和休闲旅游而发生的一种基本生活行为，而在这一时常发生的行为中，人们或许要与一些运输工具发生关联，比如乘坐飞机、轮船、火车、汽车等。身处其中不难发现，为提高舒适度和安全性，在这些运输工具内部都不会缺少纺织材料，如座椅填充物及表面包覆材料、地毡及一些厢壁、舱壁装饰等，体现出纺织应用的独特功能。

运动娱乐是人类调节生活节奏、锻炼体魄及丰富精神世界的一种日常生活行为。在一定的空间范围内，纺织也会出现在人们左右。如健身房里跑步机上的传送带、划船器械上的牵引绳、拭汗及洁身专用毛巾等；影院与剧院中的幕布、帷幕、门帘、地毯、消音或隔音墙饰材料等；演出使用的布景和表演服装，都是人们参与娱乐活动时的伴随物。

二、“高大上”的纺织

纺织之所以“高大上”，是因为它以产业用纺织品的身份出现于一些诸如航空航天、军事国防、特殊民用等高端科技领域。“高”指的是高端，比如我国由东华大学产业用纺织品教育部工程研究中心主任陈南梁领衔的专业团队，与南京玻璃纤维研究院合作开发研制的可提供太空能源动力的“半刚性电池基板玻璃纤维网格”（简称“半刚玻纤网格”）就是这方面的突出代表，已先后成功运用到“天宫一号”“天宫二号”空间站和“天舟一号”货运飞船上（见图 4-5）。该产品以高强度、低延伸度、高柔软性的特种玻璃纤维为原料，采用针织经编技术和连续成圈工艺生产出高密度、高品质织物，并将这种织物制成了网格形状，有助于减轻电池帆板重量，让太空飞行器整体更加轻质化，另一方面电池帆板能通过网格进行正反双面发电，发电量提高了 15%。此外，在我国“神舟”系列飞船的航天工程中，高性能纺织纤维和复合材料制造企业生产并提供的航天器返回舱引导伞、主降落伞和火箭飞船升空用点火绳（无污染导火索）等高科技纺织产品也获得了国家嘉奖。“大”指的是大气，比如我国自行研制的 C919 大型喷气式客机，其机体结构（包括发动机部件中）已运用了 12% 的耐高温、高强度、轻质的碳纤维复合材料。上海体育场的顶棚、北京奥运会游泳跳水比赛场馆“水立方”外立面及

图 4-5　用上纺织材料与技术的“天宫一号”

图 4-6　太空手套

屋顶，均运用了防水透气且具有自洁功能的膜结构复合材料，十分夺人眼球。这种膜结构复合材料的基材（底布）一般是以高强度、高密度的玻璃纤维织成的。“上”指的是上档次，如适合在特殊环境中使用的宇航员装备所具有的密闭性和相变温控功能，一般服装是难以企及的。2010 年上海世博会曾展出过一副我国自行研制的宇航员太空手套（见图 4-6），它是宇航员舱外服装的重要组成部分，专门供宇航员出舱后，在飞船外面的太空中行走、工作时使用。从外表上看，它由白色特殊的高强度纤维织物包覆，手掌、手指部位植入带有高灵敏度传感器并能够有效减少握物摩擦力的黑色片状物。与普通手套相比，这款太空手套外观显得有些臃肿，这是因为它是由热防护层、承力层和气密层三层材料组合而成，而且在手腕部位还有一个能与舱外宇航服袖口快速连接或脱卸的衔接装置。这副特殊的手套可以在 – 110 ℃至 110 ℃的温度条件下使用，牢固性和密闭性非常好，能有效防止真空状态下，环境气温发生极度冷热交变给宇航员手部造成的伤害，同时，它还具有良好的使用操作灵巧性、舒适性和安全可靠性。2008 年 9 月，在执行“神舟七号”太空宇航任务时，我国宇航员翟志刚就是戴着它顺利完成了开关舱门、出舱回收舱外实验样品、抓握舱外扶手行走、挥舞国旗等一系列细致、灵巧的动作。

产业用纺织品专用性强，虽然与人们日常生活的直接关联度不是很大，但因为与一些先进科技及高端产业的结合，它所反映的却是整个国家的经济发展实力和科技水平。因此，产业用纺织品的发展在现代纺织领域中是最值得关注的，它在纺织行业中所占比重的高低以及应用范围的大小，往往能够体现出整个行业发展的先进程度和可持续发展的能力，也是体现国家综合实力的一个方面。

三、应用领域广泛的纺织

纺织技术成果应用领域广泛，可以说是上天入地、由表及里，无所不在。表现为两大方面：

一是无论是天上飞的、地上跑的、地下埋的，乃至外部敷的、内部用的都见得到纺织材料的身影。如碳纤维轻型阻燃复合材料用于飞机、赛车及民用轿车；膜结构复合材料用于大型室外建筑的顶棚遮盖及外墙包覆；补强型纺织材料用于高架桥路水泥立柱的加固；防渗加固材料用于公路、河堤基础建设等。建筑土工用纺织品可能是普通消费者最不常见到的纺织品之一了，因为它通常隐藏在高速公路、机场跑道、铁路、河道、桥墩等下面，只有在工程施工时才能看得见（见图 4–7）。一旦施工完成，这些纺织品便默默担负起水土保持、建筑物体承重保型等重要任务。建筑土工用纺织品通常有很好的抗拉伸能力、耐腐蚀能力而且不易破损，可实现隔离、过滤、增强、防渗、防护和排水等功能，能够避免桥梁、铁路、高速公路等地基沉陷，因此是公共交通、河道治理、垃圾掩埋、堤防、水坝、水库、海岸等重要工程建设必备的材料。

图 4–7　巩固路基的建筑土工布

二是纺织成果与人体关系密切，能够做到由表及里体贴入微。人们在日常生活中需要穿着服装遮蔽与修饰自己已不必多言，而当身体内部出现状况，纺织材料的运用也能解决问题。最突出的例子便是人造血管，它可以用高分子化合物涤纶或天然蛋白质纤维蚕丝等纺织材料制成，通过先进纺织科技制成的血管状织物经过表面改性整理后，具有弹性好、可弯曲、不吸瘪、耐体内弯曲和压力的特性，而且植入人体后手术缝合性好，能与人体组织迅速结合，不会使人体产生不良反应。可以在人体内血管发生阻塞、断裂或其他病变时及时切除更换，以挽救人的生命。目前最细的人造血管直径仅为 2 毫米，能够适应越来越多的人体器官和部位。再如人造器官类，如人造心脏瓣膜、人造肾脏等也会用到高端纺织材料，为延续人的生命发挥积极作用。

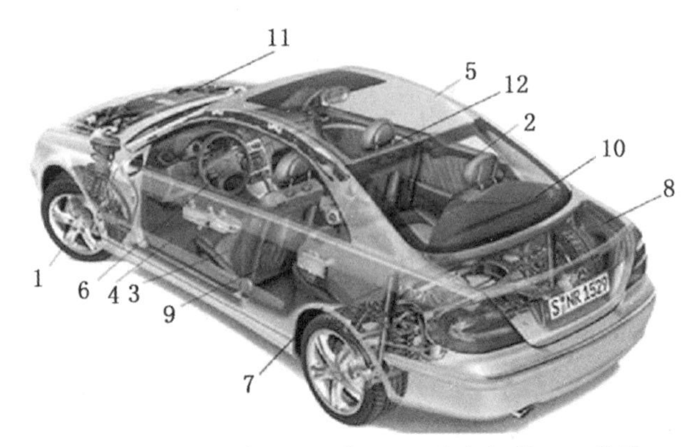

1—轮胎，2—门板，3—座椅，4—地毯，5—顶棚，6—安全气囊，7—轮罩，8—行李箱，9—椅背，10—衣帽架，11—引擎盖，12—安全带

图 4-8　车用表观性纺织材料在汽车中的应用

说到纺织应用领域广泛，最突出的一个例子莫过于汽车用纺织品了。现代社会中汽车已成为人们生活中不可或缺的一部分。汽车不仅是一种交通工具，更已成为人们的另一种生活空间、活动载体甚至是休闲场所，因此，人们常说汽车是房子以外的第二个“家”。据专业统计，有车一族每天平均花在车内的时间至少有 40 分钟，而纺织品使得这个“家”更舒适、更健康、更安全。在汽车制造材料中，除了钢铁、塑料等材料之外，最主要的就是纺织品。当你坐进一辆汽车里，会发现很多地方都使用了纺织品（见图 4-8）。普通消费者通常能直观看到的是汽车内饰材料，包括座椅面料、安全带、顶篷面料、汽车地毯、铺垫织物、车门内装饰板、行李箱内饰、衣帽架、窗帘、篷盖布等，还有更多功能性材料，普通消费者通常是无法直接看到的，包括轮胎帘子布、门窗密封材料、轮罩、减震隔音材料、热绝缘材料、过滤材料、软管、安全气囊等。纺织品的应用对于汽车内饰外观、功能和安全都起着十分重要的作用。例如：纺织品使汽车座椅更加美观、舒适，那些具有防水、防污、抗菌、阻燃等功能的座椅面料则更加健康、安全；汽车地毯和顶篷面料在提升车内空间舒适度和美观度的同时，还起到减噪和减震的重要作用；轮胎帘子线提高了汽车的道路适应性和轮胎耐用性，提高了驾驶安全性，延长了轮胎使用寿命；纺织增强材料应用于汽车高压管的基材；非织造材料则广泛应用于空气和油的过滤设备以及各类衬垫材料；在一些车型中，碳纤维、玻璃纤维等纤维增强复合材料替代了较重的金属零部件，在保证安全的同时，使

汽车自身更轻、更节能（见表 4-2）；而安全气囊、安全带等则有助于道路交通安全和拯救生命，现在基本上每辆汽车都配备了安全带，安全气囊的使用近年来也大幅增加，除了主、副驾驶室前端，有些汽车侧面和车顶也开始使用安全气囊。

表 4-2　碳纤维复合材料（CFRP）制造汽车零部件的减重效果

部件名称		钢制件（kg）	CFRP 材料制件（kg）	减重（%）
传动轴（细、短）	小汽车	5.60	2.95	48
	载重汽车	75.00	22.70	70
传动轴（粗、长）	小汽车	12.70	2.27	82
	载重汽车	59.00	13.60	77
车顶		18.10	6.80	63
门框		7.20	3.17	59
保险杠		18.10	7.30	60
悬臂		1.30	0.85	56
A/C 托架		2.50	0.61	76
车门		13.60	5.80	58

另外，高性能纺织材料在水下装备应用方面也有突出表现。如我国自行研究开发的碳纤维复合材料艏侧推进器水密盖板，在国际上属于首创，已获得我国实用新型专利。该产品可在船只不进船坞的情况下，直接在水下对船舶的左右艏侧推进器进行维修和保养，大大节省了船只进坞维修成本和航行维修时间。该盖板本体可在现场采用 3D 扫描和电脑建模，随后采用多轴向碳纤维敷设并添加增强树脂复合而成，结构为蜂窝夹层状，具有强度高、比重轻、抗海水腐蚀等特点，在国际 DNV GL 集团（由挪威船级社与德国劳氏船级社合并组成的权威机构）试验中心通过了强度测试，并获得了 DNV GL 颁发的强度认可证书。整个国产水密盖板重量仅为国外同类型盖板重量的五分之一，能悬浮在水中，方便潜水员在水下操作，且强度能够满足水下 15 米至 25 米深度压力的作业要求。对整个航运业而言，这一替代发明节约成本的效果非常显著，产品已被世界著名船东——地中海航运公司（MSC）选用，并在国内建造的一些大型集装箱运输船上使用。

第五章　现代纺织融合的先进科学技术

第一节　仿生技术

仿生学是指效仿生物特殊本领与功能的一门科学，即通过了解生物的结构和功能原理，用来研制新机械、新材料和新技术，解决人类现实生活中碰到的难题或推进技术进步，不断提高生活质量。仿生学是在20世纪中期才出现的一门新的边缘科学。“仿生”一词是由美国科学家J. E. 斯蒂尔于1960年发明的，他将拉丁文“bios”（意思是“生命方式”）和“nlc”（词尾，意思是“具有……的性质”）组合在一起，成为一个新词。而“仿生学”（bionics）则是在希腊语中具有“生命”之意的“bion”一词的基础上，加上有“工程技术”含义的“ices”词语尾缀组成的新词汇。随着生产的需要和科学技术的发展，从20世纪50年代以来，人们已经认识到生物系统是开辟新技术、新材料的主要途径之一，自觉地把生物界作为各种技术思想、设计原理和创造发明的源泉。人们运用化学、物理学、数学原理以及技术模型等方式对生物系统开展深入的研究，同时，生物学家和工程师们积极合作，努力将从生物界获得的知识用来改善原有的或创造新的工程技术、设备或材料，形成了仿生技术。短短几十年，它的研究成果及应用已经非常可观。仿生技术的问世开辟了独特的发展道路，它大大开阔了人们的眼界，显示出极强的生命力。

仿生技术在纺织服装领域的运用取得不少成果，有效扩展了纺织材料的功能。譬如：受到植物果实松果的启发，英国伦敦艺术大学时装学院与巴斯大学的研究员研制出一种具有排湿调温功能的智能衣服面料，这种仿松果衣料取材于羊毛，并分为两层结构，表面为尖状吸水层，尖条之间相隔只有二百分之一毫米，根据人体微环境的细微变化，这种尖状物会像松果鳞叶一样自动开合。当穿着者体温升高和排汗增加时，感应到水汽的尖状物会自动打开透气，容许外面的空气进入降温；而当穿着者停止流汗，服装内外部温度和湿度平衡后，尖状物便会闭合，阻止空气进入。这种仿生服用面料大大增加了穿着舒适度。再比如，纺织科技工作者通过研究发现，北极熊皮肤上覆盖的毛呈中空管状，能够吸收阳光，而皮肤下则具有一层积蓄贮藏热量的物质，由此能够产生“吸热、贮热”功效，大大增强了北极熊的自身保暖功能，于是科技人员根据仿生学原理，研发了一种类似北极熊皮毛的“蓄热型”保暖服用面料，大大提高了冬季服装持续保暖的功能（见图 5-1）。

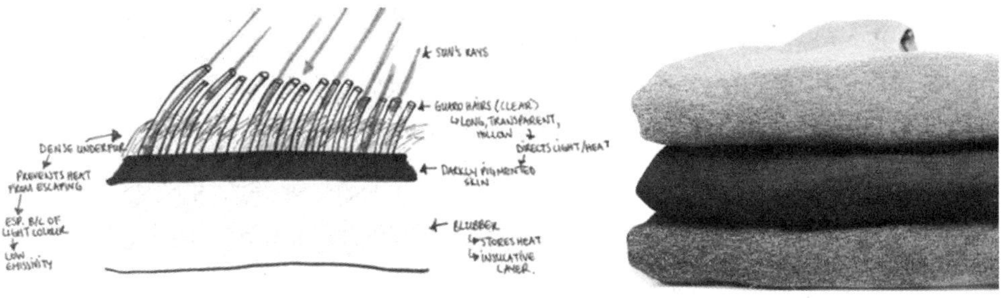

图 5-1　仿北极熊皮毛的蓄热保暖型织物

第二节　生物质利用技术

以生物学为理论基础和研究依据的生物技术是一门既古老又新兴的综合性学科。它以生命科学为基础，结合运用其他基础科学的原理，采用先进的科技手段，研究生物生存、生长方式，并利用微生物、动植物体，按照预先设计对相关物质或原料进行改造加工，从而为人类创造出适应环境变化和社会发展所需要的新产品，或是实现某种针对性强的研发目标。生物技术研究运用的途径主要包括酿造技术、发酵技术和现代生物技术。现代生物技术以仿生工程、基因工程、细胞工程、酶工程为代表，它和古代利用微生物的酿造技术和近代的发酵技术既有发展中的联系，又有本质上的区别。古代的酿造技术和近代的发酵技术只是利用现有的生物或生物机能为人类服务，而现代的生物技术则是按照人们的意愿和需要，创造全新的物质类型和机能，或者改进现有的生物类型和生物机能，包括改造人类自身，从而造福于人类。进入 21 世纪后，世界生物技术研究与运用呈现勃发之势，对于相关行业新材料研发和可持续发展起到拓展性作用，纺织服装产业也不例外。

所谓生物质利用技术，是区别于利用煤炭、矿石、石油等化石类资源而言的。全世界现有化石资源储备有限，且再生性差，总有一天会枯竭。因此，自然界中可再生的一些生物物质又重新被人所重视。在自然环境中，一些动植物的派生物质或废弃物质，乃至某些微生物都是生物质材料的来源。利用生物技术可以将一些废弃或残留的生物质进行分解、改性、改形，再经过加工形成另一类新型的实用性强、能满足人类生活需求的材料。生物质材料有传统和现代之分，在纺织行业，应该说棉、麻、丝、毛类纤维属于传统的生物质材料，而牛奶纤维、大豆纤维、玉米纤维、莱赛尔、竹纤维乃至甲壳素纤维等新近研发的纤维则应归入现代生物质材料范畴中。在纺织行业，现代生物质利用技术可以体现在对强再生性和再利用性两大类材料的开发上。在强再生性材料方面，或许竹纤维及面料最具代表性。研究结果表明，竹子是地球上生长速度最快的植物，生长过程中不需化肥和农药，耗水量也不多，可以防止水土流失，并且能够抵抗洪水和干旱。竹纤维具有良好的透气性、瞬间吸水性、较强的耐磨性和良好的染色性等特性，同时又具有天然抗菌、抑菌、除螨、防臭和抗紫外线等功能，是真正意义上的天然强再生性的新型生物质纤维的代表，目前已经在行业内研发推广应用。而利用生物技术，从类似于虾蟹外壳、麦秸秆、香蕉皮、咖啡渣等各种生物废弃物中提取纺织用纤维和材料，则属于再利用性材料开发的范畴。

生物技术在纺织服装行业应用及衍化可见图5-2。

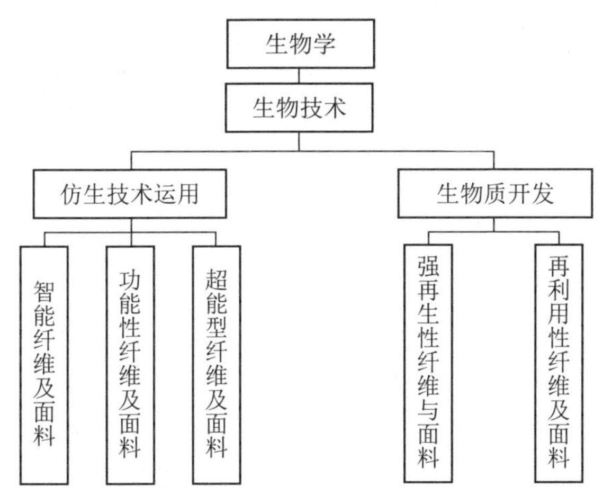

图 5-2　生物技术在纺织服装行业应用及衍化

第三节　计算机技术

从 20 世纪 80 年代中期开始，国际上已经兴起以计算机信息技术运用为主要特征的知识经济浪潮。经过几十年来的努力，计算机技术已渗透到社会各个领域，并愈来愈显现出超凡的作用，无论是在提高经济效益还是促进社会进步方面都发挥了突出的优势。进入 21 世纪后，我国的计算机技术在各个行业得到全方位应用，特别是在提高效率，促进传统产业技术更新和行业技术进步，促进国民经济发展等方面起到更为积极的作用。所谓计算机信息技术，是以电子计算机及输入输出设备作为主要硬件，以信息数据储存、分析和处理程序为软件，以数字化指令的建立和发送为主要技术核心的，以网络为主要联络沟通方式的实用新型技术。计算机信息技术的推广运用，无疑在信息接收、分析和处理以及有关指令的发送方面拓展或者延伸了人类的脑力和体力功能，节省了人们工作时间和空间，提高了工作效率和经济效益。

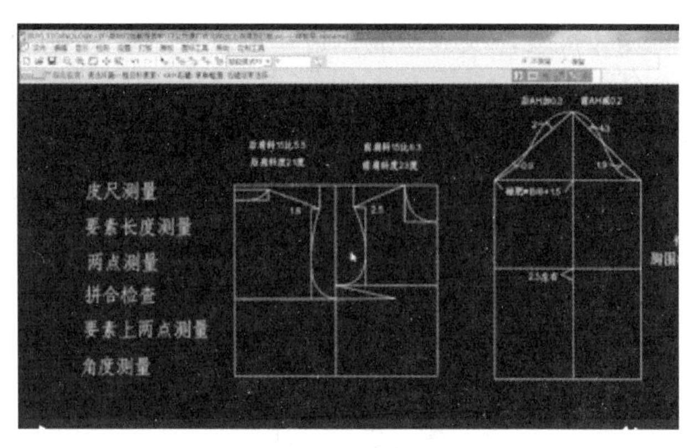

图 5-3　CAD 服装辅助设计界面

在纺织行业，计算机技术应用主要包括 CAD 辅助设计（见图 5-3）、CAM 辅助生产、ERP 信息资源管理、在线自动检测、三维自动测体等软件。以批量性服装生产为例，CAD 辅助设计软件成熟应用于服装设计、制板、推档（亦称放码）及用料计算后，体现出良好的实用价值。在款式设计方面，通过建立并完善造型设计细分类别的数字化处理模式，可运用数理统计原理按性别、年龄、穿着场合及大类款式等不同类别建立造型设计原型数据库，以便相关人员在从事服装新款式设计时，能根据设计对象的情况与要求，有针对性地调用数据库中的原型资料，进行修改与调整，既准确又省时，并且通过强化计算机对色调、花型与布料质感的归类处理与调用输出功能，使设计效果更接近于客观实际。此外，服装制板程序及相关数据的计算也是一个十分重要的环节，如领子与领圈的匹配，袖子与袖窿的匹配等，取值往往也需要通过一定的公式计算后方能确定，计算机数字技术在这一环节可以发挥重要作用。在服装推档（放码）方面，计算机技术的运用对提高工作效率，减少手工操作误差，确实有很大的应用价值。CAM 辅助生产软件在裁剪工序和局部性电子绣花方面应用方面已十分成熟，原先人工操作的一些工序，如拖布、排样、剪裁等均已被计算机分解并设定了程序。通过数字化光电信号传输，控制机械部分的设备运转，基本实现了裁剪工序的自动化，确保了服装裁片的质量，改善了员工实际操作的劳动强度，提高了工作效率。电子自动绣花的计算机控制原理基本也与此相同。ERP 信息资源管理技术的应用可以实现企业内部各类信息资源的集约化整合，提高检索与调用的便利性，同时通过信息数字化技术的运用和网络化管理，可以及时准确地记录和了解情况，为服装企业的产品生产决策、内部管理与销售服务提供有效的依据。而自动在线检测主要应用于纱线、坯布、染整等纺织前道生产环节，能够减轻劳动强度，改善劳动条件，提高产品质量控制水平。三维自动测体技术主要应用于人体各部位数据的采集，为各类款式、规格服装的设计提供依据，同时通过建模方式，还可生成数字化虚拟的立体人体，为新设计的服装提供直观性模拟试穿。

第四节　激光技术

实用性激光诞生于20世纪60年代的美国，它是一种激光发生器受激后发射出来的高热能量的光源，具有光学特性统一，光子队列集中、步调极其一致的特点，射向某一物体表面时，能够产生比太阳表面温度还要高的温度，所以所向披靡，威力很大。固体激光发生器主要分为红宝石与半导体两种。红宝石激光发射原理是利用一个高强闪光灯管激发红宝石，在一块镀有反射聚光材料的红宝石表面钻一个孔，当红宝石受到刺激时，便会发出一种红光，并使红光可以从这个孔中溢出，从而产生一条相当集中的纤细的红色光柱。半导体激光发射原理是应用半导体晶体物质使电子在能带（即连续地形成分子轨道的能级）间实现跃迁发光，即用半导体晶体的解理面（指矿物晶体在外力作用下严格沿着一定结晶方向破解，并且裂变形成的光滑平面）形成两个平行反射镜面作为反射镜，组成谐振腔，使光振荡、反馈，放大光产生的辐射，输出激光。半导体激光器优点是体积小、重量轻、运转可靠、耗电少、效率高等。此外，1964年诞生了世界首款光纤激光发生器，这是一种用掺入稀土元素的玻璃光纤作为增益介质（即光经受激辐射后产生放大作用的激光工作物质）的激光器。作为第三代激光技术的代表，光纤激光发生器制造成本低、技术成熟，其光纤的可绕性带来小型化、集约化的优势，它输出激光波长多，散热快、损耗低，并具有免调节、免维护、高稳定性的优点。激光被称为“最亮的光”“最准的尺”“最快的刀”，应用领域广阔。

纺织行业应用激光技术的场景包括：可提高裁片精准度的易熔性化纤纯

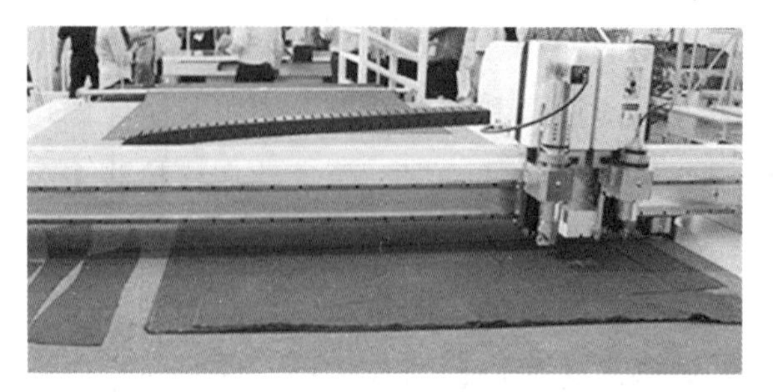

图 5-4　布料激光自动裁切装置

纺或混纺布料的裁剪（见图5-4）；免缝纫、防渗透等特殊服装相关部位的拼接；贴布绣切割——即用于电脑绣花工艺中贴布绣花前的切割和绣花后下料的切割，由于激光高度的聚焦性，照射光斑纤细，热扩散区小，因此极适合对纺织纤维面料进行切割，加工面料范围广泛，具有切口平滑无飞边，能自动收口、无变形，图形可通过计算机随意设计和输出、无需切刀模具等优点；成衣绣花——超过三分之二的纺织服装面料可利用激光来制作各种成衣绣花数码图案，并可同步解决后期的磨花、烫花、压花等加工处理环节，而激光烧花在此方面具有制作方便、快捷、图案变换灵活、图像清晰、立体感强、能够充分表现各种面料的本色质感、使印花图案历久常新等优势，结合镂空工艺应用，更是能起到画龙点睛、相得益彰的效果；牛仔类产品花纹处理——通过数码控制的激光照射，能够汽化牛仔布料表面的染料，从而形成不会褪色的影像图案、渐变花型、猫须磨砂等花纹，为牛仔服装增添新的时尚亮点，也进一步提高了产品的附加值，是一种新兴的、具有丰厚加工利润和广阔市场空间的技术应用。

第五节　纳米技术

纳米技术研究和材料应用被一些科学家称为“21 世纪的科学”，是以量子力学、介观物理、分子生物学等现代科学和计算机技术、微电子、核分析技术等现代技术相结合的产物，重点研究结构尺寸在 1 至 100 纳米范围内材料的性质和应用效果。当今纳米技术通常包括纳米级测量技术、纳米级表层物理力学性能的检测技术、纳米级加工技术、纳米粒子的制备技术、纳米材料生成技术、纳米生物学技术、纳米组装技术等。1 纳米相当于 1 米的十亿分之一，也就是百万分之一毫米。以此单位衡量，人类一根头发的直径大约是 80000 纳米。研究结果发现，当某种物质进入到 0.1 至 100 纳米这个范围空间后，其性能就会发生突变，出现新的特殊性能。这种既具有不同于物质原来组成的原子、分子结构，也具有不同于宏观物质的特殊性能的材料，即为纳米材料。自 20 世纪末，纳米技术研究及材料应用开始由高端科研领域逐步进入民用领域，并且在 21 世纪进一步扩大了应用范围，属于新兴材料研发领域。阿根廷–巴西纳米科学和技术中心研究员埃内斯托·卡尔沃曾经指出："利用纳米技术可以制造出不会弄脏的布料、可抗腐蚀的画纸，以及建立诊断疾病和管理药品的新系统。"

在纺织行业，纳米技术的应用，主要是利用其极小的体积、体态以及独特的物理特性，对原有纤维或织物的表观、质地、性能作相应的调整和改变，使其能够产生新的使用功能和功效。织物纳米技术改性流程见图 5–5，其功能包括：改变产品的外观效果，如防缩抗皱等；增加产品使用时的体感舒适度，如亲肤、细腻感、滑爽等；强化产品自身的拒污保洁、易清理等功能；凸显产品的护体或保健医疗功能，如阻挡紫外线、拒水、抗菌、消炎等。纳米技术应用于纺织材料的主要方法有：涂布法——即将含有纳米粒子的黏合或薄膜材料与纤维或织物表面结合，形成纳米织物；混裹法——即将含有纳米粒子的材料或直接将纳米粒子与其他纤维混裹缠绕，然后形成纳米纤维，织成纳米布料；包覆法——即将纳米粒子植入纤维的中空部位，或用含有纳米粒子的材料包覆在其他纤维外部，形成含有某种纳米特性的特殊纺织材料。无论采用上述哪一种方法，都能改变原有纺织材料的特性，增添新的功能。应该讲，在 21 世纪的最初十年里，纺织行业在运用纳米技术开展研发方面取得了新进展，一些新产品已经进入了日常消费领域，如拒水开司米风衣、防污领带及外裤、抗菌消炎内衣裤、阻挡紫外线的外套等，都是这方面的突出代表。

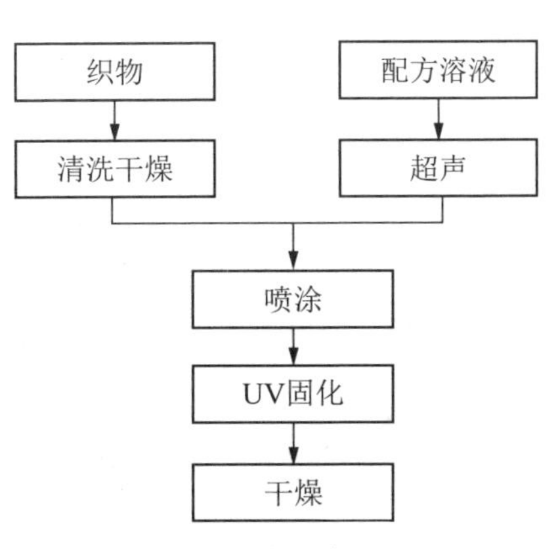

图 5–5　织物纳米技术改性流程图

第六节　储能调温相变技术

所谓相变，是指物质的不同聚集态相互发生转变的现象，也叫物态变化。

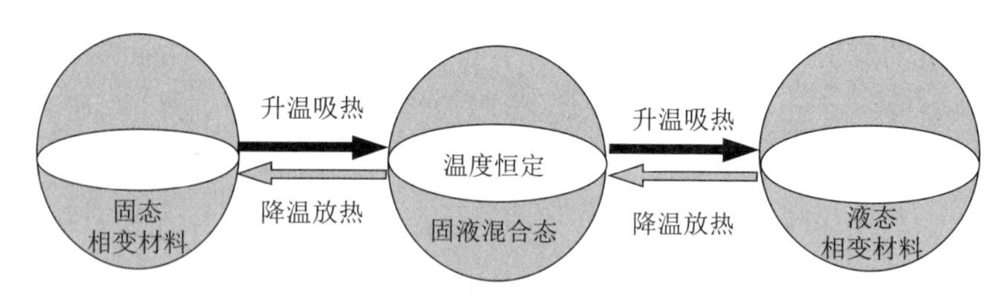

图 5-6 物质一级相变的原理

由于自然界中存在的各种各样的物质绝大多数以固、液、气三种聚集态存在，为了描述物质的不同聚集态，科学界便用“相”来表示物质的固、液、气这三种不同形态的“相貌”，即物质有固相、液相、气相之分，而相变是指这三种形态之间的转化过程。一定的压强和一定的温度是各种相变过程发生的外部条件，通常物质在发生相变时，有体积的变化，同时也有热量的吸收或释放现象，这类相变称为一级相变（见图 5-6），例如在 1 个大气压 0 ℃的情况下，1 kg 质量的冰转变成同温度的水，要吸收 79.6 kcal 的热量，与此同时体积亦会收缩。而物质发生相变时，体积不发生变化，也不伴随热量的吸收和释放，只是热容量、热膨胀系数和等温压缩系数等的物理量发生变化，这一类变化称为二级相变。比如，正常液态氦（He Ⅰ）与超流氦（He Ⅱ）之间的转变、正常导体与超导体之间的转变、合金的有序态与无序态之间的转变等。

利用物质进行一级相变时会发生热量吸收或释放的原理，科研人员研发了相变材料，用于储存能量或控制与衡定环境温度。目前，相变材料主要包括无机相变材料、有机相变材料和复合相变材料三类。其中，无机类相变材料主要有结晶水合盐类、熔融盐类、金属或合金类等；有机类相变材料主要包括石蜡、醋酸和其他有机物；复合相变储热材料即是包括两种或两种以上无机或有机相变材料成分的材料，它既能有效克服单一的无机物或有机物相变储热材料存在的缺点，又可以改善相变材料的应用效果以及拓展其应用范围。相变材料应用领域非常广泛，在建筑节能、现代农业温室、太阳能利用、生物医药制品及食品的冷藏和运输、物理医疗（热疗）、电子设备散热、电力调峰应用、工业余热储存利用、运动员降温（保暖）服饰、特殊控温服装、航天科技、军事红外伪装等诸多领域均具有明显的应用价值。在纺织领域。

相变技术运用的一个突出例子便是宇航服及其他太空防护材料，由于外太空温度变化大，属于极寒或极热环境，对宇航员、航天器的保护要求非常严格，普通材料无法适应恶劣条件，需要特殊材料进行保护。因此，美国和苏联科学家首先研制出相变材料，应用于宇航员的服装、返回舱外壳等，起到恒温和吸收太阳能的作用。进入 21 世纪以来，经过科学家的不断努力，我国已经攻克了相变技术的关键部分，开始在航天领域实际运用。新近研制开发的纳米石墨基相变储能材料具有储能密度高、导热换热效果优异、安全稳定、阻燃和环境友好等优点。与现有的其他相变储能材料相比，纳米石墨基相变储能材料的导热系数提高 1—2 个数量级，相变温度在 −40 ℃—70 ℃之间连续可调，储能密度可达 150—200 J/g 左右，经 1000 次循环后，性能劣化率小于 5%。

第七节　远红外技术

所谓远红外技术，是指应用远红外线辐射的技术。远红外线源自红外线，属于一种人们肉眼看不到的电磁波。红外线的波长范围很宽，人们将不同波长范围的红外线分为近红外线、中红外线及远红外线，近红外线的波长为 0.75—3.0 μm，中红外线的波长为 3.0—5.0 μm，远红外线的波长为 20—1000 μm。几十年前，航天科学家对处于真空、失重、超低温、过负荷状态的宇宙飞船内的人类生存条件进行分析研究，得知太阳光当中的远红外线是生物生存必不可少的因素。由于太阳光当中的远红外线与人体自身发射出来的远红外线的波长相近，能与生物体内细胞的水分子产生最有效的“共振”，同时具备了渗透性能，能够有效地促进动物及植物的生长，因此，有专家把 8.0—14.0 μm 波长段远红外线称为“生命光波”。远红外技术应用的材料主要有生物炭、碳纤维制品、电气石、远红外陶瓷、玉石、金属氧化物及碳化硅等，它们均能有效放射出 5.6—15 μm 的远红外线。当今远红外技术主要应用于 12 大类领域，包括：发热煮食、人体保暖、发热电器、健康、个人护理及美容等电器产品生产；利用热力的生产机械，如注塑机、铸造机械等；印刷电路板、元件、零件等电子产品内部部件生产；农产品和渔产品制作与加工；金属、塑胶、木制品的油漆的生产；塑胶、橡胶及皮革制品生产；木材、纤

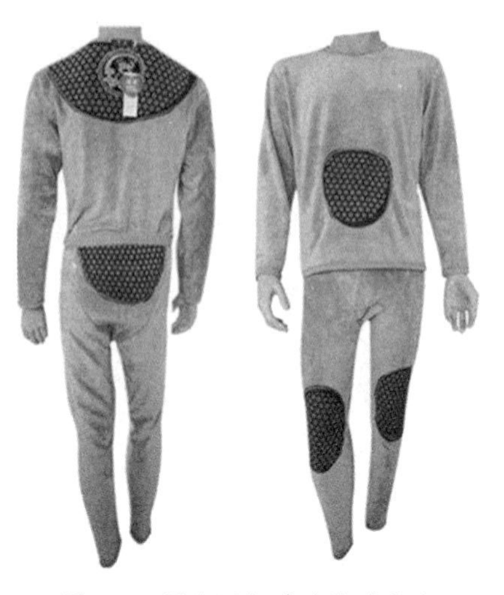

图 5-7　添加远红外功能的内衣

维及纸张（印刷）生产；陶瓷、玻璃、建筑物料陶瓷粉及模型制品生产；医疗保健系统；农业催生器；除冰融雪系统及日常生活其他方面。

鉴于远红外线对于人体具有抗菌、促进血液循环，改善微循环系统、温热消炎功能，并能起到微波按摩作用，可以调节人体经络平衡，能够预防人体肿瘤、癌症发生，减轻高血压、糖尿病及心脑血管、风湿等疾病症状，所以远红外纺织功能产品深受关注。远红外保健用品还有提高机体内的巨噬细胞吞噬功能，增强人体的细胞免疫和人体血液免疫功能，有利于人体的健康，故近些年来，远红外技术也多应用于纺织保健产品的生产。如在纺织制衣业，面料通过添加远红外辐射功能，用于内衣内裤（见图 5-7）、背心等服装生产，还用于发热手套、护肩、护颈、护膝、护腹等辅助用品生产。居家用品中的毛毯、软垫等物品也可添加远红外辐射功能，成为生活中的一种新兴的保健用品。

第八节　阻燃耐高温技术

在现实生活和工作环境中，消防安全一直是一个值得注意和重视的问题，另外在一些特殊领域，如航空航天、军事国防、消防救灾等也需要应用阻燃耐高温材料，于是阻燃耐高温技术在纺织材料生产中占有重要的地位。阻燃制品可以从源头降低火灾发生的概率，降低火灾的危害程度，确保人们生命和财产安全。目前，随着消防法规和纺织品燃烧性标准的建立和逐步完善，对纺织品阻燃性能的要求越来越多，国内外相关监管部门对室内窗帘、家具用布、各种贴布等装饰用纺织品，床上用品、婴幼儿和成人居家服装、厨房用防火盖布和阻燃拒热手套，井下作业用风筒布、传送带、医药用布以及汽车、飞机、轮胎帘子布和军用纺织品等都提出了阻燃性能的指标要求（见图 5-8），特别是在纺织纤维的改性加工及织物的化学整理技术中，阻燃耐高温技术的发展已成为重中之重。特殊场合使用的常见阻燃耐高温纺织品包括消防服、冶金及采油采矿工作服、部队作训服等。在纺织行业，阻燃耐高温技术的应用一般通过阻燃耐高温纤维生产和对织物进行阻燃耐高温整理两种方式实现。

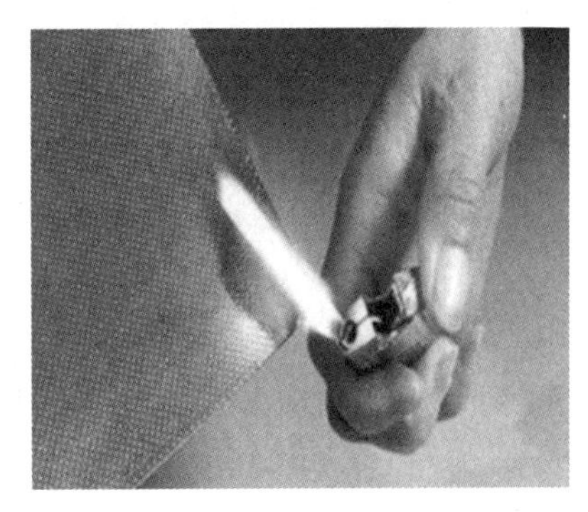

图 5-8　纺织品阻燃基础性试验

阻燃耐高温纤维生产——以提高成纤聚合物的热稳定性为目的。一是在成纤高聚物的大分子链中引入芳环或芳杂环高分子材料，如芳纶 1313、芳纶 1414、聚酰亚胺纤维、聚芳砜酰胺纤维等，增加分子链的刚性、大分子链的紧密度和内聚力；二是通过纤维中线型大分子链间交联反应生成三维交联结构，从而阻止碳链断裂，形成不收缩、不熔融的阻燃耐高温纤维，如酚醛纤维等；三是将纤维置于 200 ℃至 300 ℃高温的空气氧化炉中，使纤维大分子发生氧化、环化和碳化等反应，使得原本直线型分子链转化为耐热的梯形结构，聚丙烯腈预氧化纤维（碳纤维）就属此类。另外，还可对原丝进行阻燃耐高温改性工艺处理，包括在成纤高聚物的合成过程中采用共聚法，把含有磷、卤族、硫等阻燃元素的化合物作为共聚单体引入大分子链中，然后再把这种阻燃性成纤高聚物用熔融纺或湿纺制成阻燃涤纶和阻燃腈纶等；采用共混法，将溴和磷等阻燃剂混炼入粘胶纺丝熔体或原液中，纺制成阻燃耐高温粘胶纤维；采用后处理改性方法将湿法纺丝过程中的初生纤维浸入含有添加型阻燃剂的溶液，使阻燃剂渗入纤维内部，从而获得阻燃耐高温性能。

织物的阻燃耐高温整理——一是采用浸轧焙烘法将织物置于由阻燃剂、交联剂、催化剂、润湿剂和柔软剂组成的浸轧整理液中，经过浸轧、预烘、焙烘以及后处理等步骤，使阻燃剂被纤维聚合体吸收；二是采取涂布法将阻燃剂混入树脂内，依靠树脂的黏合作用将阻燃剂固着在织物上；三是采取喷雾法，即用手工喷雾或机械连续喷雾的方法将含有阻燃剂的液体喷洒在织物上。出于安全需要，现在在使用任何一种阻燃化合物对织物进行阻燃整理时，必须考虑不会对人体产生毒副作用。

第九节　防辐射技术

一、防紫外线技术

所谓紫外线，英文名为 Ultraviolet ray 或 Ultraviolet radiation，简称 UV，最初是由德国科学家里特发现的。自然界中的紫外线主要是由太阳辐射发出的，它是一种肉眼看不见的光波，因其存在于紫色光谱的外侧而得名。按照波长不同，紫外线可以分为 UVA、UVB、UVC 三个波段，平时适量的紫外线照射能够增强人的体质、提高抵御传染病的能力，促进体内维生素 D_3 的合成，维持正常的钙磷代谢和骨骼的生长发育（婴幼儿在冬春季多晒太阳有利于生长发育就是缘于此）。适量的紫外线照射还能加速伤口的愈合，提高人体免疫力。和世间许多事物具有双重性一样，紫外线也存在着对于人类不利的方面。尤其是现如今地球环境因温室气体增多而发生变化，生态平衡被打破，南极上空臭氧层出现空洞，导致太阳紫外线辐射过多地进入地球，给人类健康带来负面影响，类似皮肤癌、白内障等疾病发病率增多或许就与此有关。于是，紫外线的防护问题开始从专业领域走向了大众。在纺织行业，织物添加防紫外线功能，通常有两种方式，一种是吸收消减紫外线，另一种则是屏蔽紫外线。前者选用的助剂大多是有机化合物，后者则多为无机化合物。织物防紫外线原理见图 5-9。

吸收消减紫外线的助剂——采用二苯甲酮类化合物，能把吸收的光能转换成热能，多用于棉织物防紫外线整理，而把二苯甲酮类化合物磺化后，就具有酸性染料的性质，可用于丝绸织物的防紫外线整理。采用苯并三唑类化合物，

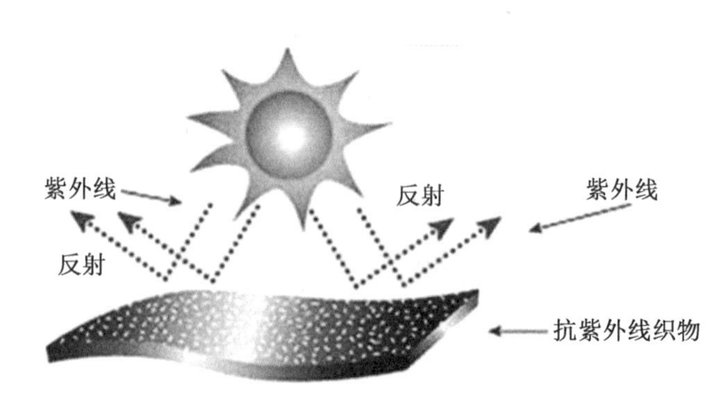

图 5-9　织物防紫外线原理

因其水溶性低，结构与分散染料相近，又具备一定的升华牢度，可在涤纶织物高温高压同浴染色时，用作防紫外线功能整理。采用反应性紫外线吸收剂，可与纤维素纤维中的羟基或聚酰胺纤维中的氨基发生反应，耐洗牢度较好，整理后的织物不会改变外观、手感及透气性。采用脂肪族多元醇类化合物，整理后织物的紫外线透过率仅为 1.6%，洗涤 30 次后紫外线透过率也只有 3.4%，它可用于纯棉纺及涤棉混纺织物，色牢度、透气性和吸湿性可保持不变。

屏蔽紫外线的助剂——大都采用一些折射率较高的金属氧化物，如氧化锌、二氧化钛等。氧化锌的折射率是 1.9%，二氧化钛则高达 2.6%。经过氧化锌处理的织物，其紫外线屏蔽率可达 89%。经过二氧化钛处理的织物，紫外线屏蔽率为 84.5%，经五次洗涤后仍可保持 83.6%。由于无机紫外线屏蔽剂具有耐热耐氧化特性，因此可以掺入聚酯母粒，熔融后纺成防紫外线涤纶长丝。

二、防电磁辐射技术

随着科学技术日新月异的发展，各式各样的科技产品、家用电器大量进入人们的生活空间，这一切都大大地提高了人们的工作效率，改善了人们的生活质量，但也带来了损害人们健康的潜在威胁。因为使用这些科技产品和家用电器时，当安全防护功能衰减后，会有电磁波溢出，电磁波向空中发射或泄漏的现象叫电磁辐射。电磁辐射分为强电磁波、低周波、微波等。科学研究表明，超过安全极限的电磁辐射对人体会产生一定的不良影响，在电磁场的作用下，经过一定强度和一定时间的辐射，人体会产生不良反应。据有关专家介绍，超过 2 mGS 以上电磁辐射会导致人患疾病，首当其冲的便是人体皮肤和黏膜组织，症状表现为眼睑肿胀、眼睛充血、鼻塞流涕、咽喉不适，或全身皮肤出现反复荨麻疹、湿疹、瘙痒等，影响人体免疫功能时可能出现白癜风、银屑病、过敏性紫癜等，还会成为心血管疾病、糖尿病、癌突变的主要诱因。因此，利用防电磁辐射产品有效防范电磁辐射对人体的伤害，现已成为安全保健研究的热点，防电磁辐射织物的开发便是其中一项有效的措施。主要方法是：

利用金属丝屏蔽——采用不锈钢纤维与其他天然纤维、化学纤维混纺，经过织造形成特殊的电磁屏蔽织物。其形式有金属丝包覆纱、金属丝包芯纱和金属丝合股纱。经过实验证明，金属丝合股纱的屏蔽效果最佳。因为金属丝包覆纱形成的混纺织物，金属丝以螺旋形式包覆在纱线表面，金属丝的长度最长，具有较强的电阻，导致屏蔽效能下降。而在金属丝合股纱中，金属丝与其他纱线加捻而成，金属丝长度相对较短，电阻就小一些，屏蔽效能就会高出许多。

电磁屏蔽整理——主要采用屏蔽剂，一般通过化学镀膜技术实现，主要有织物表面的催化和金属的化学镀覆两种方法。织物表面的催化可以通过敏化催化、活化催化和用胶体直接催化来实现，目的是让织物表面成为金属化学镀覆的核心，具备化学镀覆的条件，有利于金属粒子的沉积。在织物表面所镀覆的金属中，由于铜和镍具有较低的成本，而且又可以达到电磁屏蔽所要求的性能指标，因而国内外均大量采用镀铜和镀镍技术实现电磁屏蔽功能，通过在织物上化学镀铜后再镀镍，能够有效提高织物的电磁屏蔽质量与外观效果。金属化学镀覆屏蔽织物（简称导电布）一般用于工程与特殊防护领域，可制成高强度电磁辐射环境中使用的防护用品，具有极大的市场潜力。现如今，防电磁辐射织物不仅广泛应用于军事、航空、医疗等领域，同时逐渐开始民用化，出现用于普通人员使用的防护服，如孕妇服、电脑操作员服等。针对不同用途选用不同的防电磁辐射织物，能够使织物既有较好的电磁屏蔽功能，又能保持良好的服用性能和外观效果。

第十节　LED 照明技术

LED 是英文单词 Light Emitting Diode 的缩写，中文的意思为发光二极管，它是一种能够将电能转化为可见光的固态半导体器件，是一种利用现代科学技术改变人工光源发生的新产物。LED 的特点是使用寿命长、光效高、辐射低与功耗低。LED 的核心部分是一个半导体的晶片，它由两部分组成：一部分是 P 型半导体，其内部占主导地位的是空穴；另一端是 N 型半导体，主要是电子。当这两种半导体连接后，它们之间就形成一个“P-N 结”。当电流通过导线作用于这个晶片的时候，电子就会从 N 区被推向 P 区，电子在 P 区里跟空穴复合，然后就会以光子的形式发出能量，这就是 LED 发光的原理。LED 技术的商业化发展始于 1962 年，当时，通用电气公司（GE）、孟山都公司（Monsanto）、国际商业机器公司（IBM）等的联合实验室开发出了发红光的磷砷化镓（GaAsP）半导体化合物。1996 年，日本日亚公司（Nichia）成功开发出白色 LED 产品，发光效率已经达到 38 lm/W，大大超过白炽灯，并向荧光灯接近，加快了民用化的进程。近几年来，随着科学家对半导体发光材料研究的不断深入，LED 制造工艺不断进步，新材料（如氮化物晶体和荧光粉）也得以应用，各种颜色的超高亮度 LED 制造取得了突破性进展，其发光效率提高了近 1000 倍，色度能够达到可见光波段的所有颜色。2014 年诺贝尔物理学奖授予了因发明“高亮度蓝色发光二极管”的日本科学家赤崎勇、天野浩和美籍日裔科学家中村修二，以鼓励这一为人类带来新的“光明”的发明。

LED 按发光管外观特征区分，可分为圆灯、方灯、矩形，以及平面发光管、侧向管、表面安装用微型管等。而随着平面发光管、表面安装用微型管的研发成功，为 LED 与纺织服装产品的结合提供了契机，导致了发光服装这一纺织新产品的诞生。所谓发光服装，是指某种款式的服装在局部或整体可以自主发光，从而适应现代社会工作与时尚生活的需要。在发光服装未出现之前，某些特种服装是依靠加装反光材料来实现光透视的，如夜间执勤警察的警服、道路交通管理人员制服以及环保清洁工服装等，这些服装通常会在背部、胸部加装反光带，增加警示作用，但前提条件是必须有比较强烈的灯光照射，才能发挥出反射效应，起到保护穿着者的人身安全的作用。而采用 LED 技术制作的服装则会自主发光，其安全保护作用、标识作用会更加直接与显著。2013 年，一组被称作“卢姆”（Lüme）的服装在瑞士苏黎世举行的可穿戴计算机国际会议上进行了展示，它包括一件短夹克、一件宽松的长外衣和一条后背裸露的裙子。这些衣服都装有 LED 材料，由智能手机应用程序控制。LED 嵌在纤维中，不会接触皮肤，而且光线透过几层织物放射后，显得比较柔和。2014 年 3 月，一场在上海世博馆 1 号会议室举行的服装流行趋势发布会中，其间展示的“会发光”的晚礼服吸引了众多参观者的眼球，成为 LED 发光技术在日常纺织服装上运用的范例（见图 5-10）。

图 5-10　发光晚礼服

第十一节　抗冲击技术

抗冲击技术是提高材料受力强度、增强其使用寿命、提升其保护人体作用的一项技术，普遍应用于工业、建筑、交通运输、航空航天和国防军工领域。一般而言，在与人体密切接触的防护材料中，以柔性化为特征的纺织抗冲击材料应用最为普遍。20 世纪 60 年代，美国杜邦公司研制出一种新型芳纶纤维复合材料，即芳纶 1414，其学名为聚对苯二甲酰对苯二胺（PPTA），并在 1972 年正式实现商品化生产，该产品注册商标名为凯夫拉（Kevlar）。这种新型材料密度低、强度高、韧性好、耐高温、易于加工和成型，其强度为同等质量钢铁的 5 倍，但密度仅为钢铁的五分之一，因而受到广泛重视。由于“凯夫拉”产品坚韧耐磨、刚柔相济，具有刀枪不入的特殊性能，在军事上被称为“装甲卫士”。比如要提高坦克、装甲车的防护性能，按传统方法就要增加金属装甲的厚度，这样势必会影响它的灵活机动性能。“凯夫拉”材料的出现使这个问题迎刃而解，与玻璃纤维复合材料相比，在相同的防护情况下，“凯夫拉”复合材料重量可以减少一半，韧性却达到钢的 3 倍，经得起破甲弹的反复冲击。“凯夫拉”复合材料制件与钢甲结合使用，使得坦克、装甲车的防护性能提高到了一个崭新的阶段。进入 21 世纪后，“凯夫拉”复合材料制件在军事应用领域进一步扩大，已用于核动力航空母舰及导弹驱逐舰上。“凯夫拉”纤维与碳化硼等陶瓷复合的材料还成为制造直升机驾驶舱和驾驶座的理想材料。

为了提高战场人员的生存能力，人们对防弹衣的研制越来越重视，“凯夫拉”材料因此成为制造防弹衣的理想材料。据报道，用“凯夫拉”材料代替尼龙和玻璃纤维，在同样情况下，其防护能力至少可增加一倍，并且有很好的柔韧性，用这种材料制作的防弹衣只有 2—3 kg 重，穿着后行动方便，体感舒适，所以已被许多国家的士兵和警察采用。当然，出于对抗冲击材料最佳性能的追求，新的产品也在不断被研发出来，比如 2016 年，一种被称为转基因蛛丝的高强度材料被研制出来，它外观极细却又十分坚韧，与同样粗细的钢丝相比，其强度高出 5 倍，被称为“生物钢”。系美国科学家丹·维德梅尔和大卫·布雷斯劳尔等人利用转基因技术，从酵母中研发出转基因蛛丝乳液，再通过湿喷法生成的形态、性能和天然蛛丝相仿的材料。用它织成的服用面料有点像丝绸，与“凯夫拉”相比，其手感更光滑柔软，穿着后保暖透气，耐钩刮和摩擦，并且可以机洗。由于这种面料具有特殊的高韧性、高耐冲击性，美国军方已打算用其制作新一代最轻便、最牢固的防弹衣（见图 5-11）。除了防弹衣之外，飞行、潜水用承载服等也属于抗冲击类纺织品，前者用于防御高速飞行中大气压力对于人体的伤害，而后者则是用于深水作业时，减轻水中压力对人体的压迫。

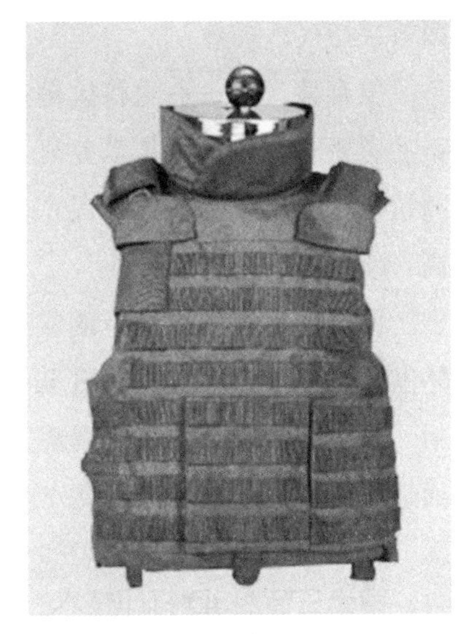

图 5-11 “蜘蛛丝”防弹衣

第十二节 抗菌、保健技术

由于服装、居家用纺织品使用时与人体接触密切，故现代社会对于抗菌、保健技术在纺织领域中的应用普遍比较关注。

所谓抗菌技术，是指利用各种化学或物理技术和方法，使织物具有抑制或清除有害细菌繁殖，控制细菌污物生成，保护人体不受细菌侵袭，防止产生异味，阻止使用者受到传播性病原体细菌危害的技术。纺织品抗菌整理分为暂时的抗菌性和耐久的抗菌性两大类。织物的暂时抗菌性能在后整理中容易达到，但是在洗涤维护时容易失去；而织物的耐久性抗菌性能大多是通过添加缓释机能的方法实现，即将足够的抗菌整理剂在湿整理过程中结合到纤维或织物中，在材料使用过程中缓慢地释放出抗菌剂，从而使细菌失去活性。纺织品抗菌整理方法主要有：

共混纺丝法——先将抗菌剂加入纺丝材料中制成抗菌纤维，然后织造成抗菌纺织品。该法抗菌效果持久，耐洗性好，但技术含量高，难度大，涉及领域广，抗菌剂要求高，常用来生产合成纤维类的抗菌产品。

后整理法——在织物印染后的后整理过程中加入抗菌剂（常被称为抗菌整理剂），然后制成各种抗菌纺织品。该法加工处理较为简单，而耐洗性及抗菌效果持久性较差。

复合整理法——先将抗菌剂加入纺丝材料中制成抗菌纤维，再在织物印染后整理过程中加入抗菌整理剂，然后制成抗菌纺织品。这种方法仅在具有高抗菌性能要求的特殊产品中使用，如医疗领域中的无菌环境等，生产成本高，使用范围受到限制。

保健技术在纺织品上的应用，表现为在纤维或织物中添加各种有利于人体健康的物质，使其具有健肤、美肤或减轻病痛的等功效。比如，添加珍珠粉、维生素 C 等，有助于提高人体肌肤的免疫力，增加皮肤弹性和细腻程度；通过添加罗布麻等中草药成分，可以缓解高血压症状等。

第十三节　3D 打印技术

3D 打印技术出现在 20 世纪 80 年代中期，实际上是一种利用光固化（指单体、低聚体或聚合体基质在光诱导下的固化过程，具有高效、适应性广、经济、节能、环保等特点）和纸层叠加等技术的最新快速成型的技术。与普通打印工作原理基本相同，3D 打印机内装有液体或粉末等“打印材料”，与电脑连接后，通过电脑控制把“打印材料”一层层叠加起来，最终把计算机上预先设计的三维构建图形变成实物。1986 年，美国科学家查尔斯·赫尔（Charles Hull）开发了第一台商业 3D 印刷机。2010 年 11 月，美国吉姆·科尔（Jim Kor）团队打造出世界上第一辆由 3D 打印机打印而成的汽车 Urbee。2011 年 6 月 6 日，全球第一款 3D 打印的比基尼泳衣诞生。3D 打印需采用数字技术材料打印机来实现，常在模具制造、工业设计等领域用于生成模型与样品等，后逐渐应用于一些产品的直接制造，产生了使用这种技术打印而成的零部件和成品。该技术在珠宝加工、鞋类制造、建筑工程和施工、汽车、航空航天、牙科和其他医疗产业、教育、地理信息系统、土木工程以及其他领域都有所应用。3D 打印常用材料有尼龙玻纤、耐用性尼龙、石膏、铝、钛合金、不锈钢、镀银和镀金材料、橡胶类等。

实施 3D 打印技术首先需要进行三维设计，即先通过计算机建模软件建模，再将建成的三维模型“分区”成为逐层的截面，即切片，从而指导打印机逐层打印。打印机通过读取文件中的横截面信息，用液体状、粉状或片状的材料将这些截面逐层地打印出来，再将各层截面以各种方式黏合起来从而制造出一个实体。这种技术的特点在于，它几乎可以造出任何形状的物品。比如，2014 年 8 月，10 幢 3D 打印建筑在上海张江高新青浦园区内交付使用，作为当地动迁工程的办公用房。这些“打印”的建筑墙体是按照电脑设计的图纸和方案，用建筑废弃物制成的特殊“油墨”材料，经一台大型 3D 打印机层层叠加、喷堆而成，10 幢小屋的建筑过程仅花费了 24 小时。

图 5–12　3D 打印服装

由于材料选择的局限性，目前纺织行业应用 3D 打印技术还处于一种尝试阶段，曾经有过一些造型独特、材质外观与现有织物相差甚远，仅用于时装表演的 3D 打印概念式服装出现在 T 台上（见图 5–12），比较吸引眼球，但离实用普及、进入人们日常生活领域尚有较大的距离。其中关键的问题是，打印材料如何能够符合人们对服装的合体性、舒适性、牢固性等要求，以及如何经受洗涤维护等纺织品服装各种使用要素。此类问题尚未找到解决方案。而一旦有更加贴近现有纺织面料特性，符合各类使用要素，适合于实施 3D 打印技术的新材料研发出来，纺织服装产品的设计生产将会发生根本性变化，因为 3D 打印技术精准、快速、节约用材的优势实在是太突出了。

第十四节　智能感应技术

进入 21 世纪以来，智能感应技术在纺织领域的应用可谓是方兴未艾，以服装为代表的智能纺织品不断被研发出来。其开发原理是，通过计算机模拟技术、仿生技术、遥感技术以及一些新材料的组合运用，使服装具有类似人类等生物体的神经组织所具有的传感、分辨、推断、应激、修复、调节以及处置等方面的功能，从而达到提升产品科技含量，更好地满足穿着特殊需求的目的。通常，被称为智能服装的产品应具有如下鲜明的技术特征：一是使

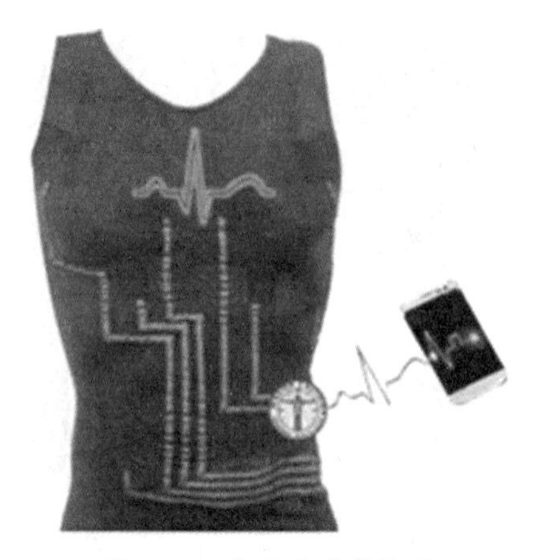

图 5-13　智能健康监护服

用了智能型材料，所谓智能型材料，就是针对环境或穿着者身体出现的变化，能够通过传感、应激、调节、变通等环节，自行实施适应性调整的材料，包括形状记忆材料、相变材料、变色材料和刺激-反应水凝胶等；二是使用微电子产品技术，具备了灵巧结构。所谓灵巧结构，就是适应环境和穿着者使用需求，将信息技术和微电子技术引入人们日常穿着的服装中，通过一些预设的装置，包括应用导电材料、柔性传感器、无线通信设备和电源等，利于使用者近身便捷地处理一些事物，或者是为一些专业需求及时提供动态化的信息（见图 5-13）。

智能感应纺织品的主要作用体现为：一是营造更为舒适穿着效果，即营造一个与人体穿着需求相匹配、与人体感应相接近的系统，这个相对封闭的系统具有自我平衡作用，能够根据周边的变化和体感变化及时进行相应的调节，可以为穿着对象保持一种长久的舒适环境。比如 2003 年抗击非典，为提高医护人员的工作舒适度，天津工业大学纤维研究所科技人员承担了“防非典医务人员恒温服研制及开发”项目，经过近两年的攻关，该项目于 2005 年 10 月通过了天津市科学技术委员会组织的验收。这种服装耐热耐水性好，不管外界气温高低，衣服内部的温度都不受影响，能令人体温度保持在适宜的水平。据专家测定，这种运用相变材料设计制造的夹层恒温服，在环境温度达到 38 ℃时，服装内部保持的温度不超过 30 ℃，持续时间达到 2.5 小时，可以满足医务人员恒温工作的需要，延长医务人员的作业时间，防止热应激发生后导致中暑、皮肤过敏等问题的出现。二是适应特殊行业的工作需要，如在消防、矿产、有毒有害化学品生产或救助场所以及生化战场上，智能报警服的作用显得十分重要。所谓智能报警服，是以能探测有毒有害物质的织物为原材料制成的。这种织物中植入了一些光导纤维传感器，当这些微型光学传感器接触到某种气体、电磁辐射、有毒有害生物化学介质时，会被激发发出报警信号，提醒处于此类危险环境中的人员加以规避或加强自我保护，有效提高生存能力，维护人类生命安全和健康；三是提高服装对人体的监护分析提示功能，比如东华大学纺织材料实验室研发一种医学监护智能服装，这种服装有一个传感系统，能即时测出穿衣者的呼吸频率、脉搏次数、血压等生理指标，特别适合老年人使用。该系统结合了健康监护系统的需求和易穿戴的特点，通过监测人体的各种生命特征参数，能实现人体生理信号、人体活动和环境信息的实时监测及疾病的自动诊断等功能，为用户提供紧急呼救、疾病预警、医学咨询和指导等多种服务。

第十五节　可穿戴技术

所谓可穿戴技术，最初是由美国麻省理工学院媒体实验室于 20 世纪 60 年代提出的一项创新技术，利用该技术可以把多媒体、传感器和无线通信等装置嵌入可供人们贴身使用的物品上或衣着中，支持人体手势、肢体和眼球移动等多种交互操作方式，并以“内在连通”方式获得无缝对接的网络信息化访问体验，摆脱传统的手持设备联络所造成的不便，实现快速数据获取、视听内容分享等，能够高效地保持社交沟通与联系。20 世纪 80 年代初出现的“随身听”以及后来出现的 MP3、MP4 等，可以算作是可穿戴技术设备出现在人们日常生活中的最初形态。进入 21 世纪后，可穿戴技术发展迅猛，特别是随着 2012 年谷歌智能化眼镜的推出，可穿戴技术设备因其进一步提高了与网络对接的功能，引起了人们更大的兴趣。

可穿戴技术是以通过穿着佩戴的方式近体运用相关信息化技术为特征的。目前，可穿戴技术的物化形态基本上可分为两种类型。一类为可穿着技术装备，这种装备与纺织服装行业有比较密切的关联，通常以织入、镶嵌、涂印等方式在服装产品上生成具有感应、互动及信息传输等功能的部件。例如，2009 年下半年，美国 Think Geek 网络零售商网站推出了一款圆领 T 恤。这款 T 恤的前胸部位印着一把吉他图案，吉他琴颈上每一个音阶按键和琴弦与现实中吉他的和弦对应，琴弦和音阶下都埋有电磁感应装置。按动音阶与琴弦，并通过一块特别的电磁拨片拨动，就能像弹真正的电吉他一样奏乐（见图 5-14）。另一类为可佩戴技术设备，这类设备其实与纺织服装并没有直接关联，如智能作战头盔、谷歌眼镜、智能手环、苹果手机和手表等，它们都是一种

图 5-14　穿在身上的电吉他

通过贴身使用满足人体即时获取信息的物品。

当下，虽然可穿戴技术比较热门，但可穿戴技术的研发及相关装备仍有一个不断完善过程。不管是可穿着技术装备，还是可佩戴技术设备，都必须在轻质、柔性、易贴身使用、易维护保养等方面做得更好。从纺织专业的视角出发，可穿着技术装备的完善重点在于要不断提高抗摩擦、抗汗渍等使用性能，减少由于日晒雨淋等自然现象所带来的损耗，以及维护保养时能够做到抗水浸、抗洗涤剂侵蚀以及抗滚动、搓揉等物理机械作用所造成的损耗，不断保持其灵敏度、精准性以及较为长久的使用周期；而可佩戴技术设备的完善重点在于必须匹配类似于服装那样轻质、柔性、易贴身使用，且方便充电的动力来源，研发的关键就在于如何把普通服装变为具有“生能、蓄能”及“导能”功能的特殊供能型服装，适应那些可佩戴技术设备的供能需求。

第十六节　节能环保技术

2010 年在上海举办的世界博览会，是一次劲吹“绿色”“低碳”之风的世博会。其间，美国可口可乐快乐工坊馆入口处铺设的防滑地毯，就是由回收的聚酯 PET 塑料瓶经过 100% 可循环再利用制作而成的（见图 5-15），德国国家馆工作人员所穿着 T 恤可自然降解，瑞士国家馆采用大豆纤维制成 LED 大屏幕，我国远大馆空调节能系统等，很好地诠释了“循环利用”“环保节能”“绿色低碳”以及“可持续发展”等理念。这些“亮点”给纺织领域的创新进步带来了有益的启迪。

图 5-15　用回收可乐瓶制成的地毯

一段时期以来，一些环保节能技术的落实已经使得纺织行业原本“低产出、高排放”的状况基本转变为“产值增长与碳排放增长持平”，未来我们还要努力实现“高产出（或高附加值）、低排放”的先进生产模式，只有实现了这样的生产模式，才算与国际先进水平接轨，达到世界纺织强国的水准。节能环保技术在纺织领域的应用表现为：

树立“碳足迹”意识，建立本行业碳排放指标的考核体系——纺织生产企业的供应链包括了原辅料采购、生产制造、仓储和运输等诸多环节，其中各个环节运作时都会产生一定的碳排放量。只有对整个过程进行“碳耗用量”定量分析考核，才能锁定减少二氧化碳排放量的途径和项目。依据国家和地区“碳排放量”计算公式，在纺织产业碳排放指标的考核体系中，产量、单位产值、单位产值中的能源消耗、单位产值能源消耗中的二氧化碳排放量是不可缺少的当量值，必须纳入考核体系。

积极推广使用清洁能源——所谓“清洁能源”，包括太阳能、风能、水能（包括潮汐能）、生物能以及核能等，相对于煤炭、石油、天然气以及木材等“高碳能源”而言，使用清洁能源能够有效地减少二氧化碳的排放量。例如消耗一吨煤炭进行火力发电会产生2.5吨的二氧化碳排放量，而利用水能发电，其二氧化碳的排放量只有火力发电的五十分之一。

调整产业结构，逐步提高“低碳”原材料的使用比例，开发更多的“低碳环保”产品——使用“低碳”原材料是实现“低碳环保”的有效途径。通过大力推广竹纤维及新型粘胶纤维生产，可以降低纺织业的“碳排放”水平，达到节约资源、保护环境的目的。另外，通过推广无水印染、色母粒、原液染色等新工艺，可有效地减少印染用水量及废水排放量。

减少过剩产品的生产量——我国商务部早在2005年就发布了《600种主要消费品和300种主要生产资料商品供求状况调查报告》，指出在84种纺织品服装中有86.9%的商品供过于求。目前在国内纺织中低端消费市场中这种状况依然存在。一项研究结果表明，每存留1千克纯棉可以节省用电65度，而对于涤纶类衣物来说，少生产1千克节省的电量高达90度，而重复利用的衣物所消耗的能源只有生产一件新衣服耗能的2%。集腋成裘、聚沙成塔，控制过剩产品的生产数量，能够为纺织产业的“节能减排”指标的落实提供一条捷径。

第六章　现代纺织材料中的科技新元素

第一节　特种纤维

一、改性纤维

改性纤维是指运用一些物理或化学的方法，对原来常规的化学纤维（包括粘胶和合成纤维）进行一些形态和性能上的改变，赋予其新的功能与特性，进一步增加纤维新品种，达到提高使用效果、满足使用需求的目的。化学纤维应用领域的拓展，化学纤维加工手段的丰富，以及与生物学（包括仿生和生物质应用范围的扩大）、纳米技术等现代科技的融合，是改性纤维不断发展的动力与保证。经过物理方法改变的纤维主要有复合纤维，而用化学方法改变的纤维主要有接枝纤维、共聚纤维和经化学后处理变性的其他纤维等。

1. 复合纤维

此纤维诞生于20世纪60年代，是指在同一根化学纤维的横截面上，存在两种或两种以上不相混合的聚合物纤维，它属于一种物理改性纤维，也称为两组分或多组分纤维。复合纤维的横截面有圆形和异形之分，具有三维立体卷曲、高蓬松性和覆盖性，还具有良好的导电性、抗静电性和阻燃性。其应用领域广泛，在民用纺织品生产中主要用于毛线、毛毯、毛织物、保暖絮绒填充料、丝绸织物、非织造布、医疗卫生用品和特殊工作服等，而且随着性能改进和新品种的开发，其应用领域还会不断扩大。复合纤维可分为并列型、皮芯型、海岛型、裂片型等不同类型：

并列型——两种聚合物在纤维截面上沿径向（长度）并列，且呈不对称分布，经拉伸和热处理后产生收缩差，从而使得纤维产生螺旋形卷曲状，由丙烯腈共聚物制成的并列型腈纶复合纤维具有良好的卷曲稳定性，其弹性和蓬松性与羊毛类似，而由聚酰胺类共聚物制成的并列复合纤维可用来制成长筒丝袜和其他针织品。

皮芯型——两种聚合物分别沿纤维纵向连续形成皮层和芯层结构。以特殊材料为芯，可制成特殊性能复合纤维，如 X 光吸收纤维、红外线吸收纤维、导电纤维、光导纤维等；以特殊材料为皮，可制成黏结性纤维、亲水或亲油纤维、特殊光泽纤维等兼性复合纤维，如以锦纶为皮、涤纶为芯的复合纤维，便可兼具锦纶染色性好、耐磨性强和涤纶模量高、弹性好的优点。利用皮芯型，还可以制造特殊用途的纤维，如将阻燃的聚合物作皮、普通聚酯为芯，便能制造出阻燃纤维。

海岛型——由分散聚合物（聚合反应发生在液滴上，称为“海相”）均匀嵌在连续聚合物（单体进料与聚合物移出同时进行，称为“岛相”）中形成，具有吸湿、抗静电、温感和光感变色、易染色、不易燃等特性，若溶解海相聚合物可得到高收缩细旦丝，若溶解岛相聚合物可得到空心纤维（见图 6–1）。海岛纤维可用来做人造麂皮、过滤材料、非织造布和各种针织品和机织品。

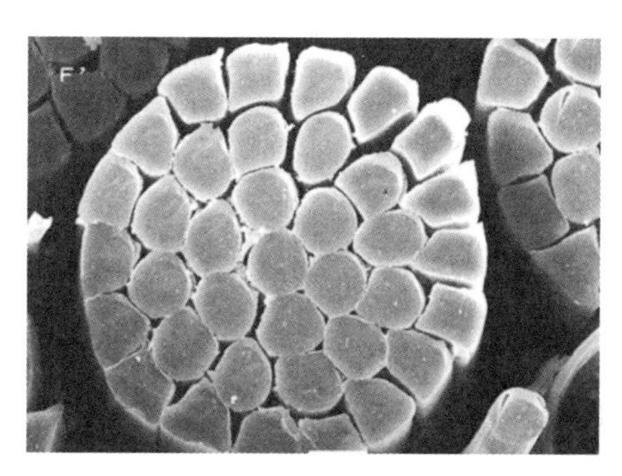

图 6–1　海岛型纤维（横截面）

裂片型——将相容性较差的两种聚合物分隔纺丝，所得到的两种组分的纤维可自动剥离，或用化学试剂、机械方法处理，使其分离成多瓣的细丝，其丝质柔软，光泽柔和，可织制高级仿丝织物。

2. 接枝纤维

所谓接枝，是指通过物质化学键的化学反应，将某一物质的大分子链（主链）与其他物质化学键的高分子链（支链）或功能性侧基实现适当、有效的结合，形成共聚物。接枝纤维便是由此原理形成的化学改性纤维，如：将棉纤维或粘胶纤维接上甲基、乙基或苯甲基等高分子化合物生成纤维素醚，可降低原有纤维的吸水性并提高纤维的化学稳定性、阻燃性、光合作用稳定性、抗热性和电绝缘性等；纤维素与少量能聚合的单体在溶体状态共聚，在纤维素主链上引入合成高分子支链，可获得接枝共聚的纤维素纤维，并使其具有耐褶皱性。

3. 共聚纤维

所谓共聚，是指将两种或多种化合物在一定的条件下聚合成一种物质的化学反应过程。根据单体的种类多少，共聚可分二元和三元共聚；根据聚合物分子结构的不同，可分为无规共聚、嵌段共聚、交替共聚、接枝共聚等。共聚纤维便是指由两种或两种以上不同单体共聚纺制而成的改性化学纤维，如将蚕丝主要成分丝朊（蛋白质）与少量丙烯腈共聚可获得丙烯腈接枝丝纤维；将纯聚丙烯腈与乙酸乙烯酯和其他单体共聚形成纤维后，其物理机械性质和染色性能就远比纯聚丙烯腈纤维优良许多，扩大了应用范围，提高了使用价值。

4. 化学后处理改性纤维

纺织领域内的化学后处理是指纤维成型后，再经过与各类化学溶剂结合生成新特性的工艺，由此形成的改性纤维称为化学后处理改性纤维。如：合成纤维涤纶经过 1%—1.5% 萘磺酸碱金属盐和甲醛缩合物水溶液处理后，可获得抗起球性能；经碱性溶液处理，涤纶则可具有类似天然蚕丝的某些特征；涤纶在热处理过程中加入含磷或卤素化合物则可获得阻燃性能等。

二、差别化纤维

差别化纤维是指有别于普通常规性能的一种化学纤维，它也是通过化学或物理等手段进行处理，使得原有纤维的结构、形态等特性发生改变，从而具备某种或多种特殊功能。在改善和提高化学纤维性能和风格的同时，差别化纤维还赋予化学纤维一些新的功能和特性，如高吸水性、导电性、高收缩性和染色性等。由于差别化纤维以改善仿真效果、舒适性和防护性为主，因此主要用于开发仿毛、仿麻、仿蚕丝等服用纺织品，也有一部分用于开发居家及装饰用纺织品和产业用纺织品。排除与改性纤维相类似的产品，差别化纤维主要有：

1. 着色纤维

又称色纺纤维、纺前染色纤维，是指化学纤维生产时，在聚合过程中或在纺丝前加入适当的着色剂，经纺丝成形后着色剂即被固着在纤维中，着色过程属于物理变化，使得纤维成型后具有不同的色彩。着色剂有无机和有机颜料、炭黑和分散染料等之分。由于着色剂事先能够均匀地分散于纺丝溶剂中，构成染色原液，所以纤维的着色和纺丝可连续进行，并具有着色均匀、色牢度好、上染率高、生产周期短、成本低、污染少等优点。适合涤纶、丙纶等合成纤维的染色。另外，通过添加着色剂，聚酯切片产品可预先形成不同色彩的“色母粒”，使得涤纶纺丝直接成色（见图 6–2）。着色纤维有利于缩减织物的印染工序，达到节能减排的效果。此项技术首先用于粘胶、醋酯等人造纤维，后来又用于聚乙烯醇、聚氯乙烯、聚丙烯腈等合成纤维，现在对聚丙烯、聚酰胺、聚酯等难染色的合成纤维也有应用，其中涤纶、丙纶着色尤为普遍，因此，用着色法生产的化学有色纤维的比例逐年都在增加。

图 6–2　聚酯切片“色母粒”

2. 高收缩纤维

是指受热后收缩率一般能达到 20% 以上，甚至高达 60%—70% 的纤维。目前纺织工业实际生产并广泛使用的高收缩率纤维主要是指高收缩聚酯纤维，一般用于与其他纤维混纺，在纺织印染过程中使它受热发生收缩，令与其混纺的普通纤维产生卷曲、蓬松等特征，织物的整体手感好、仿真感强。高收缩纤维的应用范围包括：

毛纺产品——采用不同比例的高收缩纤维和羊毛混纺，适宜生产各类粗纺、精纺产品。经过后处理使高收缩纤维收缩，能有效改善织物的手感，得到弹性较好、手感丰满的毛纺产品。使用高收缩纤维代替普通聚酯纤维与羊毛混纺，能够改进毛涤混纺织物易皱的缺点，并具有耐热耐穿性能。

丝织、色织和针织产品——利用高收缩涤纶长丝与普通涤纶长丝交织后的不同热收缩效果，可形成表面凹凸不同的织物，如泡泡纱等。采用提花工艺时，织物花的图案部分用普通涤纶长丝，底布采用高收缩纤维的涤纶长丝，可得到具有立体效果的美观、舒适、新颖的提花织物。

中长仿毛产品——中长纤维织物如华达呢、哔叽等一度以价格便宜深受广大消费者的欢迎，而原先采用涤纶与粘胶纤维织成的混纺仿毛产品，毛感性较差，使用高收缩纤维后处理后，可以得到丰满松软而又挺括的仿毛产品。

除了用作服用织物生产外，高收缩纤维还可应用于其他方面，如制成人造麂皮等装饰材料。在电子工业方面，也可用高收缩纤维制成用于导线绝缘外皮的编织线，纤维经热处理收缩后，可以使导线被包得更紧，利于提高导电效率。近年来，高收缩纤维在临床医学上也有应用。

3. 高吸湿、高吸水纤维

常规合成纤维由于其成纤聚合物分子缺少亲水基团，吸湿性差，故穿着合成纤维面料服装使人感到闷热。虽然天然纤维具有很好的吸湿性，如在标准温度、湿度条件下，棉和蚕丝的平衡吸湿率分别为 8% 和 11%，但是，在人体运动量加大，出汗量增加时，其吸湿速度、水分扩散速度和蒸发速度并不尽人意，会产生不舒适感。通过采用物理变形和化学改性处理后，在一定条件下形成高吸湿、高吸水的差别化纤维，可以克服原有纤维功能上的局限。其衡量标准是：在标准温度、湿度条件下，能吸收气相水分（水蒸气），回潮率在 6% 以上的纤维，即可称为高吸湿纤维；在水中浸渍后经过离心脱水处理，仍能保持 15% 以上水分的纤维，则可称为高吸水纤维。

高吸湿、高吸水纤维织成的织物，具有很高的吸湿性和渗水性，使用后没有黏湿感，即使吸湿后也有很好的透气性和保温性，可用于儿童服装、睡衣、内衣、妇女服装、运动衣及毛巾、浴巾、尿布、卫生巾等，还可用于床上用品、室内装饰物和工业专用织物等。

三、高性能纤维

高性能纤维是近年来高分子纤维材料领域迅速发展的，具有特殊物理化学结构、性能和用途，或具有特殊功能的一种化学纤维，它通过高技术、新工艺研发和生产，具有优于常规纤维的性能。目前，高科技纤维和功能化纤维均已列入高性能纤维范畴，也有人将智能纤维和新型生物质纤维也包括在高性能纤维内。目前，以芳香族纤维、碳纤维为代表的高强、高模、耐高温的纤维，在仿真仿生技术的基础上开发的超仿真纤维、高感性纤维，以及具有膜分离、离子交换、光、电、热等特殊功能的纤维均被称为高性能纤维。

与传统的棉、毛、丝、麻等天然纤维及涤纶、锦纶、丙纶、腈纶等合成纤维相比，高性能纤维具有高弹性系数、高强度、耐热性、耐摩擦性、耐化学品腐蚀性、电绝缘性，并对外部作用不易产生反应，稳定性好，属于一种高科技纤维，它的出现将纺织材料的应用范围拓展到了新的工业及国防领域。

高性能纤维的研究和生产开始于20世纪50年代，首先投入工业化生产的是含氟纤维。随着航天和国防工业的发展，20世纪60年代出现了各种芳杂环类的有机耐高温纤维，如聚间苯二甲酰对苯二胺纤维（即芳纶1414）等，以及碳纤维、硼纤维等无机高强度高模量纤维，后来又研制出有机抗燃烧纤维如酚醛纤维等。到了70年代，由于环境保护和节约能源的需要，高强度、高模量纤维和各种功能纤维在民用领域得到更为广泛的应用。进入21世纪后，世界主要高性能纤维继续以较快的速度发展。2009年，世界有机耐高温纤维和高强高模纤维的需要量各以5%和10%—16%的高速度增长。高性能纤维主要有以下这些品种：

1. 芳纶

凡聚合物大分子的主链由芳香环和酰胺键构成，且其中至少85%的酰胺基直接键合在芳香环上，每个重复单元的酰胺基中的氮原子和羰基均直接与芳香环中的碳原子相连接并置换其中的一个氢原子，这样的聚合物被称为芳香族聚酰胺纤维，我国将其定名为芳纶。芳纶具有超高强度、高模量、耐高温、耐酸耐碱、质量轻等优良性能，是高性能纤维中最主要的一种产品，用途广泛（见图6–3）。芳纶的具体品种有：

图6–3　用途广泛的芳纶纤维

芳纶1313——由间苯二胺与间苯二甲酰氯缩聚后经溶液纺丝而成，属于间位芳纶（分子链排列呈锯齿状）。主要用于防原子能辐射、高空高速飞行材料等方面，也可用于有特殊要求的轮胎帘子布，还可用于制造防辐射衣料、航天专用衣料，以及消防服、军警作训服及特殊工种的耐高温衣料，并可用于飞机、高铁、游艇等制造所需的蜂窝制件、高温线管、飞机油箱、防火墙、反渗透膜或其他中空纤维等产品生产。

芳纶1414——又称“凯夫拉”，由对苯二胺与对苯二甲酰氯缩聚而成，属于全对位芳纶（分子链排列呈直线状）。主要用于防弹衣、防弹头盔制作，建筑物承重柱体包敷加固，还适用于海洋和航空航天工程、土木工程、地面运输、工程塑料和体育用品等领域的复合材料的生产，工业用输送带及防割、防灼伤用品生产，以及能够改善使用效果的刹车片、刹车片衬里、离合器摩擦片的生产等。

芳纶Ⅲ——诞生于20世纪70年代，也称杂环芳纶，由对苯二胺、苯二甲酰氯及含有杂环结构的二胺等三种单体共缩聚而成。主要应用于制造飞机螺旋桨、机身、机翼、轮胎等部件，卫星、飞机、舰船雷达罩，卫星部件，高端仪器防护舱、高级防弹衣、防弹头盔、防弹护甲，电力电信输送材料及体育用品等。

2. 碳纤维

碳纤维是复合材料中的基础材质之一，它发明时间为19世纪80年代，距今已有一百三十余年。发明人为英国的约瑟夫·斯旺和美国的托马斯·爱迪生。碳纤维最初是从棉花燃烧后产生的物质中提炼出来的，由于具有耐高温的特性，起初被用于电灯泡中，称为“碳丝”，后来因为钨丝成本比其更低廉，故“碳丝”很快退出该应用领域。直至20世纪50年代，因研发制造航天飞机需要更加轻质的耐高温高性能材料，美国有关方面经过一系列的研究实验，研制出熔点为3600 ℃的耐高温材料，并将其命名为碳纤维。碳纤维是一种含碳量在95%以上的高强度、高模量的新型纤维材料。目前市场上90%以上的碳纤维是以聚丙烯腈为原丝制成的，除此之外，沥青、粘胶及各种气态的碳氢化合物也可作为它的原料。碳纤维经碳化及石墨化处理后，由片状石墨微晶等有机纤维沿纤维轴向方向堆砌而成。除了耐高温之外，碳纤维还具有轻盈、外柔内刚的特性，它比金属铝还要轻，但强度却高于钢铁，并且具有耐腐蚀、高模量的特质，碳纤维复合材料与其他材料性能对比见表6–1。同时，它又兼有纺织纤维的柔软性和可加工性。运用纺织技术，碳纤维可加工成丝、织物、毡、席、带、纸及其他形态的各种材料，在国防军工和民用方面都能得到应用，是新一代的增强型纤维。

表 6–1　碳纤维复合材料与其他材料性能对比

材料体系		密度（g/cm^3）	拉伸强度（MPa）	拉伸模量（GPa）	比刚度 GPa/（g/cm^3）	比强度 MPa/（g/cm^3）
铝合金		2.8	420	72	26	151
钢（结构用）		7.8	1200	206	26	153
钛合金		4.5	1000	117	26	222
S-玻璃纤维/环氧树脂	单向板	2.0	1795	56	28	898
	织物		820	26	13	410
T300 碳纤维/环氧树脂	单向板	1.6	1760	130	81	1100
	结构铺层		810	60	38	506

碳纤维原先只用于国防军工及航天领域，20 世纪 70 年代进入民用产品领域，钓鱼竿和高尔夫击球杆成为首批用碳纤维复合材料制成的民用产品，后来，网球拍、运动自行车及 F1 赛车也开始使用。1982 年，用碳纤维复合材料制成的零部件安装在波音 767 和空客 310 机型上，并成功实现首飞。随后，碳纤维复合材料又开始在汽车行业应用，现在已经成为“减重节能”的热门材料。另外，大型风力发电的叶片骨架，土木建筑工程，化工用密封防腐装置、催化剂、吸附剂和密封制品，生命体医疗器材，纺织编织机用剑杆头和剑杆防静电刷，电磁屏蔽等领域都有碳纤维复合材料的身影。

3. 超高分子量聚乙烯纤维

又称高强高模聚乙烯纤维，于 20 世纪 70 年代研制成功，如今与芳纶、碳纤维并称为世界三大高性能纤维。其原料为分子量在 100 万—500 万之间的聚乙烯，采取干法纺丝和湿法纺丝两种方式生成，经过原料制备，采用双螺杆挤压机挤压，进入纺丝箱，通过喷丝板喷丝、萃取、干燥，加热牵伸等流程纺出，再卷绕成型。超高分子量聚乙烯纤维具有高比强度、高比模量，它的比强度是同等截面钢丝的10多倍，比模量也仅次于特级碳纤维，因耐化学腐蚀、耐磨性好，具有较长的挠曲寿命。它还具有纤维密度低的特性，密度仅为0.97—0.98 g/cm^3，可浮于水面。由于具有很强的吸收能量的能力，因而超高分子量聚乙烯纤维具有突出的抗冲击性和抗切割性，并具有抗紫外线辐射、防中子和 γ 射线的功能。

超高分子量聚乙烯纤维应用领域广泛，在军事上可以制成防护衣料、头盔及其他防弹材料，如直升机、坦克和舰船的装甲防护板、雷达的防护外壳罩、导弹罩、防弹衣、防刺衣、盾牌等，其中以防弹衣的应用最为引人注目。因为它具有轻柔的优点，防弹效果优于芳纶1414，在航天工程中适用于各种飞机的翼尖结构、飞船结构和浮标飞机等的生产。该纤维还可以取代传统的钢缆绳和合成纤维绳索，用以制成航天飞机着陆的减速降落伞和飞机上悬吊重物的绳索。在工业、建筑方面，该纤维及其复合材料可用来制造耐压容器、传送带、过滤材料、汽车缓冲板等，也可用来制造墙体、隔板结构等，用它制成的增强水泥复合材料可以改善水泥的韧度，提高其抗冲击性能。在海洋工程方面，制造负力绳索、重载绳索、救捞绳、拖拽绳、帆船索和钓鱼线等，是该纤维的最初用途。在医疗领域，它用于制造牙托材料、医用移植物和整形缝合线，以及医用手套和其他医疗设施等。在体育领域，可用作安全帽、滑雪板、帆轮板、钓竿、球拍及自行车、滑翔板、超轻量飞机等零部件的生产（见图6-4）。

图6-4　超高分子量聚乙烯纤维应用领域

4. 玄武岩纤维

以火山喷发形成的岩石为原料，经 1450 ℃—1500 ℃高温熔融后纺丝而成，是一种新型无机环保绿色高性能纤维材料。它强度高，而且还具有电绝缘、耐腐蚀、耐高温阻燃等多种优异性能。由于生产工艺决定了玄武岩纤维产生的废弃物少，对环境污染小，且产品废弃后可直接在环境中降解，无任何危害，因而是一种名副其实的 21 世纪绿色环保新材料，也是一个在世界高技术纤维行业中可持续发展的有竞争力的纤维种类。我国已把玄武岩纤维与碳纤维、芳纶、超高分子量聚乙烯纤维列为重点发展的现代四大纤维之一，并已实现了工业化生产。玄武岩纤维及其复合材料可以较好地满足国防建设、航天航空、交通运输、建筑、石油化工、环保、电子等领域结构材料的需求，对国防、重大工程的建设和产业结构升级具有重要的推动作用。经化学印染整理，玄武岩纤维织物可以染色和印花；经过功能性整理，如经有机氟整理可制成防油拒水的永久性阻燃面料。玄武岩纤维可用于制造的功能性服装有：消防员灭火防护服、隔热服、避火服，炉前工防护服，电焊工作服，军用装甲车辆乘员的阻燃服等。

5. 聚苯硫醚纤维

又称 PPS 纤维，属于高性能聚合物。以硫化钠和二氯苯为原料，在 N- 甲基吡咯烷酮或含碱金属羧酸盐的有机极性溶剂中缩聚制得。聚苯硫醚纤维经熔融纺丝形成丝状物，也可经过双向拉伸制成薄膜，或通过填充增强型树脂制成复合材料。该纤维具有较好的物理机械性能，拉伸后的纤维经卷绕、切断可制成短纤维。聚苯硫醚纤维具有耐高温性和阻燃性，还具有突出的化学稳定性，耐腐蚀性强。聚苯硫醚纤维织物可长期暴露在酸性环境和高温环境中使用，主要用于热空气或腐蚀性介质的过滤材料，如工业燃煤锅炉过滤器上所使用的过滤布、过滤袋等。在湿态酸性环境中，若接触温度为 150 ℃—200 ℃，聚苯硫醚纤维的使用寿命可达 3 年左右。该纤维制成的针刺毡带，可用于造纸工业的烘干工序环节，是较为理想的耐热和耐腐蚀材料。另外，聚苯硫醚纤维还可用制成高温和腐蚀性环境下的各种帆布、缝纫线、防护布、耐热衣料，以及电绝缘材料、电解隔膜，也可用作特殊填充和增强材料。聚苯硫醚纤维制成长丝增强复合材料后，可用于军工、航空航天等领域。而用一种主要成分为氟气、氧气和氮气的混合物处理过的聚苯硫醚纤维织物，特别适合用于电化学储能装置中的隔离材料。用聚苯硫醚纤维制成的过滤材料，被认为是捕捉空气中致癌物二噁英的最佳材料，可用于废旧塑料处理及垃圾焚烧处理环节。

6. 芳砜纶

即聚砜酰胺纤维，属于对位芳纶系列，是我国自主研发的具有独立知识产权的高性能合成纤维。所用原料聚砜酰胺是一种三元无规共聚物，经溶解、冷却、搅拌、添加助剂后形成浆液，然后经过过滤、脱泡后，采用湿法纺丝置于凝固液中形成初生纤维，再经过高温拉伸、水洗、干燥等工序制得成品。我国科研人员在研制聚砜酰胺纤维时，改变了国际上采用以间苯二胺为第二单体的传统工艺路线，创造性地在纤维分子链上引入了对苯结构和砜基，使酰胺基和砜基连接，并与对位苯基和间位苯基构成线性大分子。由于这种芳香族聚酰胺纤维在高分子主链上存在强吸电子的砜基基团，通过苯环的双键共轭作用，从而使其比同类产品性能更佳。聚砜酰胺纤维由于其特殊的化学结构，具有优异的耐热性、热稳定性与抗热氧化性能，其阻燃性优于间位芳纶纤维，同时还具有良好的高温尺寸稳定性、电绝缘性、可染色性，以及耐辐射性和化学稳定性。目前这种纤维多用于防护领域，如耐高温的防火外层布以及成毡后的隔热层，可制成消防服、宇航服、特种军服等特种服装（见图 6–5）。还可应用于高温过滤领域，如烟道气除尘过滤袋、稀有金属回收袋、热气体过滤软管以及作为耐酸、耐碱及一般有机溶剂的过滤材料和耐腐蚀材料等。制成复合材料后，芳砜纶还可以应用于生产耐高温绝缘材料、密封材料领域以及耐高温毡垫等。

图 6–5　消防服

7. 光导纤维

简称光纤，是一种能够传导光波和各种光信号的纤维。与传统的同轴电缆相比，一根光导纤维所传送电话的信息量相当于 100 根同轴电缆，而且光信号传送时损耗低，接点数目可以减少二十分之一，效率高，因此，光纤是现代信息技术一种理想的传输工具。光导纤维使用的材质可分为石英玻璃纤维和有机高分子纤维两大类，前者主要应用于较长距离的光通信领域，可取代同轴电缆和微波通信，而后者因使用时信号损耗大，应用范围须控制在百米以内。与金属内芯的同轴电缆相比，光导纤维具有质量轻、柔韧度好（易弯曲，抗冲击性强）、耐腐蚀、直径尺度小（一般在 1—100 μm 之间）、传输容量大（受光角度大且频带宽）、抗干扰能力强（只传光，不导电）、保真度高（噪声小，且中途不需要放大信号）、价格低、易加工（维护和连接便捷）等优良性能。自 1977 年美国加州通用电话公司启动全球第一套光纤通信系统以来，光导纤维获得了长足的发展，应用数量在不断增长。同时高分子纤维内芯的改进也在进行中，一种更先进的重氢化聚甲基丙烯酸甲酯纤芯材料已投入商业化应用。除了通信信号传播领域之外，目前光导纤维还应于医疗内窥检视仪器，环境安全防控，军事领域的雷达控制、导弹制导、水下监听等高端领域。

8. 导电纤维

是 20 世纪 60 年代诞生的一种新的纤维品种，通常是指在温度为 20 ℃，相对湿度达到 65% 的标准状态下，电阻率一般低于 10^7 Ω · cm 的纤维，主要用于防静电、屏蔽电磁波和电能传输等领域。最初的导电纤维是采用直径约为 8 μm 的不锈钢材料制成的，70 年代后各种导电性的有机合成纤维蓬勃兴起，于是各种类型的导电纤维被大量研制开发出来。现已开发应用的导电纤维主要有金属纤维、碳素复合纤维和腈纶铜络合纤维等，国内目前使用的大多是用金属纤维或腈纶铜络合纤维，以及与其他纤维混纺、交织而制成的导电纤维。

金属导电纤维——直接将金属丝作为纤维应用，即采用直接拉丝法将金属丝通过模具反复进行拉伸，制成直径为 4—16 μm 纤维，其导电性能好，耐热、耐化学腐蚀。对于纺织品而言，金属纤维抱合力小，纺纱性能差，成品色泽受限制，且制成高细度纤维时价格昂贵，只用于地毯和特殊行业工作服面料。

金属化合物导电纤维——主要采用复合纺丝法将高浓度的导电微粒混入

纤维中制取，或采用涂布方式在其他纤维表面镀上一层金属离子，实现纤维的导电性能。其质地相对较轻，牢度强，具有可揉搓性，便于加工和洗涤维护，适合于制作孕妇及婴幼儿防护服装。

碳素复合导电纤维——是将在煤、天然气、重油、燃料油等物质中提炼而成的碳黑物质；或是以黏胶、腈纶、沥青作为原材料，经碳化处理后形成的碳纤维，与其他纤维混合后采用皮芯纺丝法制成；也可以采用黏合剂将碳黑物质黏合于纤维表面，或直接将纤维表面快速软化与碳黑物质黏合，而产生导电功能。其优点是耐热、耐化学药品腐蚀、能够保持原材料的质地，但模量低、缺乏韧性、不耐弯折、无热收缩能力、适用范围有限。

腈纶铜络合导电纤维——以聚丙烯腈短纤维为基材，硫酸铜为金属源。制备方法是先将腈纶纤维浸入铜盐溶液中，使其吸附二价铜离子，再用有机或无机还原剂，让铜离子在与腈纶纤维上的氢基络合的同时产生铜的硫化物，从而使得腈纶纤维因表面覆盖了该物质而具有导电功能，该纤维同时具备了抗菌除异味的特性。

第二节　特种纱线

纱线是一种初级加工的纺织品，是将各种纤维通过纺纱（丝）技术加工成具有一定细度且保持长度连贯性的产品，用于织布、制绳、制线、针织和刺绣等。纱线可分为短纤维纱、连续长丝等。特种纱线又称花式纱线，是指在纺纱和制线过程中采用特种原料、特种设备或特种工艺对纤维或纱线进行加工而得到的具有特殊结构、外观效应和特殊使用效果的纱线，是一种具有装饰作用和新颖实用价值的纱线，其中蕴含了现代科技元素。特种纱线使用的原料很广泛，包括棉、毛、丝、麻等天然纤维材料，人造及合成的化学纤维，以及各种纺纱纺丝下脚料等。特种纱线生产方法很多，不同的材料和不同的加工方法组合在一起，可以形成新的、更多的特种纱线产品。特种纱线的机织产品可作为大衣、西服、外衣、衬衫及裙子的面料；特种纱线的针织产品则广泛用于制作针织服装；此外，特种纱线也大量用于织制羊毛衫、帽子、围巾、领带、地毯等产品，以及纱发布、窗帘布、床上用品、高级贴墙材料等居家及装饰用布。其主要品种包括：

一、混纺纱

是指由两种或两种以上不同的纤维按一定比例混合纺制成的纱线，如涤棉混纺纱、涤粘混纺纱等，还可用其他多种纤维按不同比例分配调节形成种类繁多的混纺纱（见图 6–6）。随着纺纱工艺的不断成熟，现在已经实现了化学纤维（包括人造和合成纤维）和天然纤维（棉、麻、丝、毛等）混纺，化学纤维和化学纤维的混纺，以及天然纤维和天然纤维的混纺。目前在国内市场上，经过混纺纱织成的一块织物内含有三种以上纤维成分已经很普遍了，而国外有些特种织物甚至可以做到含有五种成分，可见混纺纱生成技术已经成为纺织新产品开发的重要手段。使用混纺纱能够达到以下效果：

图 6–6　混纺纱线

体现特殊功能——单一纤维往往有其局限性，而通过加入另一种纤维后可以弥补这方面的缺陷：如羊毛织物一般牢度不够，通过添加涤纶纤维可大大提高使用周期；而真丝的特性是柔软舒适，但对于某些服装款式，设计师或客户想要提高挺括程度，通过添加棉纤维成分，便可增加面料的骨感，达到相应的效果。

外观设计需要——如涤锦混纺或交织面料，还有涤纶和阳离子涤纶混纺面料，由于两种纤维对染料的反应不同，通过染色可以达到很好的双色外观效果。

降低生产成本——在某种纤维的价格较高的情况下，比如棉花要比涤纶贵时，通过涤棉混纺就可以降低面料的成本；再如全棉的麻灰纱因采用色纺工艺，成本很高，通过使用涤棉混纺纱线，只需采用匹染方式即可产生麻灰效果，可大大降低面料生产成本。

二、包芯纱

又称复合纱或包覆纱，它是由两种或两种以上的纤维组合而成的一种新型纱线，一般以强力和弹力都比较好的合成纤维长丝为芯纱，外包棉、毛、粘胶纤维等短纤维共同加捻纺制而成。比较常见的包芯纱有涤棉包芯纱，它以涤纶长丝为芯纱，外包棉纤维。另外还有氨纶包芯纱，它是以氨纶长丝为芯纱，外包其他纤维制成的纱线。由这种包芯纱制成的针织物或牛仔裤料，穿着时伸缩自如，富有弹性，舒适合体。

包芯纱除了具有特殊的结构以外，还有很多优点：它可以利用化纤长丝芯纱优良的物理性能和外包短纤维的性能和表面特征，充分发挥两种纤维的特长并相互弥补它们的不足。如涤棉包芯纱可以充分发挥涤纶长丝挺爽、抗折皱、易洗快干的优点，同时又可以发挥外包棉纤维吸湿好、静电少、不易起毛起球的特长。织成的织物易染色整理、穿着舒适，方便洗涤，且色泽鲜艳、美观大方。包芯纱还能在保持和改进织物性能的同时，减轻织物的重量，以及利用化纤长丝和外包纤维的不同化学性能，在织物染整加工时，用腐蚀性学助剂溶去一部分外包纤维，可以制成具有立体花纹效果的织物等。目前以棉为皮、涤纶为芯的包芯纱用途最广，可用于生产学生服、工作服、衬衣、浴衣面料、裙子面料、被单和装饰布等。

三、异形纱（丝）

通常是指纤维横截面为三角形、十字形、五星形、三叶形、H 形、T 形、X 形、Y 形、异形中空等不同形状的纤维（见图 6–7），它们通常是通过不同造型的纺丝喷头或纺丝板产生的，主要是模仿棉、麻、丝、毛等天然纤维的外观与特性。跟普通化学纤维相比，异形纤维有如下特点：一是光学效应好，特别是三角形纤维，具有小棱镜般的分光作用，能使自然光分光后再度组合，给人以蚕丝般亮丽的感觉；二是表面积大，能增强覆盖能力，减小织物的透明度，同时能改善圆环状纤维易起球的不足；三是因横截面呈特殊形状，能减弱纤维之间的抱合力，改善织物的蓬松性和透气性；四是抗抽丝性能优于圆环状纤维。目前，异形纤维已大量用于机织、编织及地毯工业中，我国利用异形纤维主要生产机织产品和针织产品，如生

以上是设备喷丝孔的形状(横截面)

以上是纤维成型后的形状(横截面)

图 6–7　异形纱（丝）的横截面示意图

产仿细夏布、波纹绸、仿薄丝、仿绢和毛料花呢等。在纺织新产品开发方面，利用异形纤维的特性可以达到面料外观多样化的特殊效果，在实际中应用较多的主要有以下几类：

三角形截面纤维——这类纤维的应用最为广泛，仿丝绸、仿毛料都是这类纤维，它手感温和，还特别适合织造仿毛法兰绒面料。

五角形截面纤维——因呈多叶形截面形态，纤维的手感优良，保暖性好。

三叶形截面纤维——适合用来织造针织外衣料，它不易出现勾丝和跳丝，即使出现也不会形成破洞。还可生产起绒织物，其绒面可以保持丰满、竖立，具有较好的机械蓬松性。采用较高捻度的三叶形长丝织造的仿麻织物手感凉爽，更宜做夏季衣料。

近几年来，异形纤维的应用领域日益广泛，在服装、居家及装饰、产业用三大纺织品领域内都有着广阔的市场需求，同时也是非织造布及仿皮涂层面料的理想原料。例如，在地毯织造中，异形纤维的特长是富有弹性、不起球，有高度的蓬松性、覆盖性和防污效果；在非织造布领域，异形纤维的附着性比圆环状纤维大得多，强度自然提高很多；在工业卫生领域，用X、H形纤维制造的毛刷类产品，其清洁程度比一般产品要好得多。异形中空纤维除了在服装领域运用之外，在工业污水处理、浓缩物质分离、海水淡化、人工肾脏等方面也得到了广泛应用。

四、变形纱

也叫变形丝，是纤维长度上出现的形态变化。主要利用合成纤维受热塑化变形的特点，在机械和热的作用下使伸直的纤维变为卷曲状，产生蓬松性和弹性（见图6–8）。变形纤维一般分为两类：一类是以外观体积蓬松为主要特征的，称为膨体纱，以腈纶为主要原料，主要用于针织外衣、内衣、绒线和毛毯等产品生产；另一类是以弹性为主的，称为弹力丝，其特征是纱线伸长后能快速回缩。弹力丝又可分高弹和低弹两种：高弹丝以锦纶为主，用于弹力衫裤、袜类等；低弹丝有涤纶、丙纶、锦纶等不同原料之分，涤纶低弹丝多用于外衣面料和室内装饰布生产，锦

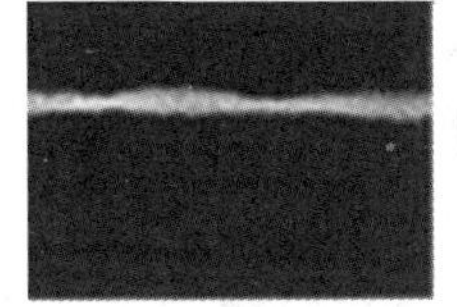

热处理前

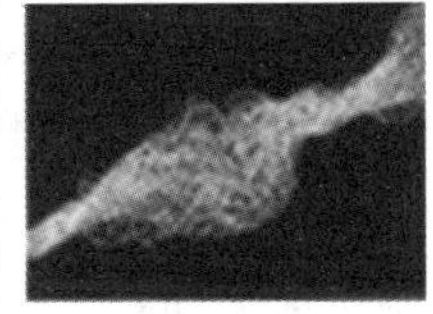

热处理后

图6–8 变形纱的形成

纶、丙纶低弹丝多用于家具装饰织物和地毯生产。通过变形纺纱纺丝加工，各类合成纤维能制成仿毛、仿棉、仿丝、仿麻等变形纱或变形丝。变形纱或变形丝可以直接采用针织或机织方式加工成类似天然纤维的各种织物，织物手感丰满，透明度下降，且不易起球，吸水性、透气性、卫生性、保暖性和染色性都得到改善。特别是用弹力丝制成的衣袜伸缩自如，可适合不同的体型，具有独特的风格和用途，比如各类紧身运动员服装。当前，变形纱加工已达到工序短、成本低的水平，可以实现高速化生产。

五、超细丝

超细丝又称细旦丝，是指纤维直径在 5 μm 或 0.44 dtex（仅为蚕丝直径的十分之一）以下的纤维。由于纤度极细，超细纤维大大降低了纺丝的刚度，制成织物手感极为柔软。超细纤维还可增加纺丝的层状结构，增大比表面积和毛细效应，使纤维内部反射光在表面分布更细腻，具有真丝般的高雅光泽，并有良好的吸湿散湿性。它还具有高吸水性、强去污力、不脱毛、使用寿命长、易清洗维护、不掉色等优点，用超细纤维制成的服装舒适、美观、保暖、透气，有较好的悬垂性和丰满度，在疏水和防污性方面也有明显提高。另外，利用其比表面积大及松软的特点可以设计不同的织物组织结构，使之能够更多地吸收阳光热能或更快发散体温，达到冬暖夏凉的使用效果。超细纤维具有质地柔软、光滑、抱合好、光泽柔和等特点，用它织造的织物外观非常精细，有独特的色泽，而且保暖性好。它还可制成具有山羊绒风格的织物，主要用于制造丝绸类织物、平绒织物、高效过滤材料以及鞋类和衣用合成革基布等。

六、凉感锦纶与抗菌锦纶丝

属于功能性纱线，系由国内企业研发而成。凉感锦纶丝是通过添加玉石粉体材料，并结合异型截面设计制得，在降低锦纶丝表面体感温度的同时，利用纤维表面微细沟槽所产生的毛细现象，能够将肌肤表面的汗水和湿气迅速吸收，传输至织物的表面并散发掉。用长丝制成的该种面料舒适富有弹性，凉爽丝滑，清凉透气，色彩绚丽，是制造运动型服装和个人护理产品的优异材质。抗菌锦纶丝是通过添加纳米氧化亚铜粉体，并结合异型截面设计制得，用该纤维织成的面料具备导湿、快干、凉爽、舒适等优点，并具有持久、高效的抗菌性能。该产品经洗涤 50 次后，按我国国家标准 GB/T20944.3-2008（第 3 部分：

振荡法）检验方法测试，对白色念珠菌的抑菌率仍能达到95%，按美国标准ASTME2149-2013a检验方法测试，金黄色葡萄球菌细菌减少率为70%，大肠杆菌细菌减少率达99%以上，可用于运动服、贴身内衣、袜子等的织制。这两种特殊纱线产品均在2016年中国国际纺织纱线（秋冬）展览会上展出。

第三节　功能性织物

织物是纺织加工第二层面的产品，它是由纤维、纱线（丝）等细小柔长物质通过交叉、绕结或连接、粘连等方式构成的平软片块物。一般而言，存在交叉关系的纱线（丝）构成了机织物；存在绕结关系的纱线构成了针织物；非织造材料是由存在连接、粘连关系的纤维或纱线构成的。而既存在交叉关系，又存在绕结关系的纱线（丝）构成的织物被称为第三织物，其织造方式属于新型的三维异型整体编结织物的关键技术。所谓功能性织物，是指产品除了具有其基本使用价值之外，通过功能性纤维开发和功能性后整理技术运用等现代科技手段，还增加了其他可满足使用者需求的功效。比如，现代服装穿着除了满足蔽体需求之外，同时还要具备护体、适体、健体、美体和易维护等功能。功能性织物可分为以下几大类：

一、舒适性织物

通常具有轻盈、柔软、顺滑、吸湿、透气、无毛糙刺痒感、无冰冷感等特点，以及具备能实现织物内微循环系统温度可控可调的功能。比如，一种带有聚四氟乙烯（PTFE）微孔透气薄膜涂层的织物，不但具有防水、防风功能，同时还具有透气散热功能，利于大量运动后人体产生的热气与汗水及时排出，确保穿着舒适感。而我国新近研发的石墨烯织物则具有蓄热保温功能，充电后能在30秒内快速升温至40℃，且可持续3至5个小时，具有高效保暖的效果以及轻巧、便捷的特点，适合在冬季低温环境中使用。舒适性面料示意图见图6-9。

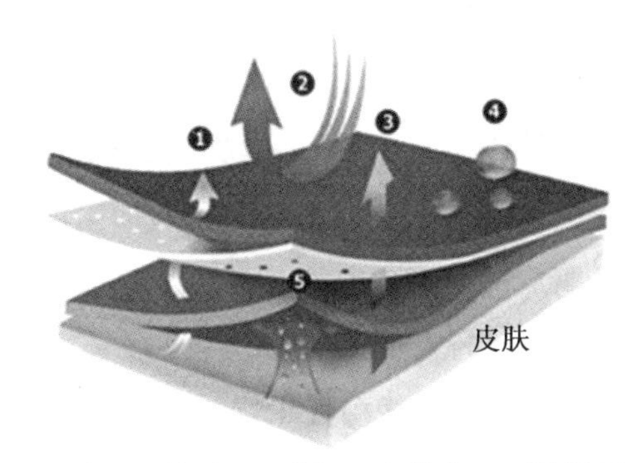

1. 透气　2. 挡风　3. 透湿　4. 超拨水　5. 吸湿快干

图6-9　舒适性织物示意图

二、健康性织物

体现为抗菌、消除异味，防霉、防蛀，以及具有远红外、磁疗发热等保健功效。利用纳米技术可以使织物具备卫生保健功能，比如，一种名为“Flu-X”的新型纺织面料，除了可以杀灭H1N1病毒之外，还可杀灭金黄色葡萄球菌和大肠杆菌，且不影响染色或漂白处理，即使清洗50次以上，也能保持99.9%的杀菌能力。而在纤维中添加铜、银、锌等微量元素后，织物便具有抗菌、消除异味和舒缓血压、理疗、减轻皮肤瘙痒和过敏症状等效果。远红外、磁疗发热等保健功能主要以在织物中添加其他保健物质来实现。

三、安全性防护织物

一般包括抗紫外线、抗电磁辐射及耐腐蚀、抗静电、阻燃、化学品使用的无害性等功能。其功能实现的技术路径包括：通过在织物表面涂布吸收剂或屏蔽剂，可以抵挡紫外线对人体皮肤或黏膜的伤害；通过添加导电纤维或在织物表面进行专项整理，能够产生抗静电、抗电磁辐射的功效；阻燃织物的形成一是通过纤维改性或使用高性能纤维，二是在织物表面涂布阻燃剂实现；确保化学品使用的无害性是一个系统工程，即在纺纱、织布、印染及后整理等环节中，主动规避使用有毒有害化学品，确保织物使用的安全性。

四、美观性织物

主要是指织物具有外观平整、保型，抗起毛、起球等特性。通过应用平幅焙烘、坯布浸轧、超级柔软整理和气相整理等定型整理技术，各种质地、厚薄、软硬不同的织物一般都能够具备平整、尺寸稳定和保型时间长久的效果，而鉴定的标准则是看织物洗涤后外观皱褶程度的变化。起毛起球是合成纤维及羊毛织物比较容易发生的影响外观的现象，通常是由静电缠绕、吸附和摩擦引起，一般可采取抗静电整理和柔软化整理加以避免。如合成纤维纺丝时添加油剂，采用喷雾法增加生产或使用环境湿度，以及采用亲水性非离子表面活性剂、非离子高分子物质或离子型表面活性剂、离子型高分子物质对织物进行专项整理。

五、维护便捷性织物

包括抗污、自洁、易洗、快干、免烫等维护功能。比如，来自上海交通大学和湖北民族大学的工程师研发出一种“有机污染物降解催化剂”，系采用二氧化钛和氮制造出一种含酒精的纳米离子化合物混合液体，棉织品浸入后形成表面涂层，再用碘化银粒子对这种带有涂层的材料进行处理，使棉质物品能够在阳光照射下自动清除污渍和消除异味。2014 年，一种采用瑞士疏水纳米技术研制的泳裤在意大利诞生，这种面料接触水时，会在短裤周围创建一个空气面，依靠纳米晶须的作用防止水分子对织物渗透。这种疏水性纳米面料透气性好、质地柔软，且安全可靠不会伤及皮肤，而干燥时间能大幅缩短 95% 以上，有效减少了洗护时间。

六、环保性织物

特指具有生产无污染、产品易降解，且节约资源、利于维护生态平衡等特点的织物。比如英科学家曾设计出用可生物降解的聚乙烯醇材料制成的，遇水可溶解的环保服装（见图 6–10），该服装材质同胶囊一样与水接触后即会消溶，可避免废弃衣物被送往垃圾场所造成的环境污染和浪费。上海工程技术大学服装学院科研团队探索纺织品“神奇”功能，研制了一种纳米光催化材料，这种材料能和纺织纤维坚牢结合，形成一种高效、持久的具有光催化等复合多功能纺织品，在光的作用下即能降解有机物，使得空气中甲醛、苯等有害有机物被分解成水和二氧化碳，从而达到净化空气的效果。为了节约资源，以类似香蕉皮、麦秸秆、咖啡渣、甘蔗渣等废弃物为原料的纤维及织物，现在也已进入研发领域。

图 6–10　遇水可溶解服装

七、专防性织物

指用于航空航天、军事国防及一些高危特殊环境，能够起到专业防护作用的功能性织物。比如，我国自行研发出可防紫外线和电磁辐射，能适应太空中大幅度温差变化的储能相变织物，这种织物制成宇航服后在外部环境变冷时可自主释放热量为宇航员御寒，也能在高温环境中通过吸收外界的热量为航天员降温。再比如一种被称为“纳米战袍”的织物，具备了隐形、变形、防弹、抵御化学毒气和炭疽袭击等多种神奇功能，并能够为受伤士兵及时提供治疗。利用记忆形变材料钛合金制成的消防服，在遇到高温时，材料中的钛合金圈形物，会如弹簧般地弹起，能够有效增加表面织物与外部空气之间的隔离空间，从而起到保护消防员的作用，使其免遭火场热灼伤的危险。

第四节 时下流行的一些服装新面料

作为纺织产品，面料是指与服装缝制加工有关的一种材料。服装用材料通常包括面料、里料、衬料，棉花及羽绒等填充物，绲边、嵌线、花边、饰带等辅料，纽扣、拉链、搭襻、绳带等配件等。由于服装属于一种与人体接触密切的物品，而服装面料又与人体接触面积最大，所以它是服装最重要的组成部分，能够起到呵护、修饰人体作用，并直接关系到穿着效果的优劣。当今，随着科技进步和社会发展，随着纺织技术和加工手段的不断更新，服装面料的种类愈加丰富，新型面料五花八门，常常让消费者有“乱花渐欲迷人眼”的感觉，故有必要从专业的角度，对它作一番梳理，让读者能够明白其中的一些奥秘。时下流行的新面料主要有以下几种：

莱卡面料——系采用美国杜邦公司生产的氨纶纤维加工而成的面料。即采用包芯纱的方式，将氨纶纤维置于其他天然或化学纤维中，形成弹性纱线，织出的面料在使用时经向和纬向都富有一定弹性，可增加服装穿着的舒适感与线条感，并可提高防皱效果。氨纶纤维可以搭配羊毛、麻、丝及棉等材料使用，形成的莱卡面料种类丰富，多用于一些紧身类、合体性强的服装，如牛仔裤、收腰衬衫、晚礼服等。

四面弹面料——顾名思义就是上下左右均可拉伸回缩的面料，它适体性强，能配合人体活动，及时伸长与回复，轻快舒适，而且还能保持服装的外形美观，肩部、肘部及膝盖等部位不会因穿着时间长而变形凸起。四面弹面料可以用涤纶加捻织造而成，成品类似真丝双绉，广泛应用于各类女装、夏装及贴身内衣。四面弹面料也可以通过在锦纶丝、棉纱线或涤粘（TR）混纺纤维中添加氨纶包芯纱的方法制成，即先把普通纱线（丝）与氨纶包芯纱合股加捻，制成有弹力的纱线后再织布，如采用涤纶加氨纶的方式通过圆机织造而成的四面弹麂皮绒针织物弹性良好，非常适合制造女装。近年来流行的弹力女装打底裤，很多就是用此面料印花制成。四面弹面料还可用于鞋帽、沙发布、玩具、工艺品等生产。

天丝面料——由英文 Tencel 音译而来，系英国 Acocdis 公司首创。该种面料以人造纤维（粘胶纤维）中的一种新型纤维素纤维为原料，系采用桉树为原材料制成木浆浆粕，再添加溶剂与助剂通过湿法或干法纺丝工艺加工形成，其原材料来源量大、再生性好，助剂安全无毒且可回收，因而环保性能优异。用它制成的服装面料外观和使用性能则接近于纯棉织品，具有宜人的滑爽感觉，自然悬垂感强，耐穿性能极好，适合用于外衣、外套等服装产品。

莱赛尔面料——由奥地利兰精（Lenzing）公司首创。原料选用针叶林树种，也是采用人造纤维（粘胶纤维）制造方法生成，即先制成木浆浆粕，再添加溶剂与助剂通过湿法或干法纺丝工艺加工形成，属于一种新型纤维素纤维，所不同的是先进的生产工艺使得其溶剂与助剂回收率高达 99.7%，不仅节能、环保，而且可持续应用。用这一纤维制成的服装面料不仅光泽自然、手感滑润、强度高、基本不缩水，而且透湿性、透气性好，与羊毛混纺的织物效果更加良好。

莫代尔面料——也由奥地利兰精公司首创，同样由人造纤维（粘胶纤维）中的一种新型纤维素纤维织造而成。莫代尔又称为木代尔，该种面料系采用榉树木材制成浆粕，再通过新型黏胶的纺丝工艺加工形成。用它制成的服装面料，展现出一种细密的平滑光泽，具有宜人的柔软触摸感、自然悬垂感以及极好的耐穿性能，能够赋予机织及针织等服用面料柔软的手感、舒适的穿着性能、流动的悬垂感以及高吸湿性，近似于棉织物，可生产内衣、衬衫、睡衣、运动服和休闲服等各类日常服装，同时也用于高档的蕾丝服装。

竹纤维面料——以竹子为主要成分，纤维具有良好的透气性、瞬间吸水性、较强的耐磨性和良好的染色性等特性，同时又具有天然抗菌、抑菌、除螨、防臭和抗紫外线等功能。经过适当的加工处理，竹纤维面料比棉纤维更柔软，与真丝和羊绒的质地相似。竹纤维面料有三种类型：一种叫竹原纤维面料，纤维和纱线采用类似其他天然纤维加工的方法制取；第二种叫竹浆纤维面料，属于人造新型纤维素纤维，需依靠粘胶纺丝工艺制成；第三种叫竹炭纤维面料，选用纳米级竹炭微粉，以混合工艺将其加入粘胶纺丝液中，再经过近似于粘胶纺丝工艺制成。

异形合成纤维仿天然纤维面料——采用改性纤维或异形丝构成。所谓异形合成纤维，是指纤维横截面的各种不同形状，主要利用纺丝机械不同的喷头、喷丝板产生，如三角形、十字形、中空型、多孔型及不规则形等。通过模仿棉、麻、丝、毛各类天然纤维的横截面，改善涤纶等合成纤维面料的服用性能，如增加排汗透湿功能，改变外观效果等，达到提高穿着舒适度和美观度的效果。

远红外保健面料——属于一种功能性面料，多以柔软的针织内衣形式出现。它是通过在纱线中添加远红外自发热材料，使衣物在贴身穿着后可产生有助于促进肌体血液循环和新陈代谢的功效，增加保暖性，有利于改善或缓解人体相关部位如颈椎、上下肢关节等处的不适症状。

防水透湿面料——也属于功能性面料，多用于风衣、冲锋衣等户外服装。通常采用涂层技术在织物表面形成带有微孔薄膜，质地柔软，具有挡风、防水、排汗等功能的材料，以增加其适应环境和人体运动后变化的服用性能，提高穿着功效。

防紫外线面料——系一种防护性面料。现如今地球环境因温室气体增多而发生变化，生态平衡被打破，南极上空出现臭氧空洞，导致太阳辐射紫外线过多地进入地球，给人类健康带来负面影响，类似皮肤癌、白内障等疾病发病率增多，于是，紫外线的防护问题开始从专业领域走向了大众。该种面料能够反射或吸收、消减紫外线，多用于防晒衣、遮阳伞等，其特征是产品应挂有“紫外线防护”功能的标签。

易护理面料——系采用纳米技术生成的一种功能性面料。现代社会生活节奏越来越快，紧张、忙碌的工作往往容易使人感到疲劳。为了更好地休息和享受生活，人们更加青睐那些穿着方便、保养简便的服装产品。此类面料具有强抗污、免水洗或水洗快干、抗皱缩、保型长久及防霉防蛀等性能，已成为使用方便、易保养的新一代服装产品的主要材料。现已问世的免烫衬衫、防污纳米上衣和裤裙、拒水快干开司米风衣等就是这方面的标志性产品。

感应式蓄能保暖面料——以石墨烯织物为代表。在 2018 年平昌冬季奥运会闭幕式“2022 年，相约北京”的 8 分钟文艺表演节目中，登场的我国演员身穿轻薄、合体的石墨烯发热服饰，完美演绎了成套动作。当时场上温度为 -3 ℃，身穿能够显现人体健美线条的带有 LED 发光功能的轻薄型连帽式服装的演员，不惧严寒，在音乐伴奏和灯光衬映下翩翩起舞，与电脑控制的滑动的“冰屏”配合默契，表现出韵律十足、美不胜收的表演效果。这款采用石墨烯材料制成的表演服装，利用其外观轻薄的特点和具有快速充电且能转化、积蓄和释放热量的突出优势，很好地达到了抗寒保暖、呵护人体的效果，既适合演出设计需要，又确保了演出质量。

细旦及超细旦面料——通常是指用纤度很细的涤纶、锦纶、丙纶等合成纤维以及一些人造纤维（如莫代尔等）织造的面料。旦是纤维的纤度单位，一般，长度达到 9000 米的丝质量为 1 克时，其纤度为 1 旦，如蚕丝的纤度为 1.1 旦。细旦纤维是指纤度在 0.5—1.0 dpf 之间的纤维，而超细旦纤维是指纤度在 0.5 以下至 0.1 dpf 之间的纤维。用细旦丝织成的面料包括桃皮绒、麂皮绒、高密防水防钻绒面料、高感性仿真丝绸以及功能性吸附材料、过滤材料、保湿材料等，可生产高档针织时装及内衣、医用防护服、超洁净工作服等。超细旦面料比一般纤维织物更具蓬松、柔软的触感，而且能够克服天然纤维易皱，人造纤维不透气等缺点。此外，它还具有保暖、不霉变、无虫蛀、质轻、防水等许多无可替代的优良特性。

第七章　“互联网+”给纺织行业发展带来变化

互联网源自“网络连接”的概念，它由英语Internet翻译过来，或音译为因特网。互联网始于1969年美国，系指通过广域网、局域网或者是将单独计算机按照一定的通信协议组成的国际化计算机网络。通过信息技术，可以将两台或多台计算机的终端（包括供应端、客户端、服务端）互相联系起来，人们利用它能够与不在身边的朋友相互发送邮件、互通信息、共同讨论交流，或一起完成一项工作，或共同娱乐。现今互联网已经发展成为多功能互动平台，应用走向多元化。一方面，互联网是私人之间的通信工具，在互联网中电子邮件始终是使用最为广泛也最受重视的一项功能；另一方面，互联网通过大量的信息搜索网站的建立，发挥出真正的大众传媒作用，它可以用比任何一种方式都更快、更经济、更直观、更有效的手段，把思想、知识成果与信息传播开来。互联网的发展越来越深刻地改变着人们的学习、工作以及生活方式，甚至影响着整个社会进程，其中也包括产业的发展。

近年来兴起的“互联网+”是指结合某一行业或领域的实际状况及创新发展需求，运用互联网思维和相关运作模式与手段，在产品研发生产及市场推广、后续服务等方面不断提高自动化和智能化水平，从而在确保质量和信誉的基础上赢得客户，不断增强该产业的可持续发展能力。事实上，“互联网+”极强的包容性、适应性和创新性与各个行业的转型升级需求不谋而合，因此诞生了丰富多样的运作模式。“互联网 +”模式已形成了诸如互联网金融、互联网交通、互联网医疗、互联网教育等新业态，而且已经向第一和第二产业渗透。

第一节 “互联网 +”对工业发展的影响

所谓“互联网 + 工业”是指各类生产制造加工企业采用移动互联网、云计算、大数据、物联网等现代信息技术，改造原有的产品及研发生产方式和服务方式，促使其向高度自动化和智能化方向发展。从本质上讲，“互联网 + 工业”与“工业互联网”“工业 4.0”的内涵基本一致。2015 年我国政府工作报告中指出，要制定“互联网 +”行动计划，推动移动互联网、云计算、大数据、物联网等与现代制造业结合，促进电子商务、工业互联网和互联网金融健康发展，这表明“互联网 +”战略已经上升到国家层面。毫无疑问，以计算机信息化网络技术作为载体的“互联网 +”，已经成为当今各行各业适应发展创新需求，改进传统运作模式，不断提高产品质量和服务水平，提高效率，提高自身可持续发展能力的重要创新引擎。对接“互联网 +”似乎已经成为推进传统产业进步的一种手段。

“互联网 +”对现代工业发展创新的影响（见图 7–1）可以概括为以下几

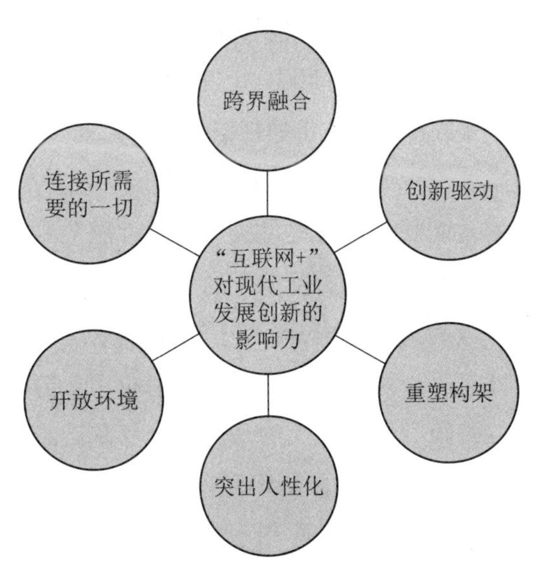

图 7–1 “互联网 +”对现代工业发展创新的影响

个方面：一是促进跨界融合，即实现类似于基础与应用、产学研、生产与消费、需求与服务的跨界融合，有利于夯实创新基础，推动群体智能和协同智能发展，有利于缩短从研发到产业化的路径；二是强化创新驱动，即通过互联网思维寻求变化，实现自我变革，也更能激发创新的主动意识；三是重塑构架，信息全球化的互联网业正日益渗透于社会的方方面面，有助于打破原有相对封闭的传统组织结构及运营模式；四是突出人性化服务，互联网力量之所以强大，最根本是来源于对人的需求的尊重、对人的体验的崇敬和对人的创造性发挥的重视；五是开放环境，即有利于疏通以往制约创新的诸多环节，让研发由市场因素驱动，把各类独立式创新连接起来；六是连接所需要的一切，实现资源调用的价值最大化。

"互联网 + 工业"的实施途径及效果包括以下几个方面：

一、提升生产加工控制水平

比如通过借助移动互联网技术，传统制造厂商可以在汽车、家电、配饰等工业产品上增加网络软硬件模块，实现用户远程操控、数据自动采集分析等智能化功能，极大地改善工业产品的加工手段。在纺织生产加工行业，"互联网+"有助于企业加强自主创新，强化技术基础建设，围绕自动化、智能制造需求，推进关键技术设备的开发，实现生产过程智能控制（在线检测），启动关键岗位的机器人替代，车间配送、包装设施的自动化与智能化运作，密切跟踪信息技术、智能化等技术动向，形成"互联网 +"在行业中的特色应用。

二、强化软件服务和技术支持的规范性

基于云计算技术，一些互联网企业打造了统一的产品智能软件服务平台，为不同厂商生产的智能硬件设备提供统一的软件服务和技术支持，优化用户的使用体验，并实现各类产品的互联互通，产生协同价值。当前，我国纺织工业正处于转型升级的关键时期，行业信息化在这一过程中始终发挥着不可替代的作用，云计算等一系列新技术的出现和应用，势必给解决这些问题带来新的思路和新的路径。依托强大的高性能计算基础结构，云计算能够同时满足大量个人和商业需求。我国纺织行业中的中小企业存在着人才匮乏、需求多样、资金不足、管理基础薄弱等问题，自己建立信息系统存在一定困难。由第三方机构建设的公有云计算平台能为他们提供公共、专业化的信息技术服务，为他们解决当务之急，也是尽快实现中小企业信息化的理想方式。

三、提高决策或研发的精准性

采纳大数据技术，工业企业可以融合应用新一代信息技术，使决策从“业务驱动”转变为“数据驱动”，通过实时收集、监测、跟踪和研究在互联网上产生的海量行为数据，挖掘分析揭示出规律性，提出正确研究结论和对策，以便制定更加精准有效的研发和营销策略，为消费者提供更加及时和个性化的产品与服务。纺织行业的另一个特点是生产链长、行业细分多，由原料到最终消费品，形成了一个完整的产业链，而且产业链内化纤、纺织、印染、针织、服装等上下游企业关联度高，相互协调并受制于市场需求。因此，提高决策或产品研发的精准性就显得十分重要。通过应用大数据技术，纺织行业各上下游企业能够进行协作管理，提高产业链中各环节的联动效率，加快纺织品生产节奏，逐渐进入分享经济模式，使得不同的生产厂家能够在同一条产业链上密切合作，构建起更为快捷高效的纺织产业链运行模式。利用大数据技术，企业还可以增加流通市场信息获取能力，准确判断供需状况，保持老客户、发展新客户，避免盲目生产、库存积压。

四、实现生产资源的优化配置

物联网是在互联网的基础上发展起来的，是互联网更广泛的应用和延伸，它可以将世间任何事物纳入其中，通过信息传感设备按照约定的协议，把相关物品与互联网连接起来进行信息交换和通讯，以实现智能化的识别、定位、监控和管理。运用物联网技术，工业企业可以将机器等生产设施运行信息接入互联网，构建信息物理设备系统（CPS），进而使各生产设备能够自动交换信息、触发动作产生和实施控制。物联网技术有助于加快生产制造实时数据信息的感知、传送和分析，加快生产资源的优化配置。对于纺织行业供应链管理而言，物联网技术的应用，是为了运用其优势解决上下游生产环节完整供应链内的无缝衔接问题。它将纺织供应链从原料到产品以及生产加工过程的各个环节，通过射频识别系统（RFID）进行标识和监控，并根据电子产品编码技术（EPC）使供应链上下游各环节得以无缝衔接，所有信息都可以通过有线或无线网络传输至应用服务平台进行优化整合；企业内部原有管理系统（如 ERP、CRM 等）能够最大限度得以保留，在符合物联网协议规范的情况下可以继续使用，并成为物联网有机的组成部分。其优势在于：纺织企业生产加工过程可实现有效监控；原料和产品在供应链各环节中可相互转换，并能进行数量统计与调配，质量可追溯；数据传输做到标准化、统一化，让供应链上下游环节实现无缝衔接。

第二节 “互联网 +”给服装定制带来的新理念

在纺织行业，服装定制是生产者与消费者联系最直接的一个环节，它以满足使用者最大需求为目标。服装定制一般包括群体性定制、个体化定制和高级定制三种类别，传统服装定制业务存在周期长、联系手段单一且不及时等弊端，而“互联网 +”的出现，能够有效地改变原先存在的这些不足。要感知“互联网 +”给服装定制带来的新变化，就必须先从互联网思维的视角进行分析。所谓互联网思维，是指在互联网（包括移动互联网）、大数据、云计算、物联网等现代科技不断发展的背景下，对市场、对客户、对产品、对企业价值链乃至对整个商业生态等进行的重新审视，它是对传统企业价值链的重新调整，体现在战略、业务和组织三个层面，以及供产销的各个价值链环节中。

对接“互联网 +”后，服装定制的决策必将在技术和经营层面发生变化，首先要思考的是怎样真正为我所用，并循环往复，持续发展。要将传统模式的“价值链”改造成为互联网时代的“价值环”（见图 7–2）。

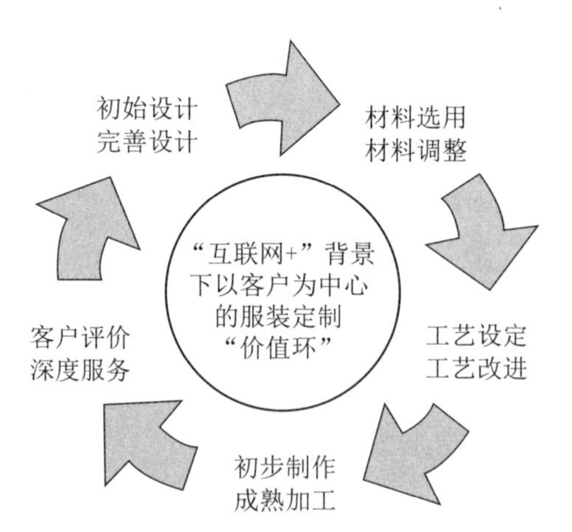

注：价值环终止的前提是客户认可与满意。

图 7–2 “互联网 +”时代的服装定制“价值环”

这一“价值环”的要求是必须持续不断地关注客户需求、聆听客户反馈并且能够通过互联网实时做出改进与回应，这是新型服装定制运作模式的基础。这一基础所带来的服装定制新理念是：

数据为本——互联网让数据的搜集和获取更加便捷，当然，其前提是专业数据必须积累到一定的量，并需不断完善筛选手段。随着大数据时代的到来，以计算机为载体，服装定制（尤其是批量化定制）数据的积累及分析选用方法的完备，对于服装定制业务提升拓展能力和功能完善，有着非常重要的作用。

客户第一——接受服装定制业务时，只要有关对象提出要求，制造方就必须尽一切可能去满足。“互联网 +”让客户表达自己意愿、表现自己诉求来得更加及时与便捷，并且使其参与感更强。因此，企业品牌、质量、效率必须围绕客户需求不断得到提升，同时，“互联网 +”也可以让生产方与客户的交流变得更加流畅。

体验至上——体验就是让客户在精神及物质方面有所感觉的一个过程。原先服装定制在确定规格时只有让客户通过实体试穿后加以改进完善，才能把一款服装做到极致。这种试穿体验有时需要进行多次才能成功，因此会引起客户的反感。而通过运用“互联网 +”技术，在网络平台上建立精确的三维模拟试衣系统，实现智能化的服装规格设定与修正，便能避免依靠人工实体测量造成的误差，精准确定服装规格，减少客户往返次数，并缩短定制周期。比如，把一件衬衫做成犹如一件西装那般合体，客户肯定无可挑剔，如果还能够超出他的预期，最终让他称心满意，则体验至上的效果会更佳。

便捷为王——利用移动互联网的颠覆式创新，服装定制可以实现异地操作，增加直观效果和现场感，在选料、定款、量体等环节上化繁为简，拉近与客户的距离，缩短联络周期，让被实施对象感到简单方便，以此便可打动人心，赢得客户，并形成长期合作效应，有利于企业保持或不断扩大经营业务。

服务在先——在“互联网 +”运营模式下，服装定制的一些服务环节必须是在全额收费之前实施。比如客户在得到成衣付款之前，企业必须无偿地做好设计、定款、量体等先期投入工作，为最终赢得经济效益做好一些铺垫。

第三节　服装定制与“互联网＋”的契合点

其实，服装定制与计算机技术的融合并非新鲜事物。就国内而言，早在20世纪80代中期，群体性定制领域的一些生产企业已经开始尝试运用CAD技术辅助服装设计，运用CAM技术辅助服装自动化生产，后来又运用ERP技术辅助企业系统信息资源管理，运用三维自动测体技术提高服装规格生成及校准自动化程度。在21世纪初还出现了适合服装个体化定制的“单量单裁”计算机辅助系统，可以说这些计算机信息技术都为服装定制的发展注入新的动力。现在，当计算机信息技术进入“互联网+”时代，随着移动互联、云计算、大数据、物联乃至智联等新兴技术的诞生与成熟运用，服装定制与之又有了新的契合点：

一、大数据的作用

所谓大数据，是指某一行业或某一专业领域内经过采集、积累而成的海量基础性信息，一般通过计算机采集、输入、存储生成，它具有大量存积、快速获取、多样化和具有应用价值等特点。利用大数据可以在合理时间内通过实施撷取、管理、分析、处理等手段，并经过整理归纳，提供准确的参考依据，能够帮助企业正确实施经营决策、产品研发与精准生产，针对专题问题及重大事件背景进行成因分析及判断。

现阶段，大数据主要有三方面的作用：一是对大数据的处理分析正在成为新一代信息技术融合应用的关键结点，移动互联网、物联网、社交网络、数字家庭、电子商务等新一代信息技术的应用形态，正在不断产生大数据。二是大数据是信息产业持续高速增长的新引擎，而面向大数据市场的新技术、新产品、新服务、新业态会不断涌现。在硬件与集成设备领域，大数据将对芯片、存储产业产生重要影响，还将催生一体化数据存储处理服务器、内存计算等市场需求；在软件与服务领域，大数据将引发数据快速处理分析、数据挖掘筛选技术和软件产品的发展。三是大数据的利用将成为提高核心竞争力的关键因素，各行各业的决策正在从“业务驱动”转变为“数据驱动”。

在服装定制环节，服装的选材及款式设计可以通过大数据技术，在网络海量信息的基础上进行筛选、分析、比较，从而减少盲目性，提高智能化选配

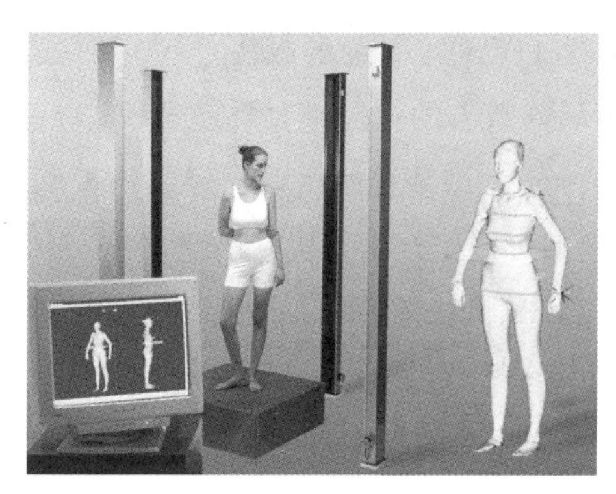

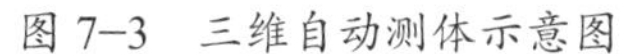

图 7-3　三维自动测体示意图

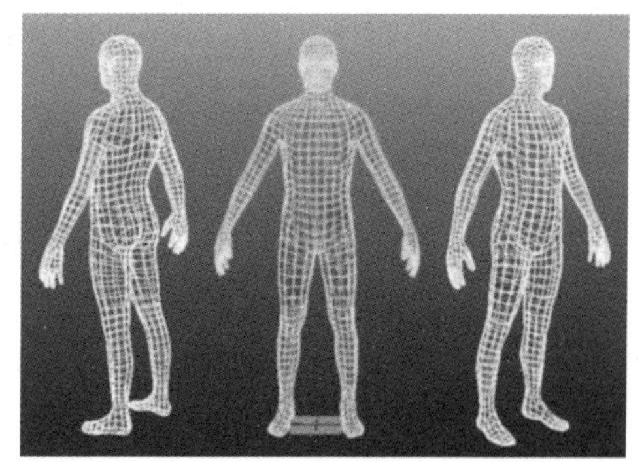

图 7-4　虚拟三维人体成像

的程度，并根据客户具体要求提高数据调用的针对性和有效性（见图 7-3 和图 7-4）。比如，我国重庆市一家服装企业在 2017 年国庆节期间，面向市场首次推出了一套“全品类服装服饰网上个性化定制”装置，客户走进这套类似一间“小黑屋”的装置，只需 3 至 5 秒即可生成与自己身材完全匹配的专属 3D 模型。这间“小黑屋”实际上是一台 3D 人体数据测量仪，已获得了 56 项国家专利。整个系统分为 3D 智能测量仪和 3D 试衣系统。3D 智能测量仪能在 5 秒内将人体 90 多项数据测量出来，并将误差控制在 1 mm 之内，还成功做到了用数据去分析得出人体的八大体型，包括标准、挺胸、驼背、禅背、狭胸、斜肩、耸肩、大肚等，然后利用这些测量和分析得到的数据生成与实际人体相匹配的 3D 智能人体模型。消费者只需站入其中，3D 测量体系统就会立体扫描其身体，并与该装置中基础人体大数据进行比较、匹配，无论什么身材，装置都能找到最贴合的模型，然后自动生成最合适的人体模型和试衣效果，该装置解决了客户因身材差异带来的穿衣效果不佳的问题，让每一个人都有“个性化定制”的基础模型。依据这个基础模型，再通过国内首个男女服装全品类个性化定制平台——“裁衣天下”App，客户便可自主选择喜欢的面料、款式、颜色及局部配件如口袋式样等，并直接在网上下单。需求者付款后只需填写时间、送货地点，公司便会上门服务，派专业的量体师和客户进行沟通。同时，顾客可以在该平台上通过移动互联网的可视化流程，全程跟踪自己的订单，清楚了解到自己定制的服装运行到哪一步（如正在裁剪缝制，或以包装、配送等），对服装定制生产全过程进行实时监控。客户足不出户便可自定服装款式，体验参与服装设计的乐趣，并在15天内收到自己称心如意的服装。

其实该企业如此先进的定制系统，背后隐藏着的就是庞大的数据库支撑，靠的是28年来数亿条数据的采集。据悉，研发该装置的企业已经制作了约4000万个服装板型的模型，这些不同的模型可以组合出万亿种搭配方式。有了这个“大数据”，该企业的各个门店通过计算机扫描顾客人体，均能在几秒钟内从数据库中找到对应模式，实现定制生产。该企业负责人段远红表示，“数据量越大，服装板型的模型就越多，就越能覆盖顾客最细微的需求”。他们通过应用大数据，服装定制已从原来的人力劳动转变为智能化控制，不仅提高了效率，还降低加工成本。

二、云计算的作用

所谓云计算，是指提供一种可用的、便捷的、按需细分的网络访问，用户通过计算机等终端进入可配置的计算资源共享池，包括网络、服务器、存储、应用软件、配套服务等，这些资源能够被快速调用，只需投入很少的管理工作，或与服务供应商进行很少的交互便可实施，且按使用量多少计算付费金额。它的出现意味着计算能力也可以作为一种商品进行流通，就像煤气、水、电等资源一样，取用方便且费用低廉，最大的不同只是在于它是通过互联网进行操作的。云计算拥有超大规模的计算能力，如仅谷歌云计算就已拥有100多万台服务器，它具有虚拟化、通用性、高可靠性、高可扩展性，以及可按需求提供服务、价格低廉等特点，可以为海量、多样化的大数据提供存储和运算平台，通过对不同来源的数据进行分类管理、处理、分析与优化，并将结果反馈到有关应用环节供客户使用，云计算可以创造出巨大的经济和社会价值。云计算为客户提供的服务包括：基础设施服务，如客户可以租用硬件服务器；平台服务，实际上是指将软件研发的平台作为一种服务，即可为客户定制个性化软件；软件直接服务，是一种通过互联网提供软件的模式，用户无需购买软件，而是向提供商租用基于万维网的软件，来用于企业管理经营活动。

目前，以平台形式出现的云计算主要有：私有云——是专门为某一客户单独使用而构建的网络平台，可部署在企业数据中心的防火墙内，其核心属性是专有资源，故对数据使用、安全性和服务质量实施最有效的控制；公共云——是一个面向社会大众而构建的网络平台，如百度搜索服务等，特色就是将一些个人数据从私人计算机移动到公开化的云计算系统上，且免费开放给任何人使用。这些网络数据由提供公共云的供应商负责维护与保护，让网络客户可以随时随地使用计算机、手机、笔记本或掌上电脑等上网工具，方便地取得与分享数据，可提高信息资源的公共利用率；混合云——是一种融合了私有云和公有云优点而构建的网络平台，体现了近年来云计算的最新模式和发展方向。对于企业（公司）而言，出于自身安全考虑，更愿意将核心数据存放在私有云中，但在面向客户介绍宣传产品与服务时，又希望能够利用公有云面向社会大众的优势推出自己，在这种情况下混合云被越来越多地应用，它将公有云和私有云进行混合和匹配，以获得最佳的应用效果，这种个性化的解决方案，可以达到既省钱又安全的目的。

2011 年，微软大中华区授予我国浙江湖州地区的网上轻纺城平台“云计算创新奖”，这标志着网上轻纺城构建的“纺织云”得到了业界的公认。“纺织云”是国内首个专门针对纺织企业的云计算平台，它通过最新的互联网应用技术，帮助纺织企业在网上实施生产经营活动的管理。“纺织云”建成后，不仅为中小企业解决了管理软件缺乏、企业信息化管理成本较高等诸多问题，而且有效整合纺织领域优质信息资源，将网络平台服务、信息服务和提供软件产品、提供整体解决方案结合到一起，构建一个覆盖纺织产业链，信息资源配置优化，开放服务水平高，信息服务能力强，具有自我发展促进机制的纺织行业现代化信息化服务平台。在纺织行业中，服装定制是未来一块新兴、潜在的市场。特别是借助云计算之后，服装云定制能够充分调动各方资源，大大降低企业的库存、风险和成本，它是一个将服装设计师、服装企业、面料供应商、加盟店以及消费者等整合于一体的平台（见图 7–5），平台上的每一个网络云端都有相应的质量标准，提供把人体相关尺寸变成数据，把数据转化成衣服规格的数字化解决方案。其中，服装定制中的规格设计可以与云计算技术结合，快速、准确地建

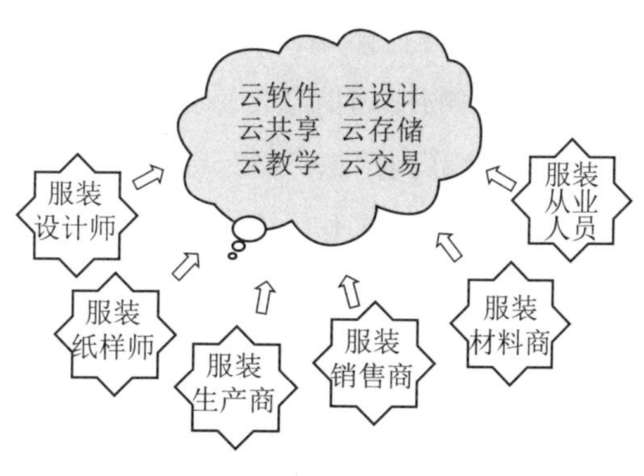

图 7–5　服装设计生产销售云计算示意图

立虚拟试衣模型，通过试验和调整，在正式加工前不断提高成衣规格与款式的精准度和完美性。

三、物联网的作用

所谓物联网，是指在互联网上通过应用射频识别（RFID）、红外感应器、全球定位系统、激光扫描器、气体感应器等信息传感设备，按约定的协议，把相关物品与互联网连接起来，进行信息传递、交换和通讯，以实现对物体智能化识别、定位、跟踪、监控和管理的一种网络技术。简而言之，物联网就是“物物相连”的互联网。

物联网应用的关键技术包括：信号转换技术——即利用传感器将接受的模拟信号转换成数字信号，便于计算机处理；RFID 标签技术——其实也是一种传感器技术，RFID 技术是融合了无线射频技术和嵌入式技术为一体的综合技术，在自动识别、物品物流管理等方面有着广阔的应用前景；嵌入式系统技术——是一项融合计算机软硬件、传感器技术、集成电路技术、电子应用技术为一体的复杂技术。如果用人体对物联网做一个简单比喻，传感器相当于人的眼睛、鼻子、皮肤等感觉器官，网络就是用来传递信息的神经系统，而嵌入式系统则类似人的大脑，接收到信息后要进行分类处理。经过几十年的演变，以嵌入式系统为特征的智能终端产品随处可见，小到人们身边的 MP3，大到航天航空使用的卫星系统。嵌入式系统正在改变着人们的生活，推动着工业生产以及国防工业的发展。

物联网的实施步骤包括：对物体的静态和动态属性进行标识，静态属性可以直接存储在标签中，动态属性需要由传感器进行实时探测获得；应用识别设备完成对物体属性的读取，并将信息转换为适合网络传输的数据格式；通过网络将物体的信息传输到处理中心，由处理中心完成物体信息通信的相关计算。物联网用途广泛，涉及国防建设、敌情侦查和情报搜集、智能交通、环境保护、政府工作、公共安全、平安家居、智能消防、工业监测、环境及水系监测、环境照明管控、老人及个人健康护理、食品溯源等多个领域。

服装定制与物联网结合，可以在制造、销售及企业内部组织管理方面改变原先一些模式，更好地适应“互联网 +”背景下的企业创新发展需要。

在制造环节——基于物联网技术，每一件定制产品都配有专属的射频芯

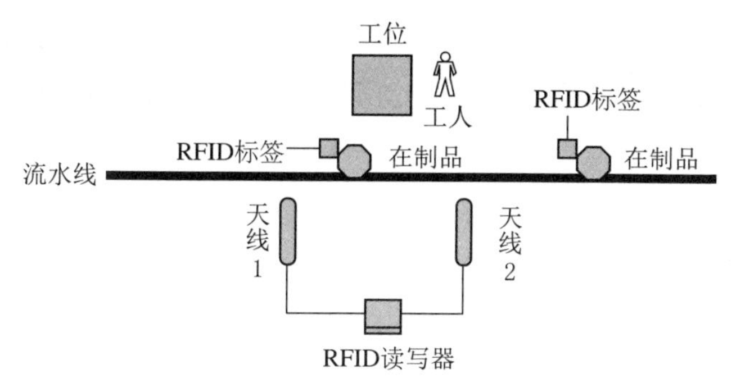

图 7–6　射频技术在生产中应用示意图

片卡，并贯穿于生产的全流程，每一个工位都有专用终端设备，可以从互联网云端下载和读取电子芯片上的订单信息，并可通过智能物流系统解决整个制造流程的物料流转，通过智能取料系统、智能裁剪系统等实现个性化产品的大流水线生产（见图 7–6）。企业多个信息系统的数据能够得到共享和传输，打通了信息孤岛，使得多个生产单元和上下游企业通过信息系统传递和共享数据，实现整个产业链的协同生产。

在销售环节——消费者可以通过电脑、手机等信息终端登录在线定制系统，自主选择产品的款式、工艺、原材料，在线支付后生成订单，实现从产品定制、交易、支付、设计、制作工艺、生产流程、后处理到物流配送、售后服务全过程的数据化驱动和网络化运作。顾客下单后工厂才进行生产，没有资金和货品积压，运营简单，实现了“按需生产、零库存”，可以最大限度地让利给消费者，而消费者也无须再分摊更多的企业成本。

在内部管理环节——通过物联网可以对企业流程再造、组织构架再造、自动化改造，同时实现与网络技术深度融合、与互联网深度融合等，形成完整的物联网匹配体系。前端能有效供给，满足消费者碎片化和多样化的个性化需求；后端能保障制造端具备快速、精准和保质保量满足客户需求的能力。比如，通过物联网上传成衣材料成分与质地、加工流程与方法、试验鉴定结果以及使用及维护要求等信息，可以进一步增加服装产业链和产品内涵的透明度，提高成品的可信度，助推企业信誉提升。

四、移动互联网的作用

所谓移动互联网，是将移动通信和互联网两者结合起来形成一体，它是互联网技术、平台、商业模式和应用与移动通信技术结合并付诸实践活动的总称。是一种通过将智能移动终端接入互联网，并采用移动无线通信方式获取业务和开展服务的新兴技术。

移动互联网一般包括终端、软件和应用三个层面。终端层是指智能手机、平板电脑、电子书、便携移动 PC 产品等；软件层包括操作系统、中间件（管理系统）、数据库和安全软件等；应用层包括休闲娱乐类、工具媒体类、商务财经类等不同的应用与服务内容。与互联网相比，移动互联网虽因管控网络体系设置相对封闭，但具有用户群自下而上、高便携性、上网随时且应用方便等特点，以及身份识别、定位等特殊功能。

移动互联网目前主要有三大方面的应用，即公众服务、个人信息服务和商业应用。公众服务可为用户实时提供最新的天气、体育、娱乐、交通及股票交易等新闻、信息；个人信息服务包括浏览网页查找信息、查址查号、收发电子邮件和传真、统一传信、电话增值业务等，其中电子邮件可能是人们使用最为普遍的应用之一；商业应用除了办公应用外，移动商务恐怕是最主要、最有潜力的应用了，股票交易、银行业务、网上购物、机票及酒店预订、旅游及行程和路线安排、产品订购是移动商务中最先开展的应用项目。

对于服装定制而言，移动互联网的作用主要还是体现在产品订购方面。特别是在异地和远程情况下，优势更加凸显，能够缩短距离感，节约时间，增强体验感并提高便捷性。比如服装定制测体、面料选择、款式确定等环节通过移动终端与互联网结合，可以进一步扩大服务地域范围，及时方便联系服务对象并提高供需双方交流的便利性和直观性，提高数据传输的快捷性；由移动互联网引起的 O2O 营销模式，则更加扩展了服装定制的渠道。通过线上与线下相结合的运作手段，服装定制不再会仅仅局限于门店服务，移动互联网让需求者坐在家中也能够将定制一件称心服装的愿望变为现实。

总之，对接“互联网 +”模式，传统的服装定制行业必定会走出一条不同以往的创新之路。服装定制创新的核心就是在“互联网 +”理念的指导下，在计算机信息网络技术运行的环境中，将客户需求、产品设计加工、供需互动、数据运用与交流、感官与心理体验、专用工具使用等环节融合起来，最终用超值体验让客户得到非同凡响的价值享受。可以预言，通过与“互联网 +”

对接，不断提高行业自动化和智能化程度，群体性服装定制将更加精准，个体化服装定制将更加便捷，而高级服装定制的手段会更为多样化。通过注入信息化、自动化、智能化等方面的元素，“互联网 +”模式下的服装定制，能够更好地彰显其“满足人们日常需求，提升服饰文化品位，愉悦生活和美化生活”的功能，为彰显服饰中的民族文化内涵，打造本土时尚服装顶级品牌，乃至建设国际时尚之都提供源源不断的新动力。

第八章　现代纺织发展的三大举措

和世间一切事物一样，现代纺织的发展也会遇到困难与阻力，比如像资源匮乏、环境恶化、健康危害等。随着世界人口的增加及生活方式的多样化，人们对纺织品的需求正在不断增长，而这些困难与阻力却横亘在现代纺织业的面前，成为其进一步满足消费需求以及实现功能发挥的障碍，影响着纺织业的可持续发展。因此，通过倡导节约资源、保护环境和健康无害化等理念，并落实有关措施，将有助于现代纺织消减这些困难与阻力造成的不利影响，发展得更加稳妥和顺畅。

第一节　节约资源的举措

一、替代化

替代化是纺织行业应对资源紧张的有效手段。从纺织材料选用的视角出发，所谓替代化是指采用其他物质来弥补目前传统天然纤维、化学纤维（包括人造纤维和合成纤维）资源有限的方式。随着世界人口的增加，解决吃饭问题已经成为首要民生问题，由于耕种土地面积有限，不可能再无限制地扩大棉花种植面积，而全世界现有化石资源储备有限，且再生性差，过度开发使用会加快资源枯竭的进程。因此，纺织材料来源的替代化就显得十分重要。从世界范围看，目前纺织材料来源的替代化已经有所突破，一些新材料被列为应用范围：

1. 荷叶柄

收取莲子或莲藕后的荷叶柄（俗称荷花梗茎干）可提取纤维，一般可通过手工直接剥离或机械方法分离提取其茎干内部的纤维，也可以经生物或化学方法处理后再借助纤维分离机械分离后获得。在泰国和缅甸等国，村民们很早就用荷花柄制取纤维来纺织特殊面料。这种纤维及其制品具有清凉挺爽、透气舒适、吸湿快干、贴身抗皱，健康环保等优良特性。在中国，由于湖泊河汊多，作为水生植物的荷花种植面积较大，分布区域广，因此荷叶柄来源丰富，从中提取的纤维可以将这种资源有效地综合开发利用，作为一种新型的资源节约型纺织原材料，荷叶柄这种材料会具有更加广阔的纤维开发前景。

2. 咖啡渣

咖啡渣是大众饮料咖啡制作后的残余物。咖啡渣原先属于废弃物，经研究开发，现在可以作为一种新型的纺织材料来源（见图 8–1）。咖啡渣纤维制作流程是先将咖啡渣加温至 160 ℃至 180 ℃炭化，经研磨后形成微粒，然后采用湿法生产方式拉丝而制成纤维，或经煅烧后制成晶体，再研磨成纳米级粉体，将其加入涤纶纤维中，生产出一种功能性涤纶短纤维后再混纺成纱（丝）。咖啡渣纤维可以消除身体异味，它与聚酯纤维，即涤纶，相结合可以制造出一种特别的布料，这种布料容易晾干，可以保持纤维和织物原有色彩，并具有免受紫外线伤害功能，也能够起到有效防水作用。另外，它还具有吸热保暖性、远红外及负离子发射等特殊保健功效。

图 8–1　咖啡豆及咖啡渣

3. 菠萝叶

这是一种可替代麻作物的材料，从原本并无他用的菠萝叶片中可以提取出纤维，它属于叶片麻类纤维，通过手工或机械剥取的方法制得。菠萝叶纤维和棉纤维混纺可生产牛仔布；和绢丝混纺可织成高级礼服面料（见图 8–2）；与羊毛混纺可生

图 8–2　菠萝叶纤维服装

产西服与外衣面料；和涤纶、腈纶混纺可用于生产针织女外衣、袜子等。菠萝叶纤维还可织制窗帘布、床单、家具布、毛巾、地毯等居家装饰用纺织品。在工业领域，菠萝叶纤维可生产高强度帆布、帘子布，用于箱包、橡胶传输带等生产，并可加工针刺类非织造布（土工布），用于水库、河坝的加固防护；还可用于造纸，生产强力塑料、屋顶材料、绳索、渔网及编织工艺品等。

4. 香蕉茎皮

图 8-3　香蕉纤维织物

采用生物酶和化学氧化联合工艺处理，经过干燥、精拣、分解纤维等工序，可以从香蕉茎皮中提取出纤维材料。香蕉纤维具有质量轻、光泽好、吸水性高、抗菌性强、易降解环保等功能，手工剥制可用于生产手提包和其他装饰用品，通过在黄麻纺纱设备上加工成纱，可制作绳索和麻袋，也可以制成窗帘、毛巾、床单等其他家纺用品（见图 8-3）。香蕉纤维和棉纤维的混纺织物可用作牛仔服、网球服以及外套等服装面料。国际上，日本对香蕉纤维的研究开发走在了前列，已有公司成功实现香蕉纤维的产业化，印度等具有丰富香蕉资源的国家也进行了大量的研究。我国香蕉纤维应用起步时间不长，生产企业不多，且处于开发、试生产阶段，现已生产出 21 支纯纺纱，以及与棉、粘胶和绢丝混纺的 40 支香蕉纤维混纺纱，成为一种新型的资源节约型环保天然材料。

5. 速生木材

由奥地利特种面料生产商兰精公司（Lenzing）推出，通过使用再生性强、可持续利用的木材资源，替代了以往仅以竹子和桉树为原材料生产粘胶纤维的做法。该原材料使用超过 60% 取自于奥地利和德国巴伐利亚地区的一种树木，这种树木再生性强，使用不会破坏其资源生成的平衡

图 8-4　环生纤面料

性，加之生产过程做到环保生态，这种被命名为“Eco Vero”（环生纤）的新型粘胶纤维（见图 8-4）已经成为传统粘胶纤维的替代品，能有效降低对传统纺织材料资源的依赖，并且不会对生态环境产生不利影响。

6. 农作物秸秆

农作物秸秆是种植作物成熟后茎秆及叶（穗）部分的总称，通常是指小麦、水稻、玉米、薯类、油菜、棉花、甘蔗和其他粗粮农作物在收获籽实后的剩余部分，来源丰富，是一种具有多项用途的可再生的生物资源，可以用作畜牧饲料、肥田、生物质油和生物燃料加工、建筑用原材料。在纺织行业，通过粘胶技术从农作物秸秆中提取纤维素可生产人造丝和人造棉纱线，制成织物后耐日晒、抗虫蛀、防霉变，并具有保湿性能好、抗静电、染色性能佳、光滑凉爽、透气性能好等优点，可制成夏季穿着的衬衫、T 恤衫、夹克衫、轻薄西服及牛仔服装。另外，农作物秸秆纤维还可以与树脂结合，生产质地坚固的复合材料。

二、循环化

循环化是节约资源的另一项重要手段。从纺织材料利用的视角出发，循环化包括两层意思：一是指原材料的回收再利用；二是指加工过程中对水资源的减用、回用和助剂的回收再利用。

1. 原材料的回收再利用

目前主要是指对于一些难降解的石油化工产品的回收再利用。比如 2014 年举办的巴西世界杯足球赛，不少顶尖国家的足球队队服就是用聚酯（PET）塑料瓶回收加工制造而成的，据称用 8 个可乐瓶能制成一件球衣，而且经过工艺改进，这些球衣的抗拉拽性能强，排汗、透湿功能也非常好（见图 8-5）。我国纺织工业协会（原纺织工业部）的环保及科研主管部门已于 2010 年对纺织面料的循环再利用问题立项进行调研，初步打算以聚酯材料为重点，以军装等特种制服为主要对象，开展回收加工、循环再利用的试点。目前

图 8-5　用可乐瓶制成的球衣

我国纺织行业企业——浙江海盐海利环保纤维有限公司等单位已将自动化、数字化、智能化技术运用于再生聚酯纤维生产，建成了年产量为 15 万吨的废弃聚酯瓶片材加工清洗生产示范线和年产量为 20 万吨的再生聚酯纤维生产示范线，体现了纺织行业循环化生产的能力。

2. 减用、回用水资源和助剂的回收再利用

印染和化纤生产是纺织行业用水的大户，其中 80% 的用水消耗来自印染环节，所以节约用水一直以来是纺织行业十分关注的问题。目前行业采取节约用水的措施主要有：通过推广二氧化碳无水染色技术，减少染色环节的用水量；采用数码喷墨印花技术，减少印花环节的用水数量；实施“原液染色”及“色母粒”技术，减少合成纤维产品染色生产时的用水数量等。由于这些措施的落实，“十二五”期间，我国印染行业的单位产品水耗减少了 28%。此外，就是重视对污染水质的环保净化处理，努力实现回收再利用，如上海聚友化工有限公司等单位开发出与聚酯装置规模及工艺相匹配的系列化回收技术和装置，解决了废水中有机物回收率低的难题。“十二五”期间，我国印染行业的水重复利用率已经由 15% 提高到 30%。另一方面，开发高回收率、可重复使用的化学助剂，也是纺织行业可持续发展的一项重要内容。纺织助剂是纺织品生产加工过程中必须应用的化学品。纺织助剂对提高纺织品的产品质量和附加价值具有不可或缺的重要作用，它不仅能赋予纺织品各种特殊功能和性能，如柔软、防皱、防缩、防水、抗菌、抗静电、阻燃等，还可以改进染整工艺，起到节约能源和降低加工成本的作用。纺织助剂的回收利用对提升纺织工业的整体水平、构建资源节约型纺织产业链至关重要。比如奥地利兰精公司出品的采用天然木浆为原料的莱赛尔纤维，其纺丝过程中使用的氧化铵溶剂，回收率可以达到 99% 以上，实现了可循环使用。

第二节　保护环境、维护生态平衡的举措

在环境保护方面，为应对“温室效应”给环境带来的不利影响，国际社会于 21 世纪初提出了发展“低碳经济”的概念，主张采用减少二氧化碳排放的方法，切实保护环境，减缓“温室效应”导致地球变暖、海平面上升等灾难性现象发生的进程。我国也积极落实各项有效举措，参与到发展低碳经济，

保护地球环境的国际性事务当中去，充分体现出负责任的发展中大国的应有风范。

一、问题的严重性及对策

所谓温室效应，是指那些能够导致地球表面温度上升的气体在大气环境中所占比例越来越高，从而导致地球环境出现异化现象。主要有二氧化碳、甲烷、氧化亚氮等，这些被称为“温室气体”的物质在空气中浓度过高，使得太阳辐射造成的热量难以散发，从而引起地球表面温度增高，出现气候变暖、冰川融解、海平面上升、人类陆地生活空间减少等状况，以及暴雨、洪涝、干旱等极端恶劣天气频发，导致农业歉收，严重影响人类生存环境和生存质量（见图 8–6）。2009 年发生的海水浸没南太平洋岛国卢瓦图城市街道的报道，令人震惊。近 40 年来，由于温室效应等影响，我国沿海海平面总体上升了约 120 毫米。另外，据国际政府间气候变化专门委员会（IPCC）的预测，全球平均地表温度在未来 100 年将上升 1.4 ℃至 5.8 ℃。如果实际增温幅度真的达到或超过 5.8 ℃的上限，北极格陵兰冰盖很可能全部融化，届时全球平均海平面会上升 6 到 7 米。

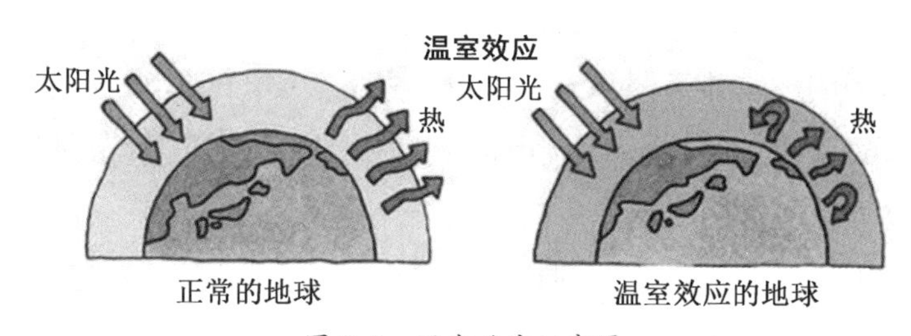

图 8–6　温室效应示意图

导致地球二氧化碳排放量增加的直接原因是：世界各国为促进经济发展，使用了大量的诸如煤炭、石油以及天然气等高碳能源，随着消费量扩大，二氧化碳等温室气体的排放量也在迅速增长。从世界范围看，1950 年以后，二氧化碳在空气中的浓度开始超过平衡线，到 2007 年，其浓度已经达到 380 ppm。目前二氧化碳在地球空气中的浓度正以每年增加 20 ppm 的水平发展，如不控制，到 2020 年可能会达到 480—500 ppm，后果会很严重。因为根据测算，按照现有二氧化碳在空气中浓度的增长水平任其发展，到 2050 年，由于海平面的上升，印度洋中的岛国马尔代夫将不复存在，其严重性足以让人们警觉。

所谓低碳经济，是指以低能耗、低污染、低碳排放为基础的经济发展模式，其实质是要通过能源的高效利用、清洁能源和替代能源的开发，减少二氧化碳等温室气体排放，实现企业和社会的绿色发展，保护环境。这种经济模式不仅意味着企业要推进节能减排减碳的科技创新，加快淘汰高能耗、高污染、高碳排放的落后生产方式，同时也要求企业以身作则，引导员工和社会公众反思，哪些习以为常的生产方式和生活消费模式是浪费能源、增排污染及二氧化碳等温室气体的不良行为，从而主动加以改进，充分发掘行业生产和生活消费领域节能减排减碳的巨大潜力。发展低碳经济是人类缓解地球气候变暖，维护自身生存环境，确保生态平衡和环境友好的必然要求。减少二氧化碳等温室气体排放量，简称“减碳”，是发展低碳经济的终极目标。

二、纺织行业的特点与落实措施

纺织就单个企业而言并非都是耗能、排污大户，但由于行业总体量大，因此行业耗能和排污总量就显得比较大。从总量上看，“十二五”规划期间，纺织工业能耗、水耗、废水排放量分别占全国工业总能耗、总水耗、总废水排放量的 4.4%、8.5% 和 10%；而印染和化纤作为纺织行业中节能减排的重点行业，仅每年的废水排放量就达到 26 亿多吨，纺织行业 80% 的用水消耗在印染环节，60% 的排放污水也源于印染行业。因此，印染环节是整个纺织行业节能减排工作的重中之重。另外，粘胶及再生纤维、毛麻丝的前处理等也是节能减排工作需要重点关注的环节。采用新型技术和调整产品结构成为纺织行业节能、节水、减排的重点，在此过程中，生产企业通过加快对节能减排新工艺、新技术、新设备的推广和应用，摆脱过去那种粗放的生产管理模式，能够降低单位产值能耗，减少污水排放。

2009 年，我国政府在哥本哈根联合国气候变化大会上做出承诺，以 2005 年为基准，至 2020 年，单位国内生产总值二氧化碳排放量要争取减少 40% 至 45%。这一要求已在国民经济和社会发展“十二五”及“十三五”规划中体现，并分解落实到各个行业。纺织行业也不例外，须承担相应责任，认真贯彻实施国家“减碳”目标。一方面仍要巩固和提高原来节能减排所取得的成果，另一方面还要结合纺织产业实际状况，制定并实施适应“低碳经济”

要求的产业措施。

1. 增强“碳足迹”意识，建立并实施本行业碳排放考核体系

“碳足迹”一词来源于英语单词“Carbon Footprint”，是指一个单体（可以是企业，也可以是个人）的能源意识和使用碳物质行为发生后对自然环境所产生的影响，简单来讲，就是指企业或个人行为所产生的“碳耗用量”。“碳足迹”也可以理解为是一种用于测量企业或个人因每日消耗能源而产生的二氧化碳排放对环境影响的指标。其中“碳”，就是指石油、煤炭、天然气以及木材等由碳元素构成的自然资源。碳能源耗用得多，“碳足迹”就大，反之“碳足迹”就小。“碳足迹”越大，说明导致全球变暖的元凶二氧化碳产生得就越多，排放者对全球变暖所要承担的责任就越大。作为对抗气候变化的重要武器，“碳足迹”可以提醒企业和个人在日常生活中了解并确定自己的碳排量，进而通过节约或替代的手段，去控制和约束企业和个人的碳排放行为，以达到控制和减少碳排量的目的。

纺织生产企业的供应链一般包括原辅料采购、生产制造、仓储和运输等诸多环节，其中各个环节，包括仓储和运输在内，都会产生一定的碳排放量。只有通过对整个生产过程进行“碳耗用量”定量分析考核，才能锁定减少二氧化碳排放量的途径和项目。依据国家和地区碳排放量计算公式推导，在纺织产业碳排放指标的考核体系中，产量、单位产值、单位产值中的能源消耗、单位产值能源消耗中的二氧化碳排放量是不可缺少的当量值，前三项确立及衡量的问题不是太大，后一项则应结合不同种类的产品、不同的加工制造方式以及相关生产过程加以细分，并且通过大量实验加以验证后，确立合适的衡量指标。只有通过建立科学、可行的考核指标，才能精准落实本产业碳排放量的监控工作。

2. 积极推广使用清洁能源，减少产品加工生产过程中二氧化碳的排放量

所谓清洁能源，是相对于煤炭、石油、天然气以及木材等“高碳能源”而言的。它包括太阳能、风能、水能（包括潮汐能）、生物能以及核能等，使用清洁能源能够有效地减少二氧化碳的排放量。例如，消耗 1 吨煤炭进行火力发电会产生 2.5 吨的二氧化碳排放量，而利用水力发电，其二氧化碳的排放量只有火力发电的五十分之一。纺织产业实施技术创新或技术改造，适应低

碳经济发展需要，其中一个重要内容应当是倡导或支持有条件的企业积极使用清洁能源，这样就可以改变目前以煤炭、石油等“高碳能源”作为产品生产或加工主要动力来源的现状，把单位产值能源消耗中的二氧化碳排放量降下来，以此实现减少产品生产或加工过程中二氧化碳排放量的目的。

3. 调整产业结构，逐步提高低碳原材料的使用比例，开发更多的低碳产品

按照低碳经济的要求，使用低碳原材料也是一个减少二氧化碳排放的有效途径。在纺织领域，生产加工牛、羊等动物纤维产品的“碳足迹”一般要大于生产加工棉、麻等植物纤维产品的“碳足迹”。因为牛、羊等家畜自身在生长过程中会排出二氧化碳、甲烷等温室气体，还会造成地表植被的破坏，影响自然环境“碳中和”的效能；而植物纤维在生长过程中不会产生甲烷，同时还具有一定“吸碳”功效。同时，对比加工生产所使用的用水量，后者也明显要比前者少，节能作用明显。据测算，为了给羊毛脱脂，每加工 1 吨羊毛需要 50 万升的水，而制造一件纯羊毛套装平均需要 68.5 升水。研究结果表明，竹纤维是一种低碳纺织原材料，竹子生长速度快，耗水量也不多，生长过程中不需化肥和农药，还可以防止水土流失。在相同空间内，竹子能比普通植物多制造 30% 的氧气，因而有助于减缓全球气候变暖，目前已在行业内推广应用（见图 8-7）。

图 8-7　竹纤维纺织品服装

4. 对过剩产品的生产加强控制，不增加无谓的碳排放

产品过剩，不仅在生产加工环节中增加了无使用价值的碳排放量，也为以后存储、运输、处置增加了碳排放的负担。有数据显示，2005 年，全球纺织纤维产量约 6000 万吨，到 2015 年已跃升至 1.2 亿吨，目前还在进一步增加。虽然人口增长是纺织品生产和消费急剧增长的因素之一，但纺织品产量的增加也与快速变换的流行趋势和一些廉价产品的价格诱惑不无关系。其结果是，在一些发达城市中，人们购买的大量衣物在远没有穿坏之前就被抛弃

了，还有更多的产品尚未使用便被闲置，由此引发环保人士对一些纺织产品生产过剩，导致无谓碳排放增加的诟病。

第三节　实现健康无害化的举措

一、健康无害化成为一种新需求

当代社会，人们使用纺织品、穿着服装不仅要“用得好，穿得美”，更要“穿得健康，用得洁净”。从 20 世纪 90 年代以来，随着经济发展、社会进步以及科学知识的普及，人们在纺织品使用和服装穿着方面有了不少新讲究、新要求。其中之一就是消费者自我保护意识越来越强，纺织品使用及服装穿着的健康无害化问题受到越来越多的关注。无污染、无危害和有利于人体健康及环境保护的“绿色纺织品”（亦被称作“生态纺织品”）已被不少消费者认同，需求量正在不断增加。进入 21 世纪，“绿色纺织品”消费已成为一种新的时尚需求，其生产与销售更是成为当今纺织发展的一大热门。比如在欧洲，权威机构通过实施“生态纺织品认证”和“生态生产流程与环境认证”，证明相关纺织生产企业的生产过程，包括纺织品原材料选用、加工工艺与流程、产品本身和耐用性等多方面，达到了“保护环境”和“无害化”各项指标要求。保证生产环境无污染，产品使用及废弃无毒害作用，便可发放相应的合格认证标签。获得该合格认证标签后上市销售的产品，售价可以比同类产品提高 30% 左右。

纺织维系人体健康是通过护体和健体形式实现的。所谓护体，是指通过纺织品的使用能够保护人体不受环境中各种不利因素的侵害，纺织品传统的护体功能包括御寒、避暑、防风、挡雨等。在现代社会，纺织品护体的内容有所增加，比如防静电、防紫外线、防电磁辐射、防雾霾、阻燃或延迟燃烧等。所谓健体，则是与运动和保健作用联系在一起的，也是现代社会纺织品功能延伸的一种表现。比如，利于户外运动的具有防风防雨、透气排湿的冲锋衣，利于减少阻力、增加肌肉爆发力的紧身衣，利于消脂减肥的塑身衣或按摩衣等，具有缓解疾病症状的罗布麻，以及具有远红外、抗菌、抗过敏等特殊缓释功效的纺织品。可以说，大量有助于健康的功能性纺织品的开发，会进一步提升人们日常的生活质量。图 8-8 为国外纺织品服装防紫外线功能

图 8-8 国外防紫外线产品标签

标签，经过测试合格的产品方可上市。

所谓纺织的无害化，主要是指纺织生产过程、纺织品的使用和废弃要尽量减少对环境与人体造成的危害。长期以来，由于传统纺织生产过程会产生一定的废气、废水、废物，对环境产生不利影响，产品生产加工环节会使用一些含有毒副作用的化学辅助物质（染料与助剂），以及产品原料自身生成环境会受到一定污染（农药与重金属残留），纺织成品可能会对其使用者造成一定危害，因此纺织的无害化问题越来越受到重视，这便引出了纺织“清洁化”生产的话题。

二、清洁化生产是关键

清洁化生产是一种新的创造性理念，主张纺织品的“健康无害化”须从源头开始直至产品生命周期末端一以贯之。可以说，实施清洁化生产是确保纺织品健康无害化的最有力举措，也是“绿色纺织”发展的根本途径。清洁化生产要求不断采取改进设计、使用清洁能源和原料、采用先进的工艺技术与设备、完善管理、综合利用资源等措施，从源头消减污染，提高资源利用效率，减少或者避免生产、服务和产品使用过程中污染物的产生和排放，以减轻或者消除对人类健康和环境的危害。具体表现为三个方面：一是尽量使用风力、水力及太阳能等清洁能源；二是尽量少用和不用有毒有害的原材料及中间加工物质，选用少废、无废化工艺和高效设备，避免或减少生产过程对环境的各种危害因素；三是确保产品在使用过程中以及使用废弃后不含危害人体健康和破坏生态环境的因素，使用功能及寿命合理，有利于短时降解或可回收再利用。

无论是纺织纤维生产加工，还是织物织造、漂染印花、后整理环节，或是服装、家纺产品的选料及成品制造等环节都应提倡“清洁生产”，要自觉采用环保生态原料，运用无危害、无污染工艺组织生产，要结合国内纺织品服装安全健康性标准的推广运用，强化事前、事中和事后监控，降低产品的不安全因素出现的概率。以棉纤维加工为例，当前，相关纺织生产企业实现生产过程清洁化的举措主要有以下几项：

1. 积极开发彩色棉制品

随着全球性绿色环保政策的制定及生物技术的迅速发展，彩色棉花（彩棉）已深入到人们生活。彩棉是一种新型棉花，从种植到加工成产品，无需再经过人工漂染工序，不形成污染。天然彩棉色彩自然典雅、质地柔软、富有弹性、穿着舒适，不仅色度丰满，而且不会褪色。用它织成的布，不仅具有纯天然的性质，而且手感好、弹性好、柔软性好，真正实现了从纤维生长到纺织成衣全过程的“零污染”。天然彩棉适合于制成与皮肤直接接触的各种内衣、婴幼儿用品、妇女卫生材料等。20 世纪 90 年代末，我国培育的彩色棉花的主要物理性能经测试已和白棉相近，达到了工业试验和生产的要求。彩棉成品在工业上实现了纺纱、织布和成衣的无污染生产，首批试纺出了 200 多千克绿色棉纱及织出了 2000 多米的棉布。在 1998 年中国国际服装服饰博览会上，国产“九采罗”（Geo color）彩棉系列服装首次登台亮相，充分体现了其天然环保的特点，不仅手感好、柔软性好、穿着舒适，而且水洗后天然色彩亮度有增无减，越穿越新。

2. 前处理环节中的生物环保技术运用

比如在棉纤维染色前去除杂质的精练环节，采用果胶酶和纤维素酶复合的生物酶处理技术替代传统的碱处理方法，能达到减轻腐蚀性、不污染环境、确保工作场所安全性等效果。再如利用纤维素酶取代传统的碱丝光处理技术对棉纤维针织物进行丝光处理，可以不添加其他丝光助剂，不会产生污染环境的现象。

3. 利用天然矿物色素染色

天然矿物色素染色是利用经过粉碎后的天然矿物进行的染色，这些矿物有棕红色、淡绿色、黄色、白色等不同颜色，经粉碎拼混后可生成 20 余个色谱。经地质部北京中心实验室分析和总参防化部检测证明，所用的这些矿石不含铅、铬、钴等重金属及其他有害化合物，也不含对人体有害的放射性元素。染色时使用天然矿粉作着色剂，不使用任何化学合成助剂，且只需在常规低温染色设备中进行，操作方便，染色后排放的废水不污染环境，不需做三废处理。用矿物色素染色的棉织物色泽柔和、丰厚柔软，具有较强的自然色泽效果。

4. 后整理环节中的生物环保技术运用

在对棉纤维针织物进行超柔软整理过程中，利用纤维素酶作用，可以使露出纤维表面的短纤尖端和细微绒毛被水解断裂而去除。由此，棉纤维变得滑爽柔软并富有光泽，这种柔软性能够永久保持，手感可由处理前的 2 级提高到 4 级以上。最为关键的是，织物上不残存任何有害物质。

另外，还有一种超临界二氧化碳染色工艺已在行业内推广，这是一种主要应用于化纤生产的新型染色工艺（流程见图 8-9）。温度处于 31 ℃、气压达到 7.2 MPa 以上的二氧化碳称为超临界二氧化碳，在此状态下，二氧化碳具有高于液体密度和低于气体黏度的特殊性质。这种超临界二氧化碳流体对分散染料有较高的溶解能力和很高的扩散性，用于涤纶织物染色可以取得很好的效果。它的优点是具有超过水分子使染料转移到纤维上去的能力，同时还可以减少染色时间，并使干燥过程大为缩短，节约能源可达到 80%。生产过程不仅能大幅减少染料和化学助剂的损耗，而且无废水排放，也无粉状染料残留。虽然由于超临界二氧化碳染色需在专用压力容器中进行，所需装置一次性投入较大，但综合比较优势仍十分明显。据瑞士西巴-盖吉（Ciba-Geigy）公司介绍，该公司研究应用超临界二氧化碳染色新工艺进行的涤纶产品染色可使染料吸尽率达到 98%，且未经利用的 2% 的染料还可以回收，另外，二氧化碳的损耗率保持在 2%—5% 的范围内，故排入大气的二氧化碳极少，有利于节约资源，保护环境。

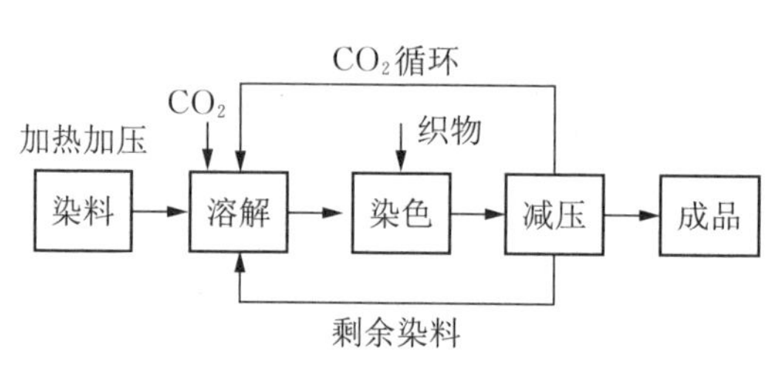

图 8-9　超临界二氧化碳染色工艺流程示意图

为了进一步落实“十三五”期间我国纺织行业的清洁化生产模式，行业主管部门通过召开行业专题会议提出，应按照厂房集约化、原料无害化、生产洁净化、废物资源化、能源低碳化的“五化”评价原则进行“绿色工厂”创建。厂房集约化——在厂区建筑、设施布局上，要尽量采用厂房多层设计、污水处理厂立体设计等方式，设计布局合理，确保工厂建筑达到节材、节能、节水、资源循环等绿色建筑要求；原料无害化——在建筑、场地、污水处理设施、配套站房等所需的材料使用上，要充分考虑其环境影响值，以及是否可再生、使用寿命长、无毒无害等因素；生产洁净化——实施绿色采购、清洁生产以及淘汰落后工艺、技术和装备，强化节能减排技术改造等，化学需氧量（COD）、氨氮等主要污染物的排放控制指标要优于地方或行业标准；废物资源化——包括高浓度、低浓度废水分质处理和分质回用，废水回用率要达到40%以上，强化废气余热回收、油脂回收以及边角废料、包装材料、聚乙烯醇（PVA）浆料、丝光淡碱等化学品的回收利用，要采用污泥减量化工艺，进行无害化处置，尽可能扩大资源再利用的范围；能源低碳化——主要体现在清洁能源的使用、能源节约及降低单位产值碳排放量等项目在同行业处于先进水平等。

第九章　值得关注的现代纺织品检测

第一节　伴随现代纺织发展的两大问题

一、诚信度

所谓纺织品的诚信度，是关系到该产品使用的材料和所具备的性能是否做到真材实料、物有所值，材质标注内容是否做到与产品实际使用的相一致。涉及纺织产品诚信度的指标主要是，纤维种类与含量标注以及功能性产品的使用期限约定。

1. 使用材料的真实性

比如一件羊毛衫和一件羊绒衫，因其所用材质成分不同，穿着舒适性与保暖性能便会存在较大差异，当然产品的价值也会有很大的区别，羊绒衫要比羊毛衫贵重得多。再如真丝服装与仿真丝服装，在外表上消费者一般很难加以区分，但由于材质性能差异较大，价值也不会处于同一水平，真丝面料服装的价位一般均高于仿真丝面料服装。同样，即便是混纺、交织面料，其不同纤维所占比例的高低，也会影响其使用性能的优劣和价值的高低。比如羊毛含量高的混纺面料服装价格明显会比羊毛含量低的混纺面料服装要高。近代以来，随着石油化工工业的不断发展，纺织行业的各类人造纤维、合成纤维产品不断涌现，一些仿棉、毛、丝、麻等天然纤维的织物大量出现在服装面料应用领域，如腈纶仿羊毛，涤纶仿丝绸，天丝和莫代尔近似于棉织物，莱赛尔混纺近似于丝绸织物等。虽然这样的发展丰富和扩大了服用材料的品种，改善了产品的一些使用性能，但同时也造成了一些产品边际模糊、质地难以区分的现象出现，使得判定不同面料成分，正确标注服装材料成分与含量，维护服装产品诚信度的问题变得重要起来。故国家与行业主管部门很早之前便专门出台了纺织产品“使用说明”国家标准，以便能够督促和约束生产企业做好这方面的工作。该标准原先代号为 GB 5296.4，属于强制性标准，2017 年该标准已改为推荐性标准，现标准代号为 GB/T 5296.4。

与纤维含量指标涉及产品诚信度性质相同的还有服装填充物的指标，比如羽绒服装的填充物种类、绒子含量和充绒量等，也都是值得关注的诚信度指标。羽绒服装填充物目前主要分为鸭绒与鹅绒两大类，从保暖性而言，当然是鹅绒比鸭绒要好，而且价格也是鹅绒高于鸭绒，如果标注不正确，特别是把鸭绒标注成鹅绒，虚抬产品价格，损害的便是消费者的利益。绒子含量是指填充物当中，鸭朵绒、绒丝或鹅朵绒、绒丝所占到的比重，比重越高，产品的蓬松度和保暖性能就越好。因为朵绒及绒丝均有一定的扩展性，它们能够有效地形成一定空间，增加阻隔性，减少空气对流，从而提高服装的保暖性。现行羽绒服装国家标准规定，称为羽绒服装的产品，其含绒量应 ≥ 50%，可见，绒子含量的高低直接会影响到羽绒服装的保暖使用性能。同理，如果虚抬绒子含量指标，随意标高并提高产品售价，最终受损的还是消费者的利益。充绒量是指一件羽绒服装所充羽毛、羽绒填充物数量的总和，通常以克为计算单位。充绒量达到工艺规定，羽绒服装产品的保暖性能、外观饱和度及使用周期的持久性便可以得到保证，反之，就会产生不良影响。因为目前鸭绒、鹅绒的朵绒与绒丝的市场价格不菲，故难免会有一些企业在产品生产的充绒环节中刻意减少充绒量，以达到降低产品生产成本的目的。毋庸讳言，此举会降低产品的诚信度，终究致使消费者的利益受到影响。纺织品服装成分含量正确标注范例见图 9–1。

由于上述原因，很多国家对纺织品使用材料的真实性问题格外关注。如美国国会于 1959 年就通过了《联邦纺织品标签法》，日本也通过了《家用用品品质表示法》，从法律层面做出相关规定，要求生产及销售企业严格执行纺织材料正确明示方面法规，并承担相应法律责任。以法律文本的形式提出相应规定，明显提高了违法成本，以及明确了可令企业难以为继的代价（涉事

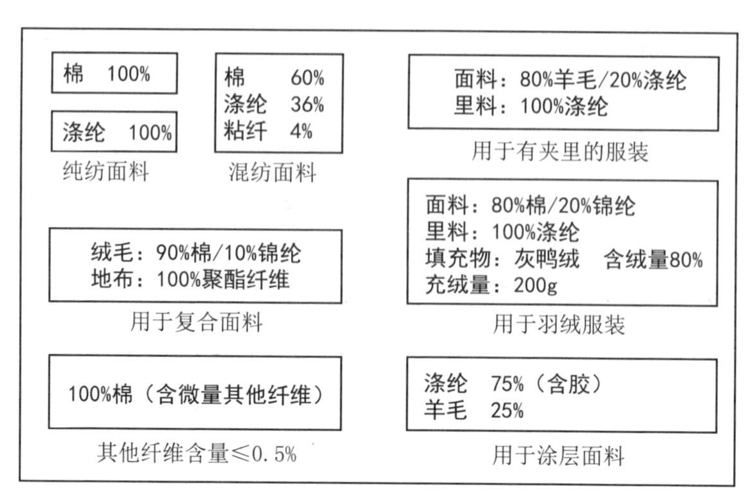

图 9-1 纺织品服装成分含量正确标注范例

法人代表除了接受审判、服刑之外，还将被取消今后的从业资格），因此从业者不再敢因小失大、贸然为之，有效地遏制了在服装产品织物纤维含量及填充物标注方面作假的行为。我国也通过《质量法》《消费者权益保护法》及“使用说明”等相关法律法规加强对纺织品材料真实性的管控。纺织成品生产加工企业可以通过索取第三方权威质检机构检验报告或委托第三方权威质检机构实施检测等方式，真正弄清楚加工原材料纤维成分、含量以及填充物相关指标的真实性并正确标注，把涉及产品诚信度的风险因素消解在生产加工之前。消费者也应增强自我保护意识，在选购服装商品时应当注重对成分标识的检视，在了解织物成分、含量及填充物相关标注内容后，确定所购买的服装商品是否符合穿着需要，是否物有所值。另外也可以通过一些简易可行的办法，对有关服装商品的材料进行初步鉴别。如：采取手抚的方法感觉不同面料的质感，比如真丝面料用手抓捏后，会留下一些折痕，而仿真丝面料则不会出现；通过手掂重量方式加以区别，通常同一款式、同一规格的羊毛衫其重量要明显比羊绒衫重，同理，面里料、款式、充绒量相同的羽绒服装，通常含绒量高的要比含绒量低的轻许多；另外，还可通过燃烧布丝的方法区分服用面料天然纤维与化学纤维的成分。这些方法有利于消费者在服装产品诚信度把控方面为自己赢得主动，同时，压缩不讲诚信商品的市场存在空间。

2. 功能性产品的使用期限

当下，随着科技发展和社会进步，人们使用纺织品服装又有了不少新的要求，于是一些功能性纺织品服装便脱颖而出，从航天、医护、精密仪器加工乃至军事等高端专业领域进入到民用领域和人们日常生活中来，适应人们维护自身健康、提高生活质量的需求。所谓功能性纺织品服装，是指具有某些特定的人体保护作用，有利于帮助使用者或穿着者避免自然界或生活环境中那些不利于安全、健康因素的负面影响，或是增加某些保健功能的产品。比如通过对材料、织物进行相应的加工与处理，使其具有抗静电、防紫外线、防电磁辐射、阻燃等性能，增加柔顺舒适性、透气排湿、保暖性以及拒水、防污、防霉等特性，具备一些抗菌杀菌、护肤健体、治疗功效等，这些措施都可以使原来的普通纺织品服装成为功能性纺织品服装。

毫无疑问，功能性纺织品服装的出现，体现出纺织服装行业技术发展的进步，也符合“精致生活、健康生活”的新兴市场消费理念。然而，另一个问题也随之产生，那就是功能性纺织品服装特定功效的有效性与时效性，应该通过相关检验机构依据一定的产品标准和试验方法标准做出判定，而不能光由设计生产企业的宣传、介绍说了算。例如，2014 年，上海市消费者权益保护委员会曾对市场上销售的“冲锋衣”进行抽检，共抽检了 40 件各类牌号与型号的商品，其中不乏一些知名品牌。从外观上看，检验人员发现这些产品普遍都不标明使用期限，而经过比较试验发现，经过 10 次洗涤后，竟有六成被检样品不能达到防水效果或防水能力差，丧失了应具备的防水功能。同样，一些贴身使用或穿着的所谓的抗菌、医疗纺织品服装，也会因使用时间延长、维护次数增多等因素而导致功能弱化乃至丧失。所以，功能性纺织品服装不可能长期不变地使用下去，标注一定的使用期限问题值得重视。另外，由于使用的材料和形成的方式不同，功能性纺织品服装的使用期限是有差异的。一般，使用通过涂布与覆合法生产的各种功能性织物，其使用期限可能会比采用混裹法、镶嵌与包覆法产生的功能性织物要短一些。所以，采用不同方式加工的功能性纺织品服装的使用期限长短应该有一定区别，应分别设定不同的使用期限。

近几年来，国内涉及功能性纺织品服装的专项测试界定工作得到强化，相关试验方法标准的制定工作正在逐步完善。诸如抗静电、防紫外线、防电磁辐射、阻燃等性能，体感舒适性、透气排湿、保暖性以及拒水、防污、防霉等特性，抗菌杀菌、护肤健体、治疗功效等几大方面的项目测试，基本上已进入可实际运作阶段，对规范功能性纺织品服装产品质量，判定其是否有效具有特殊功能，起到了一定鉴定和判别作用。同时，应通过制定与执行“功能性纺织品服装耐用性试验”国家或行业标准，实施严格的“使用期限”标注规定也很重要，以便能够核定使用周期，进一步规范与拓展对功能性纺织服装领域的生产与管控，确保功能性纺织品服装提高内在质量，减少销售市场鱼龙混杂的局面，也有利于切实维护使用方或消费者利益。

二、安全性

1. 加工生产使用化学物质的毒副作用

纺织行业发展历史悠久、使用化学物质的时间较长，品种也一直也比较繁多。自 20 世纪 80 年代末开始及进入 21 世纪以来，随着科学技术进步、人们对事物两面性问题认识的进一步加深，以及人类自我保护意识的增强，各国尤其是发达国家和地区对化学物质使用的安全性问题愈加关注。人们越来越意识到，化学物质特别是人工合成的化学品是一把双刃剑，它一方面能改善生产工艺，扩大生产品种，提高产品质量或延长使用寿命，给人类的生活带来方便；而另一方面也因为存在一定的安全隐患，对人类本身及生活环境造成一些不良影响。因此，随着对化学品安全性问题研究的不断深入，以往不少与人们生活关系密切，被接受、使用了不短的时间的化学品，现在则开始受到质疑，被证实存在有毒有害性质的化学物质正不断增多。这就是不少化学品陆续遭到限用或禁用的根本原因，而且种类每年还不断有所增加。图 9–2 为一种国际纺织品安全认证标签，通过检验证明合格的产品方可标注。目前国际上涉及纺织品安全性能

图 9–2　国际环保纺织品协会认证标签

的受控受限的化学品项目主要有：

甲醛——常用于纺织纤维、纯纺和混纺织物的树脂整理及部分服装成品的定型整理，使用超标会对人体呼吸系统及皮肤有不良刺激，进而引起相关疾病和癌症发生。

禁用致癌偶氮染料——这里特指那些含有致癌芳香胺物质的偶氮染料，目前共有 24 种。因为采用这些染料印染的纺织品和服装，会残留一定量的毒性物质，通过与人体长期直接接触，毒性物质会被皮肤吸收，深入人体内部影响组织和脏器，改变原有 DNA 结构，最终导致病变和癌症发生。

游离重金属——包括铜、铅、钴、铬、镉、镍、锑、砷、汞等，纺织品服装中产生重金属成分的原因主要是天然植物纤维在生长过程中从空气、水和土壤中吸收、积累，以及织物在某些印染、后整理过程中吸纳、残留，还有部分服装金属或镀金属材质辅件，如拉链、纽扣等本身含有及使用时相关化学物质发生游离。织物和服装的游离重金属物质易被人体特别是儿童吸收。重金属物质进入人体后，积累到一定程度会对骨骼、肝、肾、心及脑组织等脏器造成无法逆转的健康损害，如铅会影响幼儿智力发育。

含氯酚——包括五氯苯酚、四氯苯酚和三氯苯酚，多被用来制成纺织品、皮革制品的防霉防腐剂，三氯苯酚还可用作染料中间体、聚酯纤维溶剂，它们对人体均有一定的致畸、致癌毒性作用，而且它们的自然降解过程漫长，对环境也有不良影响，因而在纺织品和皮革制品上使用必须严格限制。

农药残留——棉花及麻类天然植物在生长过程中，要用农药进行杀虫、除草护理，因此有部分农药会被植物纤维所吸收，并残留在织物或服装中，使用时游离后会给人体带来危害。

有机氯载体——在聚酯纤维纯纺和混纺产品染色过程中，为使纤维结构膨化，有利于染料的渗透，达到增强染色牢度的效果，印染厂常使用三氯苯、二氯甲苯等廉价的芳香族化合物染色载体，但近年来的研究表明，含氯的芳香族化合物对环境生态及人体健康均有危害。

染色牢度——包括耐日晒，耐水洗、干洗，耐酸碱汗液，耐唾液，耐干、湿摩擦等指标，有氯漂白、非氯漂白等方式，织物和服装的染色牢度项目是国际贸易中品质控制的重要项目。染色牢度问题不仅涉及产品的外观和使用寿命，而且也是维护人体健康的重要方面。因为，染色不牢固，染料中的有害物质就更易被人体吸收，产生各种不利于人体健康的现象。

有害细菌——利用家禽或动物毛皮生产的服装及生活用品，在其加工过程中处置不当会导致有害人体健康的细菌滞留和繁殖。如用鸭、鹅绒制成的羽绒服或床上用品，如果未进行彻底的灭菌消毒或在生产过程中疏于卫生管理，极易产生大肠杆菌、沙门氏菌、金色葡萄球菌等各类有害细菌超标，危害人体健康。

pH 值——是一项表示纺织品表面酸碱度的指标，人体皮肤表面一般呈微酸性，能起到抑制病菌侵入的作用。而纺织品酸碱度的超标，导致使用纺织品后人体这一功能遭到破坏，会出现皮肤瘙痒、红肿等皮肤过敏现象。

有害挥发性物质释放——主要有甲苯、丁二烯、芳香烃等，这些物质均对人体有害或产生不良影响。

邻苯二甲酸酯——是一种能起到软化作用的化学物质（增塑剂），共有 6 个品种，在纺织行业常用于染色印花、仿皮革产品和围嘴、尿垫等婴幼儿用品。因会影响男性生殖健康，邻苯二甲酸酯被称为“内分泌干扰素”，还可能损害人体肝脏和肾脏，并有致癌风险。

有害化学活性物质——主要为壬基酚聚氧乙烯醚（NPEO）和辛基酚聚氧乙烯醚（OPEO），在纺织领域最主要的用途是各类纺织助剂和洗涤剂产品的生产，在精练剂、润湿剂、渗透剂、酶制剂、黏合剂、染色匀染剂、分散剂、乳化剂、印花浆料、涂层胶、防水剂以及净洗与皂洗洗涤剂、氨基硅油等物质中都有它们的身影。有害化学活性物质也包括全氟辛烷磺酸（PFOS）等，会产生雌性激素效应，影响人类生殖健康，且生物降解难，给环境带来不利影响。

有害阻燃剂——主要有短链氯化石蜡和三磷酸酯，危害主要表现为存在一定生物毒性，会影响包括人类在内的动物的免疫系统和生殖系统正常发育。

有害化学纤维生产助剂——主要指用于湿法纺丝染色与定型的 N- 甲基吡咯烷酮和用于合成纤维溶剂的二甲基乙酰胺、二甲基甲酰胺、甲酰胺等，前者可致人体中枢神经系统机能产生障碍，引起呼吸器官、肾脏、血管系统的病变，后几种会导致人体皮肤局部发红，呼吸急促，肺部有明显瘀血和病灶性出血。眼睛受到二甲基甲酰胺污染后会引起灼痛、流泪、结膜充血，严重的甚至可能导致角膜坏死，丧失视力。甲酰胺会导致呼吸系统出现障碍与结膜炎等病症发生。

有机锡化合物——一种融入 PVC 材料中的化学物质，常用于帐篷、篷盖等室外纺织品的生产，也用于各种纱线或织物染色加工环节，还可作灭菌剂使用。该物质可危害生物生长发育、生殖健康，并且会损害人体中枢神经系统，会引起糖尿病和高血脂病等，严重的还会导致脑水肿及其他人体脏器功能衰竭。

有害染色印花助剂——主要有双酚 A、苯酚和苯胺。最新研究证明，双酚 A 具有一定的胚胎毒性和致畸性，可明显增加动物卵巢癌、前列腺癌、白血病等癌症的发生；苯酚对人体皮肤、黏膜有强烈的腐蚀作用，可抑制中枢神经或损害肝、肾功能，出现急性肾功能衰竭，呼吸衰竭；苯胺则会引起高铁血红蛋白血症和肝、肾及皮肤损害。

除了以上这些项目之外，异常气味、尖锐异物残留、织物延迟燃烧性及抗静电干扰等方面也属于纺织品服装安全方面检测项目，不少国际和国家标准均有明确的检验规定。我国现行纺织品安全国家强制性标准（GB18401）中有关项目及合格判定要求见表9–1。

表 9–1　我国现行纺织品安全国家强制性标准有关项目及合格判定要求

检验项目		基本安全技术指标要求程度		
		A 类	B 类	C 类
甲醛含量（mg/kg）		≤ 20	≤ 75	≤ 300
pH 值		4.0—7.5	4.0—8.5	4.0—9.0
色牢度（级）	耐水（变色、沾色）	≥ 3—4	≥ 3	≥ 3
	耐酸汗渍（变色、沾色）	≥ 3—4	≥ 3	≥ 3
	耐碱汗渍（变色、沾色）	≥ 3—4	≥ 3	≥ 3
	耐干摩擦（沾色）	≥ 4	≥ 3	≥ 3
	耐唾液（变色、沾色）	≥ 4	/	/
异　味		无		
可分解致癌芳香胺染料		禁　用		

注：A 类是指出生 36 个月以内婴幼儿用纺织服装产品；B 类是指直接接触皮肤的纺织服装用品；C 类是指非直接接触皮肤的纺织服装用品。

2. 婴幼儿及学龄前儿童用品款式设计及加工的可靠性

按照国际惯例，出生 36 个月及以下年龄段的小孩属于婴幼儿，而 36 个月以上至 7 岁以下年龄段的小孩则被定义为小童或学龄前儿童。婴幼儿及学龄前儿童是人群中的特殊群体，由于年纪幼小，他们肌肤和身体部位都很娇嫩，心理上也缺乏自我保护意识或自我应激反应能力差，在日常生活中属于被重点关照和保护的对象。由于服装属于与人体接触密切的日常用品，因此在婴幼儿及学龄前儿童服装的选购和使用上也应该谨慎对待，要对安全性问题引起足够的重视，以确保穿着安全与健康。

款式结构上的安全视角——主要是关注服装外形设计上存在的隐患。一般包括以下这些方面：

▲ 注意避免选购在连衣帽和领口部位带有绳带类的服装产品，防止小孩穿着时因绳带缠绕颈部造成窒息危险情况发生（见图 9-3）。另外还要注意服装腰部、底边及袖口边配置的绳带露出部位不可太长，并且不能固定于服装上，不能带有端头，如套索钉、打结或装有其他配件等，要能够方便抽动，防止穿着时被其他固定物，如房门、车门等钩带，造成拉拽、跌倒或拖曳等人身意外伤害事故。

▲ 给 36 个月及以下年龄段的婴幼儿选购在室内穿的连脚鞋套式服装（宝宝装）时，应该考虑该服装脚底部位的防滑性能，要保证其面料表面具有足够的摩擦强度；而给 36 个月以上至 7 岁以下年龄段的学龄前儿童，即已会走路的孩子选购服装时，应避免选购那些有连脚鞋套的服装款式。

▲ 选购 36 个月及以下年龄段的婴幼儿睡衣套时，应该避免带有风帽的款式，因为这类款式可能会包覆孩子头部阻碍他（她）的视线或听觉，降低孩子感官对于外界的灵敏度，甚至可能妨碍正常呼吸。

图 9-3　不合格的童装结构设计

▲ 选购那些在腰部、袖口、上衣或裤子底边采取松紧结构的学龄前儿童服装时，要注意这些部位不可太紧太硬，否则在穿着时会造成小孩身体相关部位血液流动减缓、

皮肤勒伤等情况发生。选购男小童长裤时，要规避门里襟部位装配拉链的款式，防止使用不当伤害小孩的下体部位。

加工部位及部件物理性能的安全视角——主要是关注服装部件使用及装配牢度产生的隐患。主要有以下这些方面：

▲ 在给 36 个月及以下婴幼儿选购装配有蝴蝶结或缎带的服装时，要注意其装配部位不能靠近领口，靠近嘴巴的区域，防止小孩在穿着时啃咬。蝴蝶结或缎带的尾部长度不能过长，末端必须防止被拆开，要有充分的安全性能保障。

▲ 给 36 个月及以下年龄段的婴幼儿选购服装时，应规避钉有纽扣的类型，防止纽扣脱落被小孩误食而发生危险。此外，对于带有装饰坠物的拉链类型也应尽量规避。选购针织类面料儿童服装时，应避免装配金属或塑料四合扣（亦称揿纽）的类型，因为针织服装的面料质地一般都比较疏松，穿着中经过拉拽后容易脱落，婴幼儿无知，若将脱落的四合扣放进嘴里吞入腹中，会引起危害身体健康情况出现。

▲ 选购 36 个月以上至 7 岁以下年龄段的学龄前儿童服装时，首先要仔细检查纽扣、挂件和其他装饰物装钉是否牢固，防止因这些物品装钉不牢，穿着时被不懂事的小孩扯下放入口中吞咽，阻塞气管，造成窒息的危险现象发生。同时，还应注意纽扣、拉链、商标、花边及其他硬性装饰物件是否存在锐利尖端和边缘，防止穿着使用时发生刺破、划伤皮肤等危害现象（见图 9–4）。

▲ 选购冬季棉、呢类童装时，要仔细捏摸领圈、袖窿、袖口等密切与人体接触的部位，查看有无折断的缝针藏在其中，防止穿着后断针戳入儿童身

图 9–4　配件不能带锐角、锐边

体内，造成危险现象发生。我国现行国家强制性标准（GB 31701）规定的婴幼儿及儿童纺织用品化学性能安全指标要求见表9–2。

表 9–2　我国婴幼儿及儿童纺织用品化学性能安全指标要求

项　　目		婴幼儿（36 个月及以下）	小童（3 岁以上至 7 岁）	大童（7 岁以上至 14 岁）
色牢度（级）	耐水（变色、沾色）	≥ 3—4	≥ 3	≥ 3
	耐酸汗渍（变色、沾色）	≥ 3—4	≥ 3	≥ 3
	耐碱汗渍（变色、沾色）	≥ 3—4	≥ 3	≥ 3
	耐干摩擦（沾色）	≥ 4	≥ 3	≥ 3
	耐湿摩擦（沾色）	≥ 3（深色 2—3）	2—3	/
	耐唾液（变色、沾色）	≥ 4	/	/
包括重金属、增塑剂及燃烧性能、有害微生物等	铅（mg/kg）	≤ 90	/	/
	镉（mg/kg）	≤ 100	/	/
	邻苯二甲酸酯（共五项）%	≤ 0.1	/	/
	燃烧性能（级）	1	1	1
	羽绒有害微生物		与 GB/T 17685 标准相同	

第二节　现代纺织品检测的基本内容与方法

一、外观检测

所谓外观检测就是对纺织产品的一些表象指标进行的检测（见图 9–5）。如纱线的粗细、条干均匀性、毛羽量的多少，坯布的光洁度与平整性、纬斜，纺织服装成品的加工制造水平等以及它们标签运用的正确性、规格的准确性，还包括色差、织疵、污渍存在的状况以及异常气味等。此类检测主要是依赖

图 9–5　服装外观检测（现场随机抽样）

检验人员本身视觉、嗅觉和触觉等功能所进行的检测。纺织品外观检测大都属于此类检测，而此类检测需要检验人员积累一定的经验作保证。比如采用外观识别法鉴别各种纤维材料，主要从形态、光泽、强力等方面加以观察：

棉——光泽自然，纤维在干湿条件下强力变化小，如，在干态下用手拉强力与湿态下手拉强力的变化非常小。

羊毛——纤维比较蓬松，光泽自然柔和，单纤维（一根纱或丝由多根单纤维组成）较粗，用手触摸弹性比较好，手感比较舒适。

蚕丝——光泽自然、柔和，纤度（表示丝或纱的粗细）较细，强度比较高。

麻——纤维表面有自然粗节，手感较硬，有凉爽的感觉，在湿态下强力明显高于干态。

粘胶——手感柔软，弹性较差。特别是在湿态条件下，与麻纤维正相反，其强力会变得很差。

铜氨纤维——属于粘胶纤维中的一种。相对于其他粘胶丝，光泽比较柔和，且单纤较细，是纤维素纤维中单丝纤度最细的一种纤维。

醋酸纤维——也属于一种粘胶纤维，是纤维素纤维中光泽最接近桑蚕丝的纤维，但强力比较差。

合成纤维——形态和光泽各异，干、湿条件下强力均比较好。

二、物理性能检测

所谓物理性能检测，就是对纺织产品质地、尺寸变化和牢度指标进行的检测。包括：纱线强力、加捻、牵伸及卷绕程度；染色纱线、坯布及服装成品面料的各项色牢度指标，如耐水浸、耐水洗、耐干湿摩擦、耐酸碱汗渍、耐唾液（只针对婴幼儿用品）、耐光照与耐汗渍混合等；坯布的成分含量、密度与克重、缩率、顶破与撕破强力、悬垂性；服装面辅材料及填充物的成分含量、重量、水洗或干洗后尺寸变化、特殊部位缝制牢度、起毛起球、服装成品断针滞留、羽绒制品的绒子含量、清洁度、蓬松度等。

物理性能检测方法多样，比如采用燃烧法鉴别纤维材料：可以将拆下的纤维（可分经向和纬向）采取靠近火焰、接触火焰和离开火焰等方式，根据表象变化、燃烧时的气味和残留物状态来辨别纤维类别（见图 9-6）。

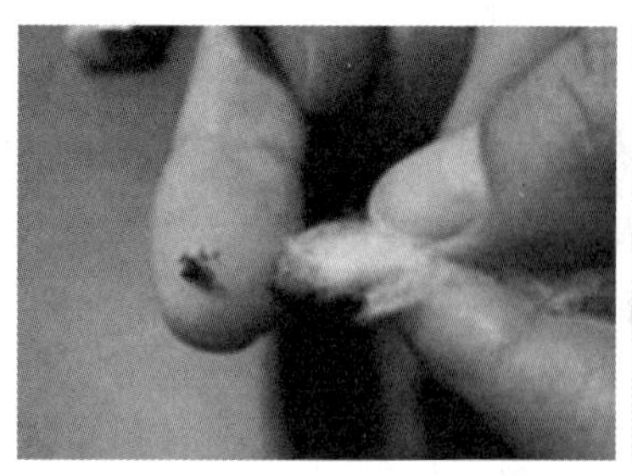
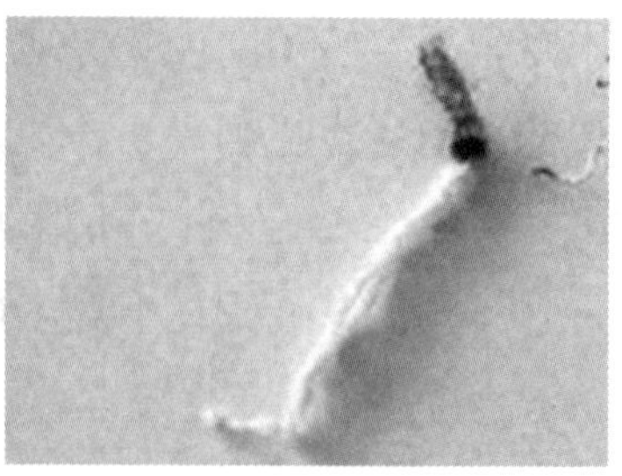

图 9–6　左为蚕丝燃烧后，右为粘胶纤维燃烧后

蛋白质纤维——燃烧时有类似烧毛发的臭味，燃烧后产生松、脆黑球。

天然植物纤维与粘胶纤维素纤维——燃烧时无明显异味，燃烧后留下类似烧纸后灰白色的灰烬。

醋酸纤维——燃烧时有比较明显的酸味，燃烧后纤维结成浅色硬块。

各类合成纤维——燃烧时无明显异味，燃烧后纤维结成硬块。

再如，可采用显微镜观察法鉴别纤维材料，一般分为纵面观察和横截面观察两种。纵面观察是将试样的纤维拉开后用显微镜观察形态，与标准照片或标准资料进行对比，来确定纤维种类；横截面观察是将试样的纤维用纤维切片机对横截面进行切片后，用显微镜观察形态，再与标准照片或标准资料对比确定纤维种类。比如棉纤维和羊毛纤维为中空形纤维；羊毛表面有鳞片存在；桑蚕丝的横截面为不规则三角形；麻纤维的纤度非常不匀等。

物理性能检测一般需要检验人员借用检验设备进行试验，此类检测在纺织品检测技术中占了大多数。例如检验人员通过使用天平、刻度尺、量杯等度量仪器测量方能对样品的重量、规格、质量正确与否下结论；对于一些精纺面料，检验员或许只能通过显微镜投影仪观察才能确定其纤维种类及经纬密度；检验人员通过操作特定设备才能得到羽绒的蓬松度数据；通过专用洗衣机处理后，方可得到织物缩率变化数据等。

三、化学性能检测

所谓化学性能检测就是对一些涉及纺织产品化学性能变化方面的指标进行的检测，如织物及服用面料的 pH 值、甲醛、禁用偶氮染料、游离重金属、有机挥发物、异味、农药残留、羽绒制品耗氧量及有害微生物细菌存活等。比如，在纺织生产领域，化合物三磷酸酯常用于一些纤维织物的阻燃处理和增塑处理。近期实验证明，该化学物具有积累性毒性和致癌性等方面的毒副作用。所以，国际环保纺织协会在 2011 年版 Oeko-Tex® 标准认证的标准中，明确提出“禁止将短链氯化石蜡（C_{10-13}）以及磷酸三（2- 氯乙基）酯作为纺织品阻燃处理物质使用”，两者的检测限量值均为质量百分比的 0.1%。国外关于三磷酸酯检测方法的报道很多，比如英国 EN71 标准采用乙腈超声波提取、液相色谱法检测，取得一定成果，但也存在所用溶解剂毒性较大且方法灵敏度较低的不足。而国内较早就建立了采取超声萃取–气相色谱法检测的方法，取得了一定的实践经验，但对于基体复杂的样品，仅凭保留时间定性有一定的困难，且还易受到其他物质的干扰。国内已有文献报道，可通过采用超声萃取–气相色谱质谱联用法对经过塑化处理的聚氯乙烯（PVC）制品中的三磷酸酯进行检测，方法快速、简便、准确、灵敏度高，完全可以满足国内外法规的要求。图 9–7 为禁用偶氮染料的检测。

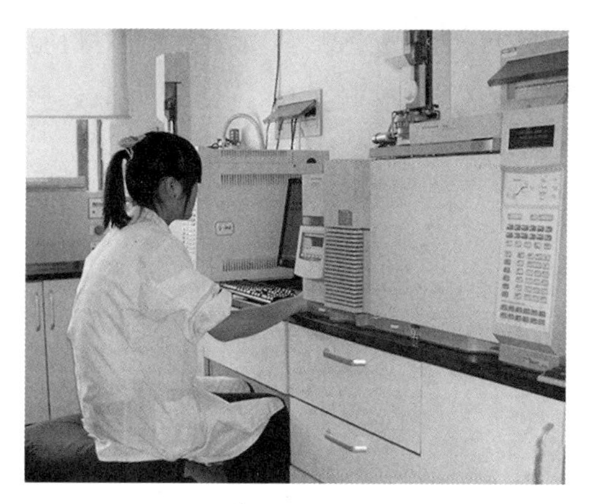

图 9–7　禁用偶氮染料的检测

化学性能检测同样也可应用于鉴别不同的纤维材料。利用不同纤维对化学试剂选择性溶解的特性，可采取化学溶解法来区分纤维含量的百分比，该方法适用于采用不同纤维混纺制成纱线织成的织物。比如，合成纤维中最常用的纤维涤纶和锦纶，无论从外观还是强度上，肉眼一下子很难区分，但是如果利用这两种纤维对酸的不同反应，就可以比较容易地将它们区分开来。可以准备一小瓶甲酸溶液，将待区分的纤维放入溶液中，锦纶很快就会溶解掉，而涤纶纤维则无任何变化。

化学性能检测也需要检验人员借助检验设备进行试验，通常还需经过一定的化学反应程序。此类检测在纺织品检测技术中占了大多数，例如，有些多组分面料成分分析及甲醛、pH 值、游离重金属的测定需经过一定化学反应、程序计算后方能得出结论，一些特殊功能如防电磁辐射、防紫外线需要专用仪器设备检测等。此类检测对检验人员的要求更高，实施者既要熟悉仪器的操作、助剂的配置，又要具备较强的分析判断能力。

四、材料成分分析方法

材料成分分析是纺织品经常应用的检测项目，它属于一种定性和定量分析的方法。随着纺织纤维混纺及交织技术的进步，现在织物成分变得越来越复杂，通过混纺或交织形式集合一起形成的织物，有二组分、三组分、四组分，甚至更多，因此鉴定材料质地就显得十分重要，必须对织物成分做出定性与定量分析。定量分析前，为确保数据的准确性，必须对试样进行预处理。所谓预处理，是指在正式试验之前，采用合适的方法将试样上的非纤维物质除去。例如用石油醚或水萃取，除去纤维上天然伴生的油脂、蜡以及其他水溶性物质，或用其他特殊方法除去纤维织造、印染中使用的油剂、浆料、树脂等添加物，目的是提高分析结果的准确性。但是染料可作为纤维的一部分予以保留。

织物成分定量分析主要通过物理拆分和化学溶解两种方法进行。在可能的情况下，应优先选用物理拆分法；情况特殊时，还可分别采用物理拆分结合化学溶解法和显微投影法进行。比如当纺织品中的纤维既有交织也有混纺时，使用物理拆分法可先将相互交织的经向和纬向纤维分开。可以在拆去一种或多种组分纤维后，再按照拆分出纤维的组分选择下一步检测方案，使用相关化学试剂溶解相互混纺的某种纤维，从而计算出各组分纤维的百分含量，具体操作时纤维可能有多种排列组合。再比如，属于相同类别的化学纤维混纺纺织品，不存在对化学试剂的选择性溶解，因此就不能使用化学溶解法进行定量分析，只能采用显微投影法根据纤维的纵横截面情况结合密度换算成数量或重量，然后计算出各组分纤维的百分比及含量。

五、特殊功效的评价方法

所谓特殊功效的评价方法，也就是指纺织品的功能性检测。主要是针对纺织品所具有的一些特殊功能进行的检测，如织物的抗静电、防紫外线、防电磁辐射、阻燃等性能，服用面料的柔顺亲肤性、透气排湿性、保暖性以及拒水、防污、防霉等特性，一些保健内衣的杀菌、护肤或健体功效等。比如防紫外线功效测定可应用积分球式分光光度计，通过测定功能性织物试样的分光透过率曲线判定各波长的透过率，也可以用面积比求出某一紫外线区域的平均紫外线透过率（见图9–8）。对于有荧光成分的试样，测量时受光前部要安装荧光过滤片，以确保采集数据的精准性。此种方法又分为全波长域平均法和特定波长平均法，前者是选取全部紫外线区域，求其透过率平均值；后者则是选取指定波长进行测量，比如在红斑效应最大的 305 nm、360 nm 处进行测量，再取平均值。经过实验发现，通过比较两种不同测量方法对相同防紫外线织物屏蔽率测定的平均值之差，全波长域平均法最小，为 1.9%，特定波长平均法最大，为 10.9%。由此可以认定，防紫外线织物的功效采用分光光度计全波长域平均法比较准确，可作为常规评价方法。

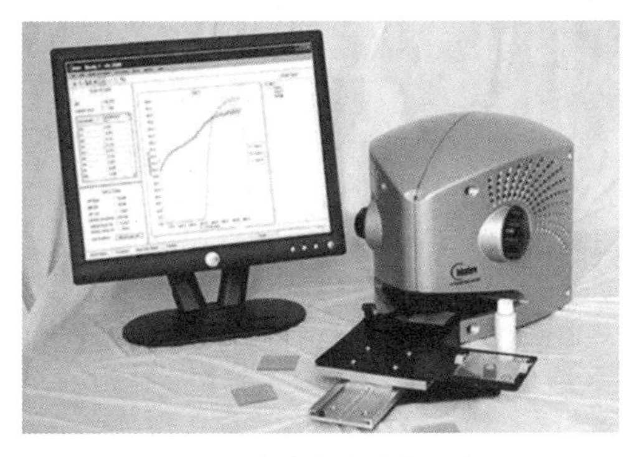

图 9–8　紫外线透过率测试仪

第十章　现代纺织的发展趋势

第一节　学科交叉研发常态化

当今，社会分工越来越细致，各学科间合作越来越密切，因此，对于纺织行业创新发展而言，学科交叉研发已成常态化。比如，2016 年 4 月 1 日，美国宣布成立革命性纤维与织物制造创新机构（RFT-IMI），这是美国国家制造创新网络中的第八家制造创新机构。该机构位于美国马萨诸塞州的剑桥，由美国国防部牵头组建，麻省理工学院负责管理，成员包括了近百家家工业界、学术界和非营利组织，其中就有菲力尔（FLIR）、沃里克铣削、英特尔、思爱普（SAP）、博士（Bose）视听系统、耐克、新百伦、太阳能联盟、Vartest 实验室、特拉华谷工业资源中心、美国国家职业能力测试中心等有影响力的企业与科研机构，涵盖红外成像、军事国防、纳米、纺织、化学、计算机、软件开发、环境保护、扬声器材、运动休闲用品制造、太阳能、材料分析、企业质量管理及市场营销等产业及学科领域，形成一个学科交叉研发合作的团体。该机构重点开发面向未来的纤维和织物，为美国纺织品制造业未来在复杂纤维和织物技术领域中处于全球领导地位和创新引领者奠定基础。该机构通过学科交叉合作创新，把一些非纺织传统合作伙伴集合在一起，将纤维、纱线与集成电路、LED、太阳能电池以及其他设备、先进材料集成在一起，创造可看、可听、可感知、可通信，能存储能源、调节温度、监测健康、改变颜色等功能性纤维与织物，并促进大学的研发成果尽快转化成产业化和市场化运作的对象。其具体目标包括：通过将具有发电和蓄电能力的材料植入纤维中，在织物中形成超高效、节能的运载器或过滤器，生产可以调节温度、探测并感知化学或辐射元素等威胁，能够向士兵或其他穿着者发出警告的专业制服；开发各种具有极轻、耐高温阻燃、高强度和包含电子传感器等特殊属性的纤维与织物，制成不受炽热火焰影响的消防服；或将一块智能手表具备的传感能力复制进一片轻质纤维织物中；或者制成特殊抗菌包扎带，便于伤员使用后进行处理时可轻易去除。

我国纺织业与其他学科交叉研发的趋势也越来越明显。随着纺织材料及技术在信息工程、能源产业、医疗卫生行业、交通运输业、建筑产业中的应用越来越广泛，纺织新材料、新技术研发与生物学、医学、电子学、光学等学科合作研发的领域日益扩大，助推了纺织新材料产业的超前发展。目前，纺织科技研发方向集中体现在纺织复合材料的高端研究、高能物理技术的应用、生物技术的应用、纺织设备信息化技术、纺织绿色材料的开发、智能及功能纺织品研发等方面，体现了高、精、尖的发展趋势。纺织与其他学科的交叉研发，极大地拓宽了纺织科学技术研究的视野，丰富了理论知识与方法，也为纺织的可持续发展提供了新的动力。比如，利用纳米技术、等离子体技术、现代材料加工技术、生物技术、信息技术等学科知识，能够提高纺织科研人员的创新思维及能力。通过学科交叉研发，纺织行业能够在最大程度上使材料及产品实现智能化、多功能化、环保、复合化、低成本化、长寿命及按用户要求进行个性化定制，体现信息化和生物技术等学科的革命性进展，也能够给纺织制造业、服务业及人们生活方式带来重要影响。

纺织新材料的发展通过学科交叉研发正在从革新走向革命，未来开发周期会缩短，与其他学科交叉研发合作已经成为纺织新材料创新发展的主要途径。目前，国内纺织业界提出了“大纤维”的概念，在未来纺织产业集群中，“纤维”保持了与纺织工业原有的血脉联系，而“大”则突出了新一代纺织纤维技术的多学科交叉及跨行业、跨领域的特征，创新研发的纤维将作为一种载体，能够把物理世界、人体世界和虚拟世界连接起来。学科交叉研发所带来的纺织产业链变化和颠覆性影响将使纺织产业具备延伸至其他许多重要行业的特质，已经完全不同于以往传统的纺织行业。

第二节　跨界融合发展常态化

随着时代的进步和科技发展，产业用纺织品行业正异军突起，作为高性能、高科技含量的产业用纺织品应用领域更加广泛，跨界融合发展已经呈现出常态化的趋势。

一、军事国防领域

军需纺织品以绸、布、绳、带、线、特种防护材料和碳纤维及碳纤维复合材料等众多形式融入军事国防领域，不论是20世纪60年代“两弹一星”，还是当今的精确制导武器，都看得到它的身影。另外，随着以人为本、提高自我防护理念日益深入人心，个体防护装备的研制和开发也正在快速发展，新技术、新材料在各军事防护装备上的应用愈来愈多，比如数码应景迷彩服、防弹衣、防化服，以及远程智能监控传输系统等。

二、航天航空领域

越来越多的高强度、高性能纤维材料会出现在航天航空器材与装置上。据报道，我国近研制的“长征十一号”固体运载火箭于2018年1月19日成功完成了“一箭六星”的国际性商业发射任务，而采用全碳纤维复合材料制成的整流罩，成为该火箭的一大创新点。该材料不仅刚度和强度大、耐高温，而且重量轻、不变形，使得火箭载荷能力进一步增强。该项成果也为未来纺织新材料在太空环境下的应用开拓了新的领域（见图10-1）。

图10-1　“长征十一号”火箭模型

三、建筑领域

纺织与建筑联姻是十几年前才出现的。通过将一些高强度、高性能纤维放入混凝土中，可以起到增强建筑牢度、抗老化的效果，成效显著。近几年，一些高性能及高阻燃性的聚合材料，包括聚醚醚酮（PEEK）、聚醚酰亚胺（PEI）、聚苯硫醚（PPS）、聚苯砜（PPSU）、聚醚砜（PES）、聚偏氟乙烯（PVDF）和改性聚苯醚（PPO）等浮出水面，将它们运用于建筑工程领域，可以达到良好的防火及增加强度的效果。

四、交通运输领域

产业用纺织品应用于汽车、火车、轮船和飞机等交通运输工具，早已不是什么新鲜事，同时，在公路、铁路、港口等基础设施建设中，一些功能性土工布也在发挥重要作用，起到固型补强、防渗排水、抗冻除冰、阻止水土流失等功效。有研究表明，作为新兴材料的石墨烯已经被应用于土工布施工后的渗漏性检测，能够更好地确保施工质量。新型土工布合成材料在未来的应用必然会继续成为纺织创新重点关注的对象。

五、医疗卫生领域

除了人造血管之外，近年来研发的成果还包括结构稳定、表面光滑、柔软性好、打结方便、抱合力强、不易松散的医用蚕丝缝合线，可用于人体内狭窄血管扩张的针织医用金属内部支架和可植入病人病灶部位的针织可溶性内支架，用于人体全血过滤、红细胞浓缩过滤、去除输血中白细胞的非织造材质的过滤器，以及采用聚砜、聚丙烯腈为原料经中空纺丝制成的中空合成纤维超滤膜组装而成的透析器，即人工肾（见图 10–2）等。通过这些成果的应用造福人类，也体现出纺织材料创新应用的新作为。

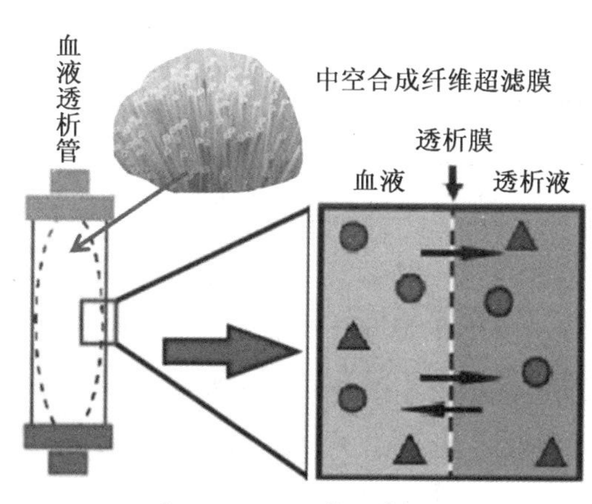

图 10–2　人工肾工作原理

六、环境保护领域

开发短流程、低污染、低能耗产品，以及推行绿色化生产制造技术，倡导节约资源以及材料回收循环再利用，是纺织新材料产业满足社会经济可持续发展的必然选择。在空气治理环节，可采用各类非织造过滤材料，扩大工业除尘及汽车滤清器、空气净化器、吸尘器的生产应用；在水处理及污染治理环节，可应用中空纤维分离膜、纳米纤维膜、高性能滤布等产品，并加快发展饮用水安全分离膜、生物膜填料、海水淡化用反渗透膜、工业废水及污水资源化利用分离膜等纺织基过滤材料；在矿山土壤治理环节，重点发展利于矿山生态修复用、重金属污染治理用、生态护坡加固绿化用等纺织土工材料。

七、农业领域

新型纺织材料可应用于农业耕种、园艺、森林、畜牧、水产养殖及其他农、林、牧、渔业活动，有助于提高农产品产量，减少化学农药用量，并涵盖动植物生长、防护和储存过程。农业领域使用的所有纺织品，均具有“面积大”“用途广”的特征。目前，越来越多的产业用纺织品还可用于农作物保温、防晒、遮光等方面。未来，行业还会加快麻地膜、聚乳酸非织造布等可降解且利于生态环境保护的农用纺织品的推广应用。

八、应急安全领域

新型纺织材料可应用于大应力及大直径高压输排水软管、高性能救援绳网、高强度及高稳定功能性救灾帐篷和冲锋舟的制造，以及高等级病毒和疫情隔离服、成套救援应急包、快速填充堵漏织物、灾害预防和险区加固材料等产品生产领域。未来，还须加快研发和推广具有信息反馈、监控预警功能的智能型土工织物，加快发展复合型多功能静电防护服、逃生救援用绳缆网带材料、矿山安全紧急避险用纺织材料等产品。

第三节　使用功能拓展化

现代纺织品除了能够满足人们日常一般生活需求之外，通过采用先进科技手段，一些新的用途被开发出来，纺织品使用功能呈现出拓展化的发展趋势。

一、隐形

一种多光谱伪装隐形作战服已由美国戈尔公司和雷文航空之星公司联合推出。该隐形迷彩服采用特殊面料制成，可以分解、驱散身体热量，能够消减可视的近红外以及短中长波红外传感器的探测效应，即使在被红外装置扫视之后，穿用者的身体轮廓也不会显现。该套服装由一件外套、一条裤子、一个兜帽和一个面罩组成。穿起来就像一件罩袍，有点类似狙击手穿的特种伪装服，有助于隐藏身体轮廓，并向外分散身体发出的热量。该套服装还包含一种有助于透气的、外披式的网状物，配以相关天然材料后，可模仿树叶或杂草的包覆效果，隐形效果更突出（见图 10–3）。

图 10–3　多光谱伪装隐形作战服

二、舒缓情绪

现代生活节奏加快，压力大，人的情绪容易受到压抑。西班牙女设计师劳拉・莫拉塔根据芳香疗法和气味直通大脑的原理，设计出了含有天然芳香物质的面料，制成服装穿上后，天然物质的芳香味道就会完全散发出来，通过嗅觉刺激脑神经可以振奋情绪。她设计的名为“宁静”的“防情绪紧张服装”，并没有在衣服里安放按摩设备，而是加入了含有抗静电物质的微型胶囊，通过吸收静电，避免妇女受使用手机和电脑等电器导致的静电困扰，能够消除紧张情绪。

三、触觉模拟

英国科学家设计出了一种触觉夹克，观看电影时穿上它，能让观众通过触觉加深对电影情节的感受，体验电影中的角色的情感反应。这种夹克镶嵌了 64 个独立的可控制致动器，每侧袖子上只用 8 个致动器就能让整条胳膊产生感觉，还可在胸腔部位发射脉冲信号，模拟心跳加速的效果。这些可控制致动器每秒可循环开关 100 次。它主要根据大脑感知触觉的方式，通过发出信号让观众在看电影时感受焦虑、惊恐或其他异常情绪，使身体产生紧张感，从而增加娱乐的真实体验。

四、助力

日本东京理科大学小林宽司教授领导的研究小组开发出一种系列自动化外骨骼装置。这种外骨骼装置采用 A 形的铝制架构，手臂部位的结构让肩关节和肘关节可以自由活动，它用腰带和肩带固定在人体的臀部和肩部，垂到双腿外侧，并配有类似人体肌肉的可充气装置。靠充气的人造肌肉能够提供约 300

牛顿或者更大的支撑力（见图 10-4）。这种被称为“肌肉装”的自动化外骨骼装置有两种用途：一是用来增加手臂和背部的力量，用于日常工作与生活领域搬运重物的需要，穿着后人们拎起 40 千克重的大米会觉得轻如鸿毛；二是主要满足护理行业需要，使用后可以方便医院护士或护工帮助卧床的病人移动身体。

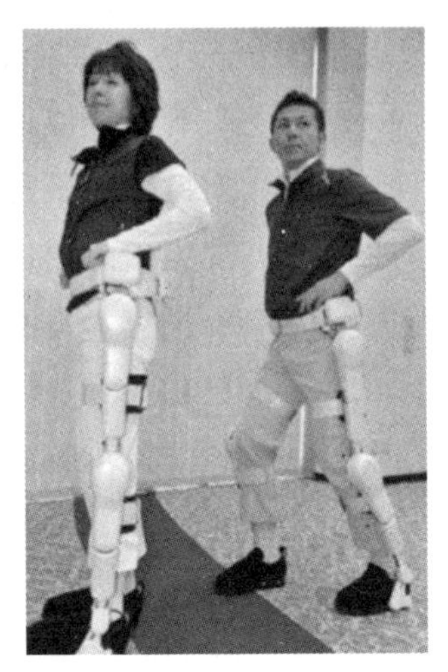

图 10-4　自动助力装置

五、特殊防护

美国南加利福尼亚大学科技人员研制出一种背心形式的自动装置，可以为盲人或视力有问题者提供引导服务。这个新系统穿戴后能够提醒使用者避开危险障碍物，同时指明新的替代路线。路线指引信息主要是通过背心传递给使用者，背心在肩膀和腰部有四个微型发动机，当发生危险情况时，这些小零件就会像手机一样产生振动，若左肩振动说明左上方存在障碍物，可提示穿着者避开。比如，面前遇到了低垂的树枝，通过肩部装置的振动，可以提醒使用者及早规避，并通过发出振动的不同部位，明示改变行进的路线。

六、净化环境

英国谢菲尔德大学、伦敦时装学院合作设计了一款具有特殊功能的衣服。只要穿上这件特别的裙装，走动的时候就能产生净化环境的作用，让周围的空气变得清新起来。而这件裙装的秘密就隐藏在它的布料中，据称该面料利用了类似建筑施工中的泥灰抹墙技术，即在衣服上喷涂了二氧化钛涂料，这种物质可以有效地稀释环境中由机动车排出的废气或香烟点燃产生的有害气体，从而达到净化空气的效果。而且也不用担心那些吸附在衣料上的脏东西，因为只要洗涤维护一下，该件裙装就又能洁净如新（见图 10-5）。

图 10-5　环境洁净服装

七、自修复

由美国陆军纳蒂克士兵研究开发与工程中心（NSRDEC）、马萨诸塞大学洛厄尔分校和粹通（Triton）公司合作研发，是一种采用微胶囊进行间隙快速修补的创新方法。当相关纺织品材质使用中出现破损时，镶嵌在其中的微胶囊即被激活，可以在60秒内以持续喷涂方式进行修复，使得面料上出现的切口、裂口、破洞、刺孔能够快速自修复。这种功能不仅可以用于航天航空、军事国防领域，也可以应用于民用领域，重点应用于野外恶劣气候变化应对、有害化学品处理，以及医疗病菌病毒隔离等场合。

八、按摩保健

为防治因久坐或者错误坐姿而导致背部出现疾病，新加坡一家设计公司发明了一种按摩服装，穿着后可以利用6个可充气按摩模块组，为酸胀、疼痛的肌肉部位进行按摩保健。其内部设置的追踪传感器还能分析穿着者一整天的坐姿，一旦监测到有错误坐姿出现，它将会自动调节可充气模块组的压力，让你在不知不觉中矫正不利于健康的坐姿。这种按摩服装有两种款式，一种是背心，另一种是夹克衫。它不仅具有简单的按摩功能，还可以利用配套的App软件，在手机上设置每次按摩的强度、持续时间长度和按摩部位。

第四节　人工智能渗透化

人类具有接受知识的能力，并具有感觉、记忆、思维、分析、判断、决定、表达、行动等智力行为，所谓智能就是人类这些特殊功能和能力的集合。智能及智能的本质是古今中外许多哲学家、科学家一直在努力探索和研究的问题。如何模仿人脑形成人工智能的研究于20世纪50年代在国际上兴起，并迅速在科研、工业、国防、医学等领域辐射开来。进入21世纪，随着脑科学、神经心理学等研究的突破性进展，人们对人脑的结构和功能有了进一步认识，科学家们结合人类智能的各种外在表现，从不同的角度、不同的侧面、用不同的方法对人工智能问题进行研究。21世纪初，以计算机为核心，以自动化、信息化为主要内容的新一轮知识经济浪潮形成以后，人工智能技术应用的行业更加广泛。同时，以纳米技术应用为代表的新材料的研发以及高级仿生技术的开拓运用，为人工智能的发展注入了无限生机与活力。

以此为背景，纺织产业的智能化生产及智能产品的研发便从传统运作模式中破茧而出。所谓智能化生产，是指通过建立在物联网、云计算、大数据基础之上的专家系统和计算机自动化感应、分析、控制系统，对生产装置及流程进行监控、调整和处理，以达到提高生产效率和产品质量的目的。比如，利用人工智能实时进行在线检测、上下工序的衔接、生产装置故障的排除，以及仓储物流管理的自动化运行等。智能产品，是指模拟人类生命和思维系统，不仅能够感知外部环境或内部状态的变化，而且通过判断和反馈机制，能实时地对这种变化做出反应的产品。当前，智能纺织品的代表主要有：

形状记忆恢复纤维——主要是依据热成型和冷却定型的方式形成。当周边温度接近原来热成型温度时，形状记忆纤维有恢复原来形状的功效（见图10–6）。前一时期研究和应用最普遍的是镍钛合金纤维，它首先被加工成宝塔形的螺旋弹簧状，再进一步加工成平面状，然后将其固定于面料的夹层中，这类面料多运用于消防、冶炼等行业的阻热服装。当服装表面接触到高温时，处于夹层中的镍钛合金纤维会迅速由平面形状变成宝塔形状，在两层织物中形成一定的阻隔空间，能够有效减少高温源对人体皮肤的侵害，避免烫伤事故的发生。此外，通过对高分子材料进行分子改造和改性，形成形状记忆高聚物（SMP），能随外部环境条件如热能、光能、电能以及化学特性变化，自动改变或恢复形态。应用最早的形状记忆高分子材料是具有伸缩性特殊功能的仿丝绸轻薄织物，多用于类似舞蹈、体操等专业人员穿着的紧身衣裤、衬衣等，还可用于能自动开合的窗帘。

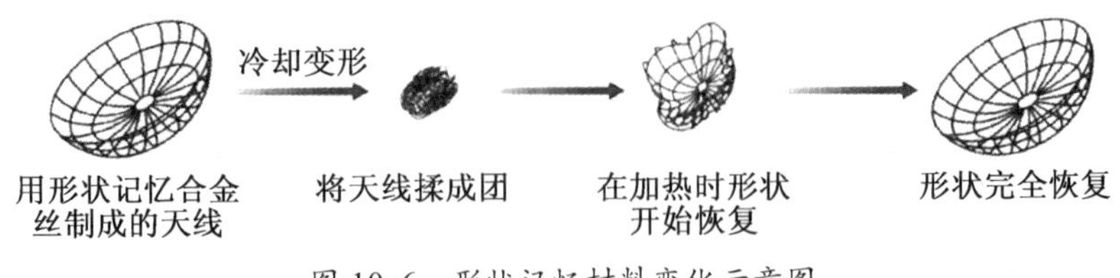

图 10–6　形状记忆材料变化示意图

温度调控纤维——是指能根据环境或人体变化自动调节温度和湿度的纤维，一般可分为蓄热调温型和调温调湿型两种类别。由蓄热调温纤维加工的织物及服装，除具有一般纺织品服装的静态恒温作用外，还因采用了含水无机盐、长链碳氢化合物、聚乙二醇、脂肪酸等相变物质，发生液态—固态可逆相变，或通过纤维从环境中吸收—存储、存储—释放热量，在织物与人体之间形成有别于外部温度的相对恒定的微气候，达到温度调节控制的效果。该织物最早用于宇航服，现在已开始运用于防寒、体育运动等服装。调温调湿型纤维主要是利用纤维的高吸湿性能，通过吸收空气中或人体产生的水分子，并在实施气态—液态、液态—气态转化时所产生释放或吸收热能的原理，达到恒温的效果。如日本东丽公司推出的“能量感应”吸湿放热面料，可以吸收人体排出的水气并将其转化为热能，制成服装后可以比传统产品提高2 ℃—5 ℃的保暖温度。

智能服装——就是通过运用人工智能等现代模拟、仿生、微电子等科学技术，生成一定类似人类自身智力功能，如感应、记忆、储存、分析、判断、控制、调节、替代等，并做出相应反应，可以给专业领域和人类日常生活带来新变化，使得服装穿着增加了惬意感、功能延续性和拓展力、便捷性、集成性、辅助力等功效。比如运动及医疗监测服装，利用传感器及信号接收系统，可实现远程数据采集与分析。智能服装出现的时间并不长，最初主要应用在航空、航天（见图10-7）及国防军用等特殊领域，20 世纪 90 年代后，其研发工作逐渐向体育运动、娱乐休闲、生活辅助等民用领域渗入。尽管目前无论从国际还是国内看，智能服装基本上仍处于研发、试用和小范围拓展阶段，但随着科技进步和社会经济文化发展，其应用开发有着广阔的领域和前景。

图 10-7 “神舟六号”舱内宇航服

第五节 “黑科技”导向化

“黑科技”一词近几年来比较流行，它最早出自日本一部名为《全金属狂潮》的科幻军事题材小说。该小说是由贺东招二于 1998 年创作的，内容描写的是虚构的未来爆发的世界东西方两大阵营之间的一场战争。该部小说后来还被拍成动画片，在青少年当中有较大影响。在小说中，“黑科技”是指先天就存在于当事者脑海中的内容，表现为大量的数据和许多高深的科技信息记录，而且这些内容有时会在当事者的大脑中不自觉地浮现出来，影响着他（或她）的行为。小说中所描述的“黑科技”没有很明确的科学依据，但以科技的名义出现后却具有特殊、强大的功能，应用时能产生和魔法一样不可思议的结果，如高达的 GN 粒子、星际的幽能等。按照小说作者的原意，“黑科技”是指一种凌驾于人类现有的科技水平之上，非人类自身能力所产生的知识和力量，引申为以人类现有世界观和认知能力所无法理解与解释的超高知识与技能。

在当今现实社会，“黑科技”系指超越现今人类科技或知识所涉及的范畴，目前暂时还缺乏系统科学解释的科学技术或产品，也泛指现实中某些超乎寻常的新奇事物。在科技界，“黑科技”特指那些研发原理前卫、具有一定前瞻性和超凡特性的新技术、新工艺、新材料、新装备等。比如颇受关注的量子通信卫星、超高音速承载运具、激光反卫星武器、中子武器、真空管道式高速列车、无人驾驶电动汽车、居家环境智能遥控装置、可卷起来的超软超薄显示器等。总而言之，“黑科技”已经成为引领当今社会进步和科技创新，研发打造具有超凡新功能产品的一个代名词，且已渗透到我们生活的各个领域。纺织产品与人类关系密切，它既是一种人类创造出来的劳动成果，伴随着人类社会的发展而发展，是人类进化、文明程度提升的代表性物品，同时，也在一定程度上反映了科技发展和社会进步所取得的成就。因此，在当今社会，当“黑科技”浪潮席卷而来的时候，纺织科技工作者也无法回避并参与其中。受其影响并从中得到启发，一些代表未来发展趋势、能够更好地满足人类不断提高生活质量和提升生活品位新需求的概念化纺织产品得以被研发出来。

所谓概念化纺织品，是指一种具有前瞻性的、体现一定高科技含量的、能够引领某种发展趋势，并具备了特殊功能的纺织产品。虽然短时间内无法得到市场认可，进行批量化生产的技术也不太成熟，但它具有一定新奇性和感召力，能引起各方关注，在业界实现某种新的突破。如利用细菌培养，通过茶叶溶液发酵产生非纺纱织布的服装面料；通过研制一种像纤维一样柔软的微型超级电容器，以便可直接织成面料，设计可通体发光的服装（见图 10–8）；在特殊柔软高科技材质服装面料上嵌入 LED 材料，使其具有滚动显示字幕或图案的功能，通过连接手机特定 App 程序，穿着者还可以随意设定与更改原有字幕或图案，以此提高服装的时尚变化的元素等。这些概念化服装均具有某些“黑科技”的特征。目前，与“黑科技”相关联的概念化纺织品设计新品已有不少问世，下面是国外具有代表性的一些例子。

图 10–8　超级柔性电容发光材料

隐身披风——美国塔夫茨大学和波士顿大学的研究人员曾在《新型材料》杂志上发表一篇研究报告，声称他们从蚕丝中提取出一种物质并在其表面涂抹了一层黄金物质涂层后，得到一种新型材料，制造出了一件穿着之后能够隐身的披风。研究小组在开水中把蚕丝煮沸净化，得到制作的基础材料即蚕丝蛋白，然后研究人员将蚕丝蛋白制作成 1 cm^2 见方的小片，并在其表面涂布一层黄金质地的“谐振器”，通过蚕丝的细密结构和黄金谐振器涂层的组合，这种材料能够折射、扭曲所有波段的光线，达到完全隐形的效果。该件披风由约 10000 个这样的小方片组成，穿着后相当舒适。该研究小组的首席科学家、美国塔夫茨大学生物医药工程学教授费奥伦茨 · 奥门内托表示，制作隐形披风只是蚕丝蛋白的一种潜在用途，蚕丝蛋白最大用处是在医学界的应用，它可以使得人体内某些器官隐形，从而方便检查隐藏在该器官下面的组织病变。

蜘蛛侠式感应服装——在漫画系列《超凡蜘蛛侠》里，英雄彼得 · 帕克因具有“蜘蛛的感应”，而能够感受和迅速规避即将逼近的危险。美国伊利诺伊大学芝加哥分校维克多 · 麦提维斯和同事据此设计研制出一种相类似的感应防护服。整套服装分布有 7 个感应模块，它们非常敏感，正如蜘蛛侠一样，穿着这套服装的人能够灵敏地感受到身体周围 360° 环境的变化，当有人或其他物体过于快速地接近穿着者时，具有超声波感应原理的模块便会发出信号，

图 10-9　蜘蛛侠式感应服装

提示穿着者加强防备（见图 10-9）。美国麻省理工学院科学家格森·达布隆说，“这一发明使人类在获得真正的综合性超感官的道路上又前进了一步，促进了感知周围世界新方法的诞生，其发展有利于人类检测到感官无法感受到的有害物质，例如辐射等。”

虚拟现实体验套装——现如今，虚拟现实（VR）视显设备已进入消费市场。虽然该种设备带来了很强的虚拟视觉沉浸感，但体验者身体其他部位依旧停留在现实世界，容易产生不协调、不舒适的感觉。美国 Axon VR 公司已开发出一种全身模拟体验设备，该设备主要由全身套装以及运动模拟辅助装置两部分组成，能让体验者用身体的各部位实现与虚拟世界的交互，享受更加完整的虚拟现实体验。该服装是一款轻量级套装，由夹克衫、裤子、手套和靴子组成，其内部由特制材料进行填充，具有触觉及温度反馈功能，含有上千个触觉和温度的“反馈点”。通过这些“反馈点”上的不同压力和温度变化，服装内的特制材料可以创造出各种触觉，例如受到重击的压迫感，微风略过的轻柔感，又或是模拟出在沙滩上享受阳光浴的温暖以及秋日的清凉。为了让玩家感受到空间位置的变化，这套制服可以被固定在一套运动模拟辅助装置之中，尽管穿着者在游戏时被机械悬挂固定在半空中，但鞋底的触觉反馈能让他感受到自然行走的感受（见图 10-10）。

图 10-10　虚拟现实体验套装

4D 裙装——由美国麻省科技设计公司研发，主要利用 4D 技术，形成弹性贴身和可变型的布料，配以款式设计而成（见图 10-11）。所谓 4D，就是在 3D 打印的基础上增加时间维度，核心是采用记忆合金技术生成一种能够自动变形的物品，人们通过软件设定模型和时间，变形材料在设定时间内可生成

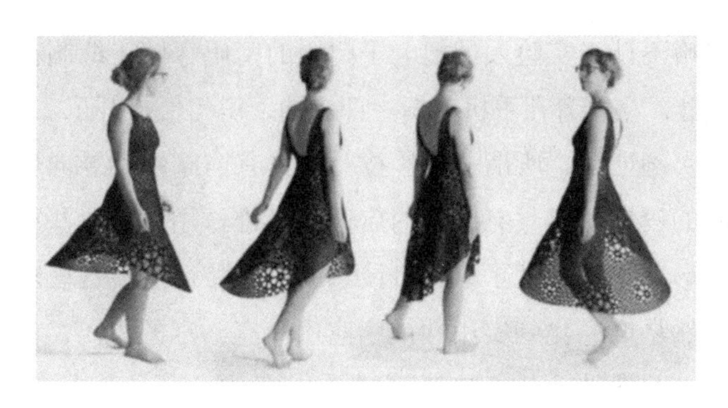

图 10-11　4D 裙套装

所需的形状。该裙子的布料纤维由 2279 个三角形和 3316 个连接点相扣而成，三角形与连接点之间的拉力，可随人体形态发生变化，即使变胖或变瘦也可穿着，克服了服装尺寸不合身的缺憾。该服装所采用的材料是适应“选择性激光烧结技术”的尼龙，即利用激光束烧结尼龙粉末材料制造原型，激光束不会烧结三角形与连接点之间的粉末，未被烧结的尼龙粉末于打印后脱颖而出，形成环环相扣的镂空纤维构造，每条裙子需要经过 48 小时才能打印制作而成。4D 打印与众不同之处在于，打印好的物体能够自动组装或是转变成预先设定的形状。它的优点是，一方面是能将形状挤压成它们最小的布局并经 3D 技术打印出来，这样打印出来的产品将没有冗余的东西，另外一方面是其打印的物体可以根据预先设定的需求进行自我形态上的变化。

能储存密码的服装——美国华盛顿大学的科研人员研发出一种智能布料，制作成服装后可以储存肉眼无法看见的密码信息，让人们用外套或衬衣便可轻易打开公寓或办公室的房门。这种用智能布料制作的服装无须嵌入其他电子器件或传感器便可储存数据，从安全密码到身份标识都可以。研发人员利用普通导电绣线的磁性功能，经过特殊处理，便可存储、隐藏数据或字母、数字等视觉信息，然后采用现有智能手机中配置的用来驱动导航应用软件的工具——磁力计（它通常用来测试磁场的强度与方向）来读取这些存储的数据。华盛顿大学计算机科学与工程学学院副教授希亚姆·戈拉科塔称，这是一种完全不用电力的设计，而且这种智能布料可熨烫，还可放入洗衣机和烘干机维护处理。它其实是把服装做成一个特殊的硬盘，实现了数据存储的功能。他还解释道，利用智能手机现成的功能操作，几乎不耗电，所以数据读取的成本可忽略不计。实验人员把电子门锁的密码存储于缝制在一件衬衫袖口的智能布料上，穿着者在手机前挥一挥衣袖，房门便打开了。

以上这些实例证明，所谓“黑科技”是具有前瞻性和导向性作用的，它对于科技新品的设计研发具有明显的启迪和助推作用，而一些概念化纺织产品的问世，则形象化地印证了“黑科技”的这一特征。就这些新研发的纺织产品而言，虽然从概念化到实用性推广应用尚有一定的距离，但其所体现出来的创新性导向思路和运用现代前沿科学技术的方式还是令人鼓舞的。

第十一章　1949 年以来我国纺织业取得的成就

属于加工制造业的纺织行业由于自身具有与人类关系密切的特殊性，所以自诞生以来始终是一个社会不可缺少且能够与时俱进发展的行业。1949 年以来，和其他一些关系到国计民生的行业一样，纺织行业有了显著变化，取得了长足进步，在适应国民经济发展需要、提高国家综合实力和满足人们日常生活需要方面发挥着不可替代的作用，纺织行业所取得的成就主要可以概括为以下这些方面。

第一节　产业规模明显扩大

1949 年前，在民族工业基础上发展起来的中国纺织业规模不大且作用有限，是一个勉强适应国内当时生活需求的行业（见图 11-1）。那时纺织生产企业数量不多，大都聚集在东南沿海、沿江地区，以棉纺、毛纺和丝绸纺织品生产为主，品种基本局限于天然纤维类。至 1947 年，全国棉纱生产能力仅为 492 万锭，织布机也仅为 6.6 万台。由于基础过于薄弱，1950 年，我国人口占全球人口的百分比为 22%，而当时国内纺织业的棉纺锭为 513 万锭，百分比仅为全球的 5%，棉纱年产量为 43.7 万吨，仅为全球的 7.8%，整个产业规模有限，没有形成生产体系，显然很难适应国民经济发展和提高人们生活水平的需要。而同年美国棉纺织工业的总规模达到了 2179 万锭，生产棉纱 181.4 万吨，总体上是中国棉纺织工业的 4 倍，反映出那时我国纺织工业规模与世

图 11-1　20 世纪 30 年代的细纱车间（唐山）

界先进水平差距很大。

为了改变生产能力不足、难以满足人们生活需求的落后局面，尽快解决人们的穿衣问题，20 世纪 50 年代初，我国就实行了重点发展纺织行业的政策，由此，我国的纺织工业进入了一个前所未有的大发展时期。当时，国家百废待兴，在财政十分困难的情况下，党中央和国务院果断决策，集中财力物力，在全国安排建设一系列纺织工业新基地和大型纺织工厂，先后在陕西咸阳、河北邯郸、河南郑州、湖北武汉、新疆乌鲁木齐等地发展纺织产业，形成了全国布局的雏形。同时通过部署，积极扩大全国棉花种植面积，将棉花种植面积由 1949 年的 4155 万亩扩大到 1950 年的 5679 万亩，并适当提高棉花收购价格，调动棉农的生产积极性，初步解决了纺织原料来源短缺和生产能力先天不足的问题。这些举措使得国内纺织行业的规模在短时期内迅速扩大，并得到了持续发展。

1953 年，我国开始实施第一个“五年计划”，纺织工业也开始了大规模的基础建设。北京、石家庄、邯郸、郑州、西安、呼和浩特等新兴棉毛纺织工业基地的格局初步形成，改善了之前纺织工业大多集中在沿海少数城市的畸形布局状况。纺织行业的规模继续得到扩大，布局趋于合理，五年内共增加棉纺锭 240 万锭、棉织机 6.1 万台。同时立足自力更生，纺织工业部成立了机械局，鼓励机械加工企业生产制造自己的纺织机器设备（见图 11-2）。到 1957 年“一五计划”结束时，除北京国营第一棉纺厂引进当时民主德国纺织设备外，其他新建设的 235 万棉纺锭和相应配套印染的设备全部为我国自行生产。1956 年秋，第二个“五年计划”的建议报告中提出要提高对轻工业投资的比重，纺织工业的投资因此增加到21.3亿元，同时开启了纺织行业为国家创汇的新局面。1961至1963年，纺织工业在全国范围内实行统一规划生产、统一调拨原料，并对产品实行统一分配，努力增产质量好、使用价值高的纺织品。在这三年间，纺织品出口创汇达15.6亿多美元，每年换汇收入占国家外汇总收入的30%—36%，在我国当时的外贸出口商品中名列第一位。从那时起，纺织行业出口创汇的能力便得到认可并不断扩大，此后国内纺织工业便一直扮演着出口创汇和不断满足人们日常生活需要的双重角色。纺织行业的规模随着客观环境的变化也在不断调整，产业链也由初步形成到逐步完善，更加稳定与成熟。

图 11-2　1949年后建成的棉纺厂（宜昌）

1978年12月党的十一届三中全会召开后，我国吹响了改革开放的号角，同时也为纺织行业走出国门，融入世界增添了新的推动力。通过引进外资、中外合资、补偿贸易、品牌代加工等形式，我国生产的纺织品服装越来越多地出现于世界各地，同时，纺织工业的规模随着世界市场的拓展而不断扩大，从事纺织业的人员也在不断增多。例如在上海，到20世纪90年代初，纺织行业的规模达到了前所未有的高度，当时全市各类棉纺、毛纺、化纤生产企业，以及机织、针织、染整、家纺、服装加工企业有500多家，产业工人达到55万人，一些“万人大厂”使得纺织行业在上缴利税方面显得分量十足、举足轻重。与此同时，全国的纺织行业规模也在不断扩大，生产设备的先进性也随着对外交流的扩大而不断提高，生产

图 11-3　现代化的纺织企业（山东）

能力不断增强（见图 11–3）。比如，欧洲以前是棉纺织工业的发源地，也是全球其他各国纺织产业学习和赶超的目标。改革开放后经过多年的努力，我国的棉纺织工业到 1989 年以 3566 万棉纺锭的总规模，赶上了全欧洲的棉纺织业的规模。其后又在 20 年间突飞猛进，到 2010 年，中国棉纺织工业的规模已经达到全欧洲棉纺织工业的 8.9 倍。到 2015 年，我国 13 亿人口占全球总人口 19% 左右，但纺织工业的经济总量在全球已占到 55% 以上，其中棉纺织工业的生产规模（棉纺锭）在全球占到 57% 左右，棉纱年产量达到 3538 万吨，棉型织物产量为 893 亿米，两者均占全球的 55% 以上。而更具可比性的“纺织产业纤维加工量”从 1978 年的 276 万吨（当时仅占全球的 10%），逐步发展到 2015 年的 5300 万吨，在全球所占比例达到了 55% 以上。

回顾历史可以清晰地看到，中华人民共和国成立后，在党中央、国务院高度重视下，纺织行业的发展经历了六个重要阶段：20 世纪 50 年代到 70 年代的产业初长成阶段；80 年代开放定格局、拓市场，规模持续扩张阶段；90 年代发展不动摇，稳规模、重配套与整合阶段；21 世纪头十年的抓机遇、闯世界、强能力阶段；2011 年以后的行业发展企稳、保持规模效应和优化产业链阶段；目前国内纺织行业则进入到高质量发展的新阶段。用 70 年来的时间衡量，我国纺织工业的“前 30 年”是发挥社会主义制度的优势，集中力量办大事，奠定了“纺织大国崛起”的雄厚物质基础，“后 40 年”则是抓住改革开放和经济全球化的有利条件，特别是利用加入 WTO 后所得到的更为广阔的视野和世界经济贸易的舞台，采取更有力度的战略决策和改革措施，推动纺织工业加速度发展和高质量发展，形成了目前“纺织强国在望”的良好发展态势。

第二节　生产手段不断丰富

20 世纪 50 年代初期，我国纺织行业生产手段尚比较单一，主要集中于棉、毛、丝等天然纤维材料的加工。随着这些原料来源的日趋紧张，以及市场需求的增加，纺织行业的发展需要在生产手段上更加多元化，以提高对各种新型原材料加工的适应能力。因此，丰富纺织品的生产手段显得越来越重要。

一、粘胶纤维的研发

我国纺织业生产手段的丰富最先是从人造纤维制造领域开始的。人造纤维的生成是利用棉、毛等天然纤维材料无法纺纱的下脚料，采用化学分解方法提炼纤维素，再经过熔喷、冷却、成丝等工艺处理后形成的新的纺织纤维。它是节约原材料，进一步提高一些天然纤维材料利用率的产物，因其半成品黏稠的外观特点被称为粘胶纤维。国外同行于19世纪末期开始研究，并在20世纪初形成产业化生产能力。我国纺织工业部于1957年从当时的民主德国引进当时在欧洲属于比较先进的粘胶长丝生产设备，在河北保定建厂，并于1959年投入生产，成为我国最早的人造纤维生产企业。从1960年开始，纺织工业部组织科研和机械制造力量，通过借鉴1949年前东北和上海曾经引进的一些国外关键生产设备，自行设计，制造出国产粘胶纤维的成套生产设备，并先后在江苏南京、河南新乡、上海等地建立一批中等规模的粘胶纤维厂，形成一定的产业化能力（见图11–4）。一批人造棉、人造毛及人造丝类的粘胶纺织品得以面市，在一定程度上缓解了当时天然纤维纺织品供给紧张的情况。

图 11–4　粘胶纤维生产现场

此后随着石油精细化工制造业的崛起，各种类型性能更加优异的合成纤维产品问世，粘胶纤维产品曾一度淡出服装、家纺等日常生活用品领域。但产业用纺织品领域仍对粘胶纤维有一定的需求，因为具备超耐磨、超耐高温和超抗冲击的三方面超高性能，它是生产超强力帘子布的重要原料，是高级汽车（包括赛车）和部分飞机轮胎生产的重要材料来源之一，所以，粘胶纤维的生产一直持续下来。至2002年，全国已拥有粘胶纤维生产企业30余家（包括制造浆粕的企业），员工10万余人，承担着满足国内需求以及出口创汇的双重功能。

进入21世纪后，通过研发安全及可回收的化学助剂，解决了原先粘胶纤维生产使用化学助剂的安全性和环境污染问题后，冠名为新型再生性纤维素和新型再生性蛋白质纤维的粘胶纤维新品种在人们日常生活领域的应用又开始普及，诸如“天丝”“莱赛尔”“莫代尔”等粘胶纤维产品重新出现于服装、家纺等日常生活用品领域，继续发挥其补充天然纤维材料的作用。同时，国内纺织行业也在通过开发以玉米、大豆、牛奶、竹、甲壳素类等为原材料的新型粘胶纤维，积极跟上世界纺织发展步伐，进一步满足生态纺织品、安全纺织品的开发，并适应可持续发展的循环经济的需要。

二、合成纤维的研发

20 世纪 30 年代末，石油化工精细化生产给世界纺织行业的发展带来了生机，也使得纺织品加工手段愈加丰富起来，其标志便是各类合成纤维产品问世。最先是以锦纶为原料的透明尼龙丝袜在美国市场引起轰动，随后便是维尼纶、涤纶、腈纶等合成纤维等在服装与家纺领域大行其道。

我国最初开始生产合成纤维纺织材料与产品，是在 20 世纪 60 年代。当时纺织工业部于 1963 年从日本引进年产 1 万吨的维尼纶生产流水线，在北京建厂，后又从英国引进年产 8000 吨腈纶的生产流水线，在兰州建立化纤厂，这两家企业后来成为我国发展合成纤维产业的起点。

国内大规模自行生产合成纤维，是在 20 世纪 70 年代，以上海金山石油化工基地的建成为标志。1974 年 1 月 1 日，一场大会战在上海金山的海滩边上打响，来自纺织、化工、装备制造安装，以及厂房、水电、道路设施设计建设的专家与施工大军汇聚在一起艰苦奋战，经过三年努力，一期工程建成投产，开启了我国大规模生产合成纤维的序幕（见图 11-5）。同时，辽阳石油化纤总

图 11-5　金山石油化工总厂厂貌

厂、天津石油化纤总厂、四川天然气维尼纶厂三个大型合成纤维生产项目也相继着手筹建，设计年生产合成纤维的能力达到近 50 万吨，为我国后继合成纤维产品的加工生产提供了可靠的基础保证。发展历程也证明，这四大化纤生产基地后来成为我国化纤行业发展的重要基础，在某种程度上也意味着我国纺织工业体系自那时起得到了完整确立。纺织工业部根据国际市场化纤纺织品的动向和国内市场趋势，还先后在上海、北京、天津、江苏等地区选择条件比较好的企业，增添了精梳、染色等专用设备，使得“的确良”涤棉混纺产品的生产得到较快发展，产品质量和生产数量都有了飞跃。20 世纪 70 年代，国内“的确良”纺织品的产量从最初的 0.6 亿米，在短短几年内便发展到了 5.1 亿米。

1977 年，国家纺织工业部和江苏省确定在仪征兴建大型化纤基地，设计规模为年产 48 万吨聚酯、年产 24 万吨聚酯切片、24 万吨涤纶短纤维。一期工程于 1984 年 12 月投产，二期工程于 1990 年投产，三期工程于 1995 年投产，此后相继又实现了直纺涤纶长丝项目、瓶级聚酯切片的投产，成为 1949 年后我国最大的现代化化纤原料和化纤制品的生产基地。以 2007 年底聚酯聚合装置产能计算，该基地已经成为世界第四大聚酯生产商，聚酯聚合产能居世界首位。仪征化纤基地的建成与投产，结束了我国以往“粮棉争地”的突出矛盾，从而也使得化学纤维（包括人造纤维和合成纤维）的用量逐步超过了棉、麻、丝、毛等天然纤维的用量。

三、非织造及复合技术应用

非织造技术于 20 世纪 70 年代末在国内纺织行业中得到应用，以及紧随其后出现的复合技术，使得纺织行业的生产手段更加丰富和多元化，各类纺织产品的生产配套也更加细化与成熟。非织造产品的出现，大大提高了材料成型的速度，也增加了纺织产品的种类；而复合技术的应用，使得纺织材料由薄变厚、由软变硬，同时也实现了从片材向型材的延伸。这些都有力地促进了产业用纺织品行业的发展，产品应用领域更加广泛。

第三节　高端开发能力不断提高

一、研发生产装备能力的提高

经过 70 多年的发展，我国纺织行业高端产品的开发能力不断提高，呈现出与世界先进纺织技术同步推进的态势。“工欲善其事，必先利其器”，纺织高端产品的开发首先需要先进的设备提供保证。20 世纪 50 年代初期，经过改良的人力织机是当时棉布生产的主要设备，生产效率低，质量也不稳定。1953 年进入有计划的改造与建设阶段之后，我国纺织生产设备水平逐步得到改进。1978 年改革开放之后，通过多年引进、消化与吸收，以及自行创新研发，我国的纺织生产设备加大了与国际先进水平接轨的能力，设计制造出了第三代定型的成套设备。一些高产、优质、大卷装、机电一体化和自动化设备，包括纺纱机、织布机（分为机织、针织两大类别）、染整机，以及各类非织造材料制造机械、复合技术应用机械等的应用，极大地提高了纺织产品生产效率和产品质量，同时也有利于高端纺织产品的研发与生产。进入 21 世纪后，纺织装备行业加大了与计算机信息技术和互联网技术对接的力度，积极实现电气化与信息化、自动化融合，不断提升智能化生产的能力，努力跟上工业 4.0、工业互联网发展的节拍，支撑着我国纺织行业由“大国”向“强国”的迈进。

二、高端材料研发能力的提高

高端纺织品的开发需要高性能纤维作为基础。一个时期以来，我国纺织行业合作与自行研制生产的高性能纤维主要有以下这些种类：

芳纶纤维——是一种具有超高强度与模量、耐高温、耐酸、耐碱、质量轻等优良性能的合成纤维。20 世纪 60 年代末诞生于美国，最初因作为宇宙空间开发用材料和重要的战略物资而鲜为人知，后因大量应用于民用领域，才有了现在的知名度。芳纶纤维（见图 11–6）在军事领域主要应用于防弹衣、防弹头盔等物品，能减轻重量。在航天航空、机电、建筑、汽车、体育用品等国民经济的各个方面，芳纶纤维由于质量轻、强度高、耐高温等特点而得以应用。我国于 20 世纪 80 年代开始自行研发各类芳纶纤维，它曾被列入《国家鼓励发展的高新技术产品目录》和《“十二五”战略新兴产业发展规划》，目前国内相关企业能够生产工业用本白短纤维、服装用可染色短纤维、色

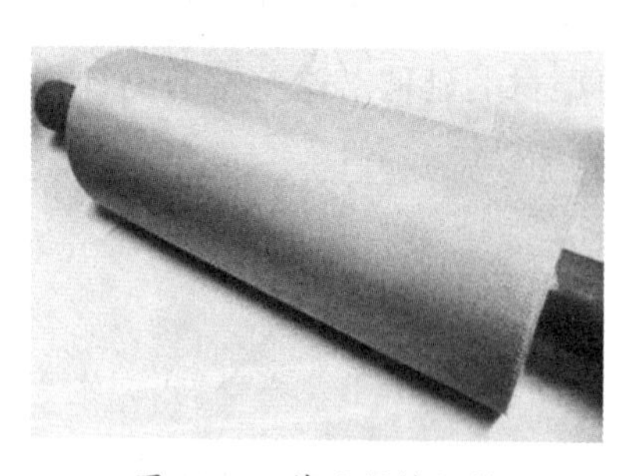

图 11–6　芳纶纤维织物

丝、长丝、芳纶纸等产品，性能与国外同类产品比较接近，差异程度很小，几乎不相上下，能够在环境保护、安全防护、工业、电子电器、复合材料等领域与国外同类产品展开竞争，取得了不俗的成绩。

芳砜纶纤维——是一种耐热性能好、耐辐射稳定性好的合成纤维材料，具有电绝缘和阻燃性能。主要应用于制造防护制品，如宇航服、飞行通风服、特种军服、军用篷布、消防服、消防战斗服、炉前工作服、电焊工作服、森林工作服、均压服、防辐射工作服、化学防护服、高压屏蔽服、宾馆用纺织品及救生通道、防火帘、防火手套等；还可用于生产过滤材料，如烟道气除尘过滤袋、稀有金属回收袋、热气体过滤软管以及作为耐酸、碱及一般有机溶剂的过滤材料和耐腐蚀材料等。我国研制的芳砜纶纤维材料已于 2003 年 10 月应用于“神舟五号”，成为替代国外同类产品的一个成功范例。此外，设计年产量达到 2000 吨的芳砜纶生产线已经建成投产。

碳纤维——是一种耐高温的高强度、高模量的轻质材料，主要应用于航空航天、轨道交通、海洋工程、工程机械、新能源工业、国防、医疗、环境保护和尖端科学等方面。目前，我国相关企业生产的各类碳纤维材料年产量累计已达到 2 万吨以上。

碳化硅纤维——属于陶瓷纤维类别，其耐热性和耐氧化性均优于碳纤维，是一种高强度、高模量、化学稳定性好的材料。主要应用于制造耐高温材料和增强性复合材料，包括热屏蔽材料、耐高温输送带、过滤高温气体或熔融金属的滤布等。用做增强性复合材料时，碳化硅纤维常与碳纤维或玻璃纤维合用，以期达到类似金属（如铝）和陶瓷的刚度与强度，提高适用性，如制造喷气式飞机的刹车片、发动机叶片、着陆齿轮箱和机身结构材料等，还可用做体育用品，其短切纤维则可用于制造耐高温炉壁材料等。2017 年 12 月有消息报道，国内首条 10 吨级第二代连续碳化硅纤维量产生产线在宁波众兴新材料公司通过验收，该项目经改进后年产量可超过 20 吨。另外，厂房

图 11-7　玄武岩纤维无捻纱

内还预留了添置 3 条生产线的空间，全部投产后年产量将可达到 80 吨至 100 吨的水平。

玄武岩纤维——是一种高强度、电绝缘、耐腐蚀、耐高温且绿色环保的材料，能够满足国防建设、交通运输、建筑、石油化工、环保、电子、航空、航天等领域的特殊需要（见图 11-7）。2015 年我国相关企业的年产量累计约为 1 万吨（当年全球产量不足 2 万吨）。纺织行业"十三五"规划提出，到 2020 年，年产量要争取达到 10 万吨。

超高分子量聚乙烯纤维——是一种熔点低、耐冲击性能好的轻质合成纤维材料，具有高强度、高模量、耐化学腐蚀、抗紫外线辐射的优异性能，多应用于海洋工程、航空航天领域，以及军事上应用的防护衣、头盔、其他防弹材料等，还可用于建筑、汽车及医疗等领域。经过 10 余年的研发，我国已经实现了量产，未来目标争取要超过 25 万吨。

聚四氟乙烯（PTFE）高温纤维——是一种具有良好的耐气候性、耐腐蚀性的阻燃材料，并具有良好的电绝缘性能和抗辐射性能。可应用于航天航空领域，用于制造飞机和其他飞行器的结构材料，也可以作为火箭发射台的屏蔽物，其织物可用于制成宇航服；在工业领域可用于各种耐腐蚀和耐高温的密封卷圈，高温下腐蚀性气体及酸、碱雾滴液的过滤材料，以及腐蚀性物质的传送带；在医疗和生活领域可制造各种人造血管、排液和排气管，还可修补内脏、缝合非吸收组织；由于具有疏水、防水、耐热、耐化学品等性能，PTFE 高温纤维还可以用作各种衣料、帐篷、伞面、手提包、鞋的制造材料。目前我国的 PTFE 高温纤维生产能力已经达到世界总的生产能力的 50% 以上。

聚酰亚胺纤维——是我国"十二五"规划期间重点鼓励发展的战略性新材料和民用急需高新技术纤维产品。它具有耐高低温特性、阻燃性，不熔滴，离火自熄以及极佳的隔温性能。主要应用于劳动防护、作战防护、医疗防护等领域，以及用于高温粉尘滤材、电绝缘材料、防辐射材料的制造。

聚苯硫醚（PPS）纤维——一种新型特种塑料纤维，具有优异的热稳定性和阻燃性，耐化学腐蚀性仅次于聚四氟乙烯纤维，它有较好的纺织加工性能。主要用于高温烟道气和特殊热介质的过滤、造纸工业的干燥带，以及电缆包胶层和防火织物等，可广泛应用于环保、汽车、电子、石化、制药等行业，其织物可以制成高级消防服装。作为国家大力支持的一种战略新型材料，它被列入我国《当前优先发展的高技术产业重点领域指南(2011年度)》第4部分新材料及《新材料产业“十二五”重点产品目录》。2008年，我国PPS纤维的年产量已经超过3.5万吨，位列世界第一。

石墨烯纤维——属于一种最新研发的纺织材料，是将石墨烯原料以物理或化学方式附着到其他纤维类材料中，或者是将石墨烯材料按一定比例掺加到其他人造纤维浆液中制成。通过石墨烯的特点改变原有纤维的物理、化学性能，能赋予复合材料优良的力学、电学、热学、防辐射、抗菌性等功能特性，在超导热和导电服装材料、抗菌医用材料、生物医学纺织材料、阻燃材料、轻质纤维基导热导电复合材料等领域具有广泛的应用价值。国内开发的石墨烯纤维素共混纤维产品已经具备良好的力学、电学、热学性能，并具有卓越的溶胀性、吸湿性、抗菌性，现已进入中试阶段。

三、高端产品开发能力的提高

所谓高端产品是指那些具有高强度、高模量、绝缘等稳定性能，能够适应某些特殊专业或环境需要，可以起到耐用、防护、维系使用方安全、健康及舒适性等专项需要的纺织品。如阻燃伪装布、高强度外覆材料（应用于建筑、交通、军事国防、航空航天等领域）、宇航服、消防服、防弹衣、承载服（应用于飞行和潜水）、密封隔离服（用于防化、防核、防病毒、防尘等）、功能性产品（其功能包括抗菌保健、防紫外线和电磁辐射、增加穿着舒适度、提高易护理性等）、智能化服装（其功能包括助力、数据感应与传输、自动调节微系统、自动蓄能与供能）等，我国纺织科技研发部门对此都有涉及，并在某些方面已经取得突出成果。

第四节　我国自行研制的高端纺织产品

一、“飞天”舱外宇航服

所谓舱外宇航服，是指宇航员出舱工作暴露在太空中时所穿着的特殊服装，其制造要求非常高，科技含量也非常突出。2008年9月25日，我国“神舟七号”飞船在酒泉发射中心载人航天发射场由长征二号F火箭运载并发射升空。飞船发射进入轨道运行后，按计划安排，宇航员翟志刚穿着我国自行研制

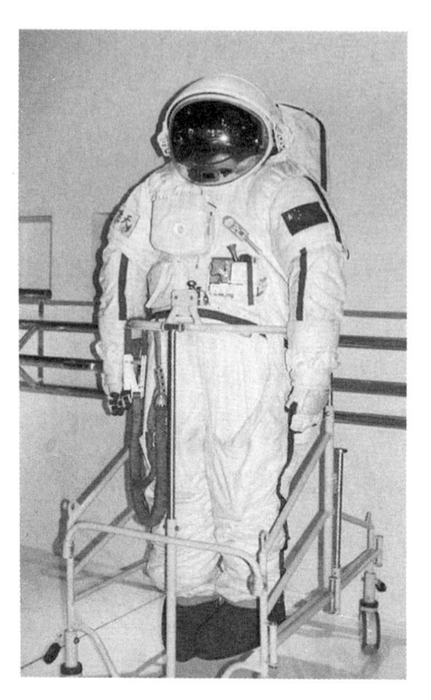

图 11-8 “飞天”舱外宇航服

的第一套“飞天”舱外宇航服（见图 11-8）在舱外活动了 20 分钟左右，实现了我国宇航员首次跨入太空的壮举，也体现出我国纺织行业对于航天事业的有力支持。这款“飞天”宇航服从内到外分为 6 层：基本支撑系统包括经过特殊防静电处理的棉布构成的舒适层、橡胶质地的备份气密层、复合关节结构组成的主气密层、涤纶面料的限制层、通过热放射原理实现隔热效果的隔热层，最外面则是外防护层。另外，在躯干部分还多加了一层壁厚仅为 1.5 毫米，材质为铝合金的硬质壳体结构，形成极高的包覆强度，使得抗压能力超过 120 千帕，足以应对各种外来物体的撞击。该款服装在上、下肢部位装有调节带，可以调节上肢的上臂、小臂和下肢的大腿、小腿长度，以便身高 1.60—1.80 米的人都能穿上这套衣服。另外，该款宇航服还配有生命保障系统、控制系统、遥测与监测系统，整体重量达到 120 千克。可以说，作为一个全封闭的微循环系统，在太空无氧、失重、低温或高温的特殊环境下，这款“飞天”宇航服能够有效地维系宇航员的生命，是航天事业不可或缺的一个重要组成部分。

二、特种防护服

所谓防护服是在对人体产生危害的环境下穿着的一种服装，它主要出现在战场、灾害现场和医疗救护现场。特种防护服最关键的技术就在于有效运用隔离技术，以保护相关人员不受所处环境中不良因素或物质的侵害。我国的防护服研发起步早，经验积累丰富，而且材质来源也越来越丰富。比如，1964 年 10 月我国第一颗原子弹试爆成功后，当时进入现场勘测实验结果的人员都穿戴上带有防毒面罩和氧气呼吸装置的连体结构的防护服，当时的防护服的材质大都是在织物表面涂布橡胶物质以提高密闭效果。再如，我国早期消防员灭火防护服多采用厚帆布类面料制成，质地比较粗糙，不具备防水功能，穿着后显得比较笨重，透气性能也差，体感几乎无舒适性可言。2006年，上海服装集团进出口分公司研发了一款新型轻薄型消防员灭火防护服，将“以人为本”的研发理念应用于“人体—服装—环境”系统，为了使服装能够应对不同性质和类型的火灾现场，确立了“分层隔离、多重防护”的研发思路，并取得成功，克服了传统消防员救灾服装存在的种种缺陷。该款消防员灭火防护服在设计、研制过程中共使用了四层功能有所不同的材料。由外到里分别为：第一层为阻燃层，以新型高性能阻燃纤维为织物的主要成分，配以高强纤维和防静电纤维，经织造、染色、后整理技术和工艺处理，其特点是牢固耐用，抗燃烧性能突出；第二层为防水透气层，采用全棉细梳布复合聚四氟乙烯涂层技术和工艺制成，其特点是轻盈、透湿透气；第三层为隔热层，采用阻燃纤维、高强纤维和阻燃粘胶纤维混纺制成隔热毡，其特点是功效可靠、持久；第四层为舒适层，采用60支全棉细梳布，并经绗缝技术和工艺处理将其与隔热毡组合，其特点是柔软性好、亲肤性强。新一代消防服能充分适合消防战士的身材特点和作战动作需求，便于消防战士进行攀登、抢险和自我救护，特别是能实现近火作战、提高灭火效果。这种轻薄型复合材料还适合在夏季高温时节使用，整体防护功能有所提高，获得了多项国家专利。此外，还有我国研制的医学用抗“埃博拉”病毒防护服（见图11–9），采用特种非织造材料，综合了密闭性和适体性的功能，能够有效抵御病毒的侵害，保护医疗救助现场的医疗救护人员的人身安全，同时也确保穿着舒适性，延长了医护人员的工作时间，提升其行动的便捷性。

图11–9 “埃博拉”病毒防护服

三、承载服

无论是在高空，还是在水下，人们都会面临由自身重力及空气或水流所造成的异常压力带来的侵害，于是，承载服便应运而生。承载服，又称荷载

图 11-10　飞行承载服

服或抗压服。日常比较多见的承载服主要有飞行员服和潜水服。由于在高空快速飞行，飞行员，尤其是战斗机飞行员会面临空气压力的急速变化，因此必须穿着承载服（见图 11-10），防止人体受到伤害。当飞行员拉杆爬升时，由于惯性和重力作用，人身体里的血液会快速涌向腿部，造成大脑缺血，出现黑视现象，这便是正过载；而当飞行员推杆下降时，同样也是由于惯性和重力作用，血液会急速涌向大脑，造成大脑充血，出现红视现象，这便是负过载。无论正过载还是负过载，都会对飞行员身体造成伤害，影响飞行员操纵飞机，所以必须通过穿着承载服加以缓解。承载服的关键部位一个是颈部护套，另一个是腹部及大腿部位的护套。护套均有自动充气加压功能。当飞行员做拉杆动作飞机突然上升时，腹部及大腿的护套中便开始充气、施压，阻止血液往下身涌，防止出现脑缺血；反之，当飞行员推杆飞机下降时，位于颈部的护套开始充气加压，压迫颈部的血管，阻止血液过量流入大脑造成伤害。我国研制生产的飞行承载服质地紧密、柔软，亲肤性好，同时在护套方面选用密度大、弹性好的材料，使用时确保不漏气、不过压。

同样，水下人员在深水作业时，会遇到来自水流的压力。通常，水中的压力是由水的重力产生的，在越深的地方，物体受到的水压就会越大。1998年出版的第一期《当代海军》杂志《潜水兵生活轶事》一文曾指出，由于一般潜水服不具备抗压性能，海军潜水兵在 70 米海底承受的深水压力相当于 7 个大气压，在没有任何减压措施的条件下，潜水兵只好凭借特别优良的身体素质和坚强的意志硬挺，所以潜水深度极限一般定为 80 米，如无抗压措施，有的潜水员下到 60 米的深度时就会目眩头晕。所以，潜水员在深水较长时间作业时必须穿着带有承载功能的密闭性潜水服（亦称干式潜水服），防止人体受到来自水中压力的伤害，同时这种潜水服还具备一定的保温功能。干式承载潜水服一般配有金属头盔和重力金属鞋靴，其身体包覆部位通常由泡沫合成橡胶的材质制成，有的为了适应更深的水下作业，还会将金属材质直接用作保护身体部位的服装材料。一般厚度可从 3 毫米到 10 毫米不等，具有优异防渗性和保温性，并建有空气输送管道，输送到潜水服里面的气体经过适当加压对应于不同深度的水压，以确保潜水员身体能够承受。因此，这种潜水服可以平衡内部与外部压力，起到保护人体的作用。同时还可以防止身体不被礁石、沉船等尖锐物体割伤，以及能够避免水母、海葵等海洋生物造成的伤害。目前，无论是采用金属材质和涂层纺织织物制成的干式潜水服，我国均具备了自行设计和制造能力。

四、防弹衣

从严格意义上讲，防弹衣也属于防护服装中的一种，但因为其使用场合的特殊性，所以一般将它单独列为专用的高性能服装。它通常和头盔、皮靴等其他防护用品配套使用，主要起到保护人体躯干要害部位的作用，大都出现于战场、反恐行动和社会治安维护等环境。防弹衣由古代的盔甲演变而来，古代盔甲的材质有藤条、皮革和铁片、铁链等，用于抵御来自对手刀、剑、矛和弓箭等冷兵器对人体的伤害。第二次世界大战爆发之后，由于战场上子弹与弹片的杀伤力增加了 80%，而且有 70% 的伤员因躯干受伤而导致死亡，因此相关国家开始注重对防弹衣的研发与推广。通过发挥防弹衣的作用，能够抵挡与减少子弹、炮弹以及地雷等近体爆炸物对一线作战士兵身体和生命造成的伤害，使其成为一种在一定程度上能够防御热兵器袭击伤害的有效用品。后来这一物品延伸至警界，成为警员执行公务时防御暴力袭击，维护自身生命安全的重要物品。在一些国家，防弹衣甚至成为首脑或政要出现在公众场合时必备的护身用品。

防弹衣自诞生以来，从材质变化上看，共经历了四个阶段：首先是将钢板作为主要防护基材，后来又经历了使用陶瓷护片、铝合金与尼龙复合材料阶段，目前主要是采用凯夫拉作为防护材料，它自 20 世纪 70 年代以来一直沿用至今，是一种超高强度、超高模量、耐高温的合成纤维。以此为主要防护基材的防弹衣，不仅减轻了服装本身的重量，而且大大提高了防弹衣的柔软性能，在很大程度上减轻了穿着者负担，改善了穿着的舒适性和便捷性。进入 21 世纪后，防弹衣在确保防弹效果的前提下，进一步向轻质化和提升柔韧性的方向发展，不但有新的防护材料出现，如特沃纶 (Twaron)、斯派克特 (Spectra) 等，而且诸如液体状内胆型和仿蛛丝轻薄型的新型轻质防弹衣也已经问世。我国借助自身生产实力，以优良的品质和合理的价格，赢得了全球 70% 的防弹衣市场份额。

五、冲锋衣

现代都市人注重休闲和运动。随着人们户外活动量的增加，一款被称为冲锋衣的时尚功能性产品应运而生。所谓冲锋衣，顾名思义是指一种适合穿着者在户外运动中进行冲刺活动及耐力锻炼时穿着的服装。比如，登山爱好者在攀岩时穿着的衣服，野营爱好者在负重疾走时穿着的衣服。它能够很好地适应野外环境的突然变化，如下雨、刮风、气温骤升骤降等，以及穿着者由于动作激烈或幅度较大，导致体表温湿度发生的较大变化。从本质上讲，冲锋衣属于专业运动服装，其之所以能成为所有户外爱好者的首选外衣，是由其适应全天候的功能决定的。防水，是冲锋衣的主要功能特性之一。从面料设计和加工上来说，冲锋衣都是采用 PU 防水透气涂层和接缝处压胶技术制成的。PU 防水涂层指的是，在衣服表面或织物里面附着一层防水透气涂层（PU 聚氨酯），且可以根据需要进行涂层厚度的调整。

根据使用范围及使用环境不同，冲锋衣一般可分为三类。一是简易型功能（轻量级）外衣：此类冲锋衣一般为单层，重量非常轻，可以卷成一团携带，适合在春、夏季或初秋季节穿着；在低负重、简单地形的快速行军、定向越野或徒步穿越中，这类冲锋衣所使用的材料几乎完全可以胜任环境变化需要。但是由于其重量非常轻，造成其在防刮、防钩、防撕裂等方面的性能有所下降。二是普通型功能（中量级）外衣（见图 11-11）：该类产品一般配有夹里，更加耐用，但是重量上要比轻量级外衣重一些；中量级冲锋衣主要用途为中等强度的徒步、自行车运动或低海拔登山活动，显然，它的用途要比轻型功能外

图 11-11　中量级冲锋衣

衣更广；目前各大生产厂商仍然在制造材料及工艺上下功夫，以便在增强其功能性的基础上尽可能地减少衣服自身的重量，比如使用轻质防水拉链，采用更好的材料以取代传统冲锋衣在肩部及肘部使用的耐磨层等。三是探险专用功能外衣：这种冲锋衣的设计理念比较单纯，突出防寒、防潮和保温功能；它通常配有衬料，属于面、里、衬组合型产品，是寒冷季节远征探险家最得力的“朋友”，有了一件这样的衣服，使用者可以应付突变的复杂恶劣的天气和环境状况。

冲锋衣的概念于 20 世纪 90 年代初在国内出现，经过几十年的发展，我国纺织行业不仅从面料上突破了关键技术，而且在产品款式设计及后加工生产技术方面都能与国外处于同一水平，而且三种不同类别的产品都能生产，很好地满足了市场需求。

第五节　产业用纺织品所占比重明显加大

一、概念

产业用纺织品又称技术纺织品或工业纺织品。据说，最早的产业用纺织品可以追溯到古代系船的缆绳和船帆。在现代社会，产业用纺织品是纺织行业的重要组成部分，它不同于一般的服装用、居家装饰用纺织品，而是指经过专门设计、具有工程结构特点的专用纺织品，可以被广泛应用于工农业生产，在医疗卫生、环境保护、土工建筑、交通运输、应急安全、航空航天、国防军工、精密仪器加工等领域发挥着重要作用。通常，产业用纺织品最能体现最新科技成果的应用，它技术含量高、应用范围广、市场潜力大、影响力突出，是战略性新材料开发与应用的重要组成部分，也是全球纺织领域竞相发展的重点，并且已经成为衡量纺织行业先进程度和国家综合开发实力的一种标志。当今，在发达国家与地区，产业用纺织品的开发与生产规模通常要占整个纺织行业的 30% 以上。应当说，产业用纺织品的发展决定着整个纺织行业的影响力。

二、发展历程

20 世纪 50 年代初期，在纺织行业中，我国的产业用纺织品尚未形成概念，系统性不强，应用范围有限，影响力也不突出。经过一段时间实践，特别是在国家“大力扶持轻纺工业”的政策支持下，经过艰苦奋斗和长期持续不懈的努力，我国的产业用纺织品行业从无到有、从小到大地发展起来，产品品种不断增加，适应领域不断扩大，影响力也日益凸显，取得了长足的进步。1988 年，我国当年产业用纺织品的产量只有 53 万吨，而到了 2000 年，已经达到了 173.8 万吨，12 年中平均以每年 10% 的速度增长。2000 年，我国产业用纺织品占整个纺织行业的比重为 13%，五年后达到了 15%，增长势头十分迅猛。到 2015 年，我国产业用纺织品工业总产值已近 1 万亿元，纤维加工总量为 1341 万吨，占整个纺织行业纤维加工总量 25.3%。我国已成为全球产业用纺织品及非织造布最大的生产国、消费国和贸易国。产业用纺织品在全行业所占比重明显加大，需求量在不断增长，应用范围在不断拓展，影响力更加强大，这些都从一个方面印证了国内整个纺织行业 70 多年来所取得的不俗成就。

三、现状与趋势

目前，我国产业用纺织品行业已经走上战略发展的快车道，肩负着成为纺织工业新的增长点和助力纺织强国早日建成的重任。“十三五”（2016—2020）期间，战略新材料、环境保护、医疗健康、应急和公共安全、基础设施建设配套、“军民融合”等相关领域成为产业用纺织品的重点发展方向。其发展目标是：要保持快速平稳增长，产业结构进一步优化，质量效益显著提高，部分领域应用技术达到国际先进水平。根据相关规划，2016 年至 2020 年，产业用纺织品规模以上企业工业增加值年均增长 9% 左右，全行业纤维加工总量年均增长 8% 左右，到 2020 年，产业用纺织品纤维加工量占全行业纤维加工量比重要争取达到 33%，并培育 5 个至 8 个超百亿元的产业集群，环境保护用纺织品、土工建筑用纺织品等的主要技术要达到世界先进水平。这些目标的实现能够为我国纺织行业跻身于世界先进行列奠定扎实的基础。

第六节　行业所处地位得到提升

一、国内视角

经过 70 多年的发展，我国纺织行业建立起了全世界最为完善的现代制造体系，具备相应的规模与研发、生产能力，形成了完整的产业链和高等级的加工配套水平，产业链及各环节的制造能力与水平均位居世界前列，已经成为世界纺织品生产和出口大国，竞争优势十分明显。经过国内外两个市场的长期锤炼，国内众多发达的产业集群地应对市场风险的自我调节能力在不断增强，为行业保持稳健的发展步伐提供了坚实的保障。同时，我国纺织行业在促进国民经济发展和改善人们生活水平方面取得显著成效，因此，所处地位得到了明显提升。国家已经将纺织业定义为国民经济传统支柱产业、重要的民生产业和国际竞争优势明显的产业，可以说，纺织业对于促进国民经济发展、增加外汇收入、繁荣市场、吸纳就业、提高劳动收入，以及促进城乡一体化发展有着积极的作用，有着其他行业所不具备的优势。

二、国际视角

从世界纺织业态的格局分析，自从 2001 年我国加入 WTO 世贸组织以来，我国纺织品出口数量增加了 8 倍，成为纺织品第一出口大国。尽管最近几年面临金融危机和贸易保护主义的冲击，但是多年前已经形成的我国在全球纺织业的中心地位一直没有动摇过（见图 11-12）。2016 年，全球服饰与时尚消费总额是 2.4 万亿美元，我国在其中不仅实现了增长，而且增长速度还保持在近两位数的水平，我国当年纺织行业创造了 7.5 万亿人民币的工业总产值，折合美元为一万多亿，占到全球总量的 45% 左右，而纤维加工量则占到 55%，进出口贸易总额达到了 38%，证明我国在世界纺织行业的中心地位仍无人能够撼动。其中固然有体量大的客观因素，而最根本的还是自身适应性和抗风险能力的增强。近年来，我国纺织行业正在实施“走出去”战略，采取对外投资建厂的方式，实现生产扩张的目标。2016 年我国纺织产业对外直接投资达 26.6 亿美元，创历史新高，同比增长 89.3%。2016 年年底到 2019 年年底，中国企业已在境外设立纺织行业经营贸易以及纺织服装、服饰业企业近一千一百家。而借助国家“一带一路”倡议的实施，纺织行业“走出去”会得到更大的空间。

图 11-12　我国举办的国际纺织品贸易展

三、实现根本性转变的抓手

近些年来的发展，特别是随着“十三五”行业规划提出的任务和目标逐步落实，我国的纺织行业正在剥离“传统”的标签，“科技、时尚、绿色”这些代表国际纺织业发展先进水平的关键词正在成为国内纺织行业的新标签、新符号，而创新则是落实这些关键词最为有效的手段。回顾发展历程可以清晰地看到，国内纺织行业在从“大国”迈向“强国”的征途上，有两大问题是绕不开的，一个是“绿色环保”“生态安全”可持续发展的问题要解决，还有一个就是“不断提升品牌影响力”的问题要解决。归根到底，就是要通过科技创新和管理创新，不断提高纺织品服装的科技含量、产品品质及品牌含金量，不断提升产品的档次和附加值，赢得世界上更多的关注和消费者的认可。相信通过持续不懈的创新和改变，借助科技力量与手段，在解决这些关键性问题后，我国的纺织行业必定会以更新的面貌、更强的实力出现在世人面前。